이지(Easy, 易知)

기계자동차 공학도를 위한
기초수학

이재곤 지음

홍릉과학출판사

머리말

기존 국내에 출판된 기계자동차 공학도를 포함한 공과대학 학생을 위한 수학 관련 교재는 아주 많다. 하지만 대부분의 책은 너무 수학 자체의 내용에 국한되어 실제 공학과는 조금 괴리가 존재한다. 이에 기존 수학교재와는 조금이라도 다른 새로운 방향의 기계자동차 공학의 공부에 필요한 전반적인 수학적 기초를 제공해주는 책을 만들려고 마음을 먹은 후 포기한 적이 한두 번이 아니었다. 하지만 저자가 직접 교육하는 학생들에게는 조금 부족하더라도 기계자동차의 교과목 공부를 위한 수학적 지식을 모은 하나의 기본서로 공부하는 것이 훨씬 도움이 될 것이라는 판단 때문에 용기를 내어 늦었지만 책을 마무리할 수 있게 되었다.

공부하는 방법에 대해 이야기할 때 나무나 숲을 보는 방법과 비교한다. 저자는 학생들에게 "나무를 볼 때는 먼저 나무 몸통을 보고 그다음 큰 가지 및 잔가지 마지막으로 잎사귀를 보아야한다"고 강조한다. 이 책은 대학교의 학부생들이 기계자동차공학 공부를 위한 기본적인 수학적 지식을 함양하는데 도움이 되는 것을 목표로 하기에 세부적인 구성보다는 몸통과 큰 가지에 초점을 두고 있다. 특히 고등학교까지 수학을 공부하였으나 수학에 자신이 없는 학생들을 위해 이 책은 중고등학교의 교과내용에 포함되는 기초부터 대학에서 필요한 기초까지 함께 포함하고 있다. 책의 내용은 저자가 지금까지 기계공학을 공부하면서 경험했던 내용을 정리하였기에 기계자동차공학을 공부하기 위해 필요한 수학적인 지식의 대부분을 포함하고 있다고 할 수 있겠다. 다른 교과서와 달리 본 교재는 기계자동차공학의 교과목에 나오는 여러 예제를 다루고 있는 것이 특징이다.

마지막으로 책에 잘못된 부분이 있더라도 독자 여러분들의 너그러운 이해를 부탁드리며 언제라도 이를 leejk@cu.ac.kr로 지적해주시면 고맙겠습니다.

저자 이 재 곤

차 례

제3장 미분

제4장 적분

제5장 벡터와 행렬

제6장 1계 상미분방정식

제7장 2계 상미분방정식

제8장 라플라스 변환

제9장 연립미분방정식

제 1 장

함 수

제 1 장 함수

사칙연산(+, −, ×, ÷)에 익숙한 학생이라는 전제하에 수학이 부족한 학생들을 위해 필요한 것을 정리한다. 참고로 중고등학교 수학 교과서에 언급된 구체적이고 정확한 것과는 조금 차이가 있을 수 있다.

1.1 함수의 정의

그림 1−1과 같이 블랙박스에 하나의 값(입력 값)이 들어가면 어떠한 규칙에 의해 하나의 값(출력 값)이 나온다. 이때 블랙박스 내부에는 입력 값에 따른 출력 값을 결정하는 규칙이 있는데 이를 함수라 부른다. x와 y 사이의 관계가 그림 1−1과 같을 경우 입력 값에 대해 출력 값은 표 1−1과 같다. x와 y 사이의 관계식 $y=2x+3$을 함수라 하며 x에 관한 일차식이기에 이는 일차함수이다. 그림 1−1의 함수는 $y=2x+3$ 또는 $2x-y+3=0$로 나타낼 수 있으며 각각 양함수 또는 음함수라 부른다. x와 y 사이에 존재하는 함수의 종류는 다항함수, 유리함수, 무리함수, 초월함수 등 무수히 많다.

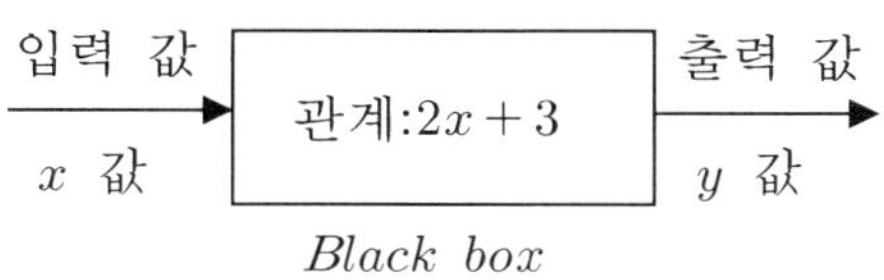

[그림 1−1] 함수의 정의

[표 1−1] 함수 값

x	y
0	3
1	5
2	7
⋯	⋯

1.2 일차함수

x의 최고 차수가 1차이기에 1차 함수라 부르며 이 함수에는 x의 1차 항외에 상수항이 포함될 수도 있다. 일차함수의 대표적인 형태는 다음과 같다.

$$y=ax+b \tag{1−1}$$

$$ax+by+c=0 \tag{1−2}$$

그림 1-1의 함수는 표 1-1에 있는 것과 같이 x값과 y값의 관계를 갖는데 이를 $x-y$ 좌표평면에 점을 표시한 후 연결하면 직선이 된다. 이와 같이 일차함수의 그래프는 바로 직선이다. 참고로 x 및 y축은 각각 $y=0$와 $x=0$인 직선이다.

일차함수의 그래프는 직선이므로 두 점만 알면 이 두 점을 직선으로 연결한 선을 뜻한다. x축과 만나는 점을 x 절편, y축과 만나는 점을 y 절편이라 부른다. 또한 이 두 점을 연결하는 선이 일차함수의 그래프가 된다. y 절편은 x에 0을 대입하면 구해지고 x 절편은 y에 0을 대입하면 구할 수 있다. 그림 1-2의 함수의 x, y 절편은 각각 $-3/2$과 3이다.

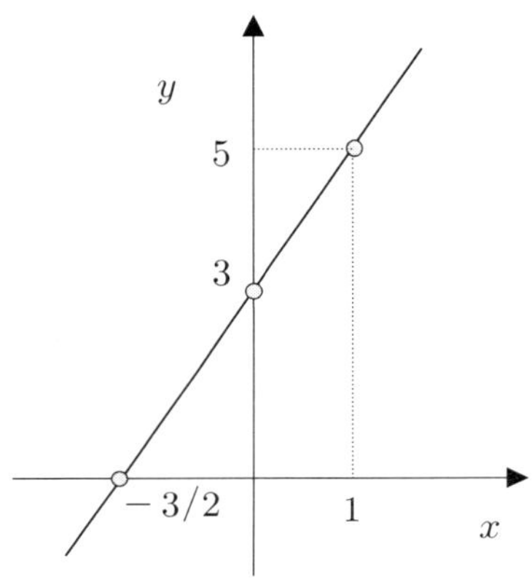

[그림 1-2] $y=2x+3$의 그래프

식 (1-1)에서 a값의 부호는 그래프의 기울기를 뜻하고 b는 y절편이다. 그림 1-3과 같이 $a>0$인 경우 그래프는 $x-y$좌표평면에서 오른쪽 위로 향하고 $a<0$인 경우는 오른쪽 아래로 향한다. $a=0$인 경우는 수평선이다.

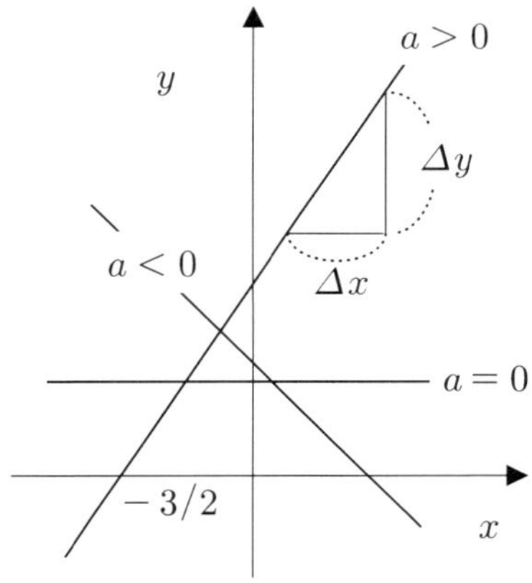

[그림 1-3] a값에 따른 일차함수의 그래프

표 1-2는 주어진 조건에 따라 일차함수를 구하는 방법에 대해 정리한 것이다.

[표 1-2] 일차함수 구하는 방법

번호	주어진 조건	일차함수
1	두 점 $(x_1,\ y_1)$와 $(x_2,\ y_2)$	$y-y_1=\dfrac{y_2-y_1}{x_2-x_1}(x-x_1)$
2	한 점 $(x_1,\ y_1)$과 기울기 m	$y-y_1=m(x-x_1)$

[예제 1-1]

40℃를 화씨(℉)로는 얼마인지 그리고 86℉는 섭씨로 몇 도인지 계산하시오. 단, 섭씨와 화씨의 관계는 °F = 1.8℃ + 32이다.

풀이 섭씨와 화씨의 관계식에 섭씨에 40℃를 대입하면 104°F를 얻는다. 또 화씨에 104°F를 대입하면 30℃를 얻는다. 계산식은 다음과 같다.

°F = 1.8 × 40 + 32 = 104

℃ = (°F − 32)/1.8 = (86 − 32)/1.8 = 30

이와 같이 공학에서의 단위 변환은 모두 1차 함수의 관계를 이용한다.

1.3 일차방정식

일차방정식은 일차함수의 그래프가 x축과 만나는 점의 x좌표를 구하는 문제로 식 (1-1)에서 y에 0을 대입한 것이다. 즉,

$$ax+b=0 \tag{1-3}$$

로 표현되며, 일차방정식이기에 $a \neq 0$이다. 식 (1-3)을 만족하는 x값이 일차방정식 (1-3)의 해로 다음과 같다.

$$x=-\frac{b}{a} \tag{1-4}$$

1.4 이차함수

이차함수의 일반식은

$$y = ax^2 + bx + c \tag{1-5}$$

이다. 미지수가 a, b, c의 세 개이므로 세 개의 점이 주어지면 이를 지나는 이차함수를 구할 수 있다. 이차함수의 그래프는 다음과 같이 완전제곱의 형태로 나타낸 후 꼭짓점의 좌표와 a의 부호로 그린다. 식 (1–5)의 일반식을 다음과 같은 과정을 거쳐 완전제곱의 형태로 변형한다.

$$y = a(x^2 + \frac{b}{a}x) + c \tag{1-6a}$$

$$y = a(x^2 + \frac{b}{a}x + \frac{b^2}{4a^2}) + c - \frac{b^2}{4a} \tag{1-6b}$$

$$y = a(x + \frac{b}{2a})^2 + \frac{-b^2 + 4ac}{4a} \tag{1-6c}$$

식 (1–6c)는 이차함수를 완전제곱형태로 나타낸 것으로 꼭짓점의 좌표는

$$\left(-\frac{b}{2a}, \frac{-b^2 + 4ac}{4a}\right) \tag{1-7}$$

이다. 그림 1–4와 같이 꼭지점을 좌표 평면위에 표시한 후 a의 부호에 따라 위로 볼록하게 $(a < 0)$ 또는 아래로 볼록하게$(a > 0)$ 그리면 된다. $|a|$ 값의 크기가 클수록 보다 뾰족한 형태의 곡선이 되며 그림 1–4에서 실선보다 점선이 $|a|$ 값의 크기가 큰 경우이다.

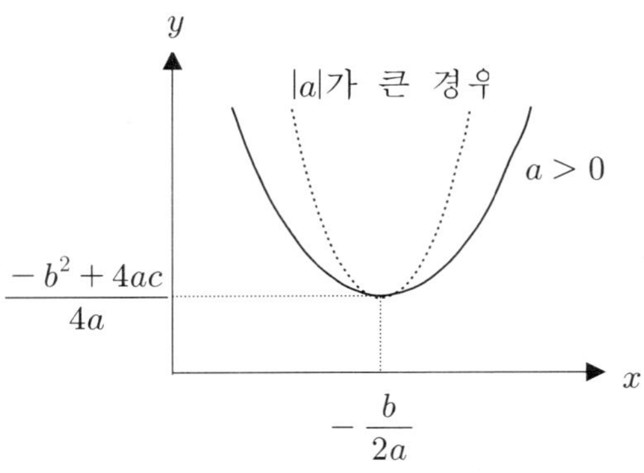

[그림 1–4] 이차함수의 그래프

[예제 1-2]

$y = x^2 - 4x + 6$의 그래프를 그려라.

풀이 먼저 주어진 함수를 다음과 같이 완전제곱형태로 변경한다.

$$
\begin{aligned}
y &= x^2 - 4x + 6 \\
&= (x^2 - 4x + 4) + 6 - 4 \\
&= (x-2)^2 + 2
\end{aligned}
$$

이 함수의 꼭짓점은 $(2,\ 2)$이고 x^2의 계수는 1로 양이므로 그래프의 개형은 그림 1-5와 같다.

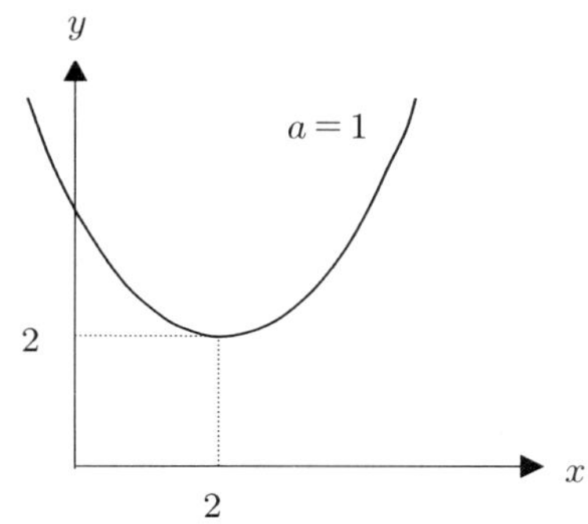

[그림 1-5] $y = x^2 - 4x + 6$의 그래프

1.5 이차방정식

식 (1-5)의 이차함수가 x축과 만나는 점은

$$ax^2 + bx + c = 0 \tag{1-8}$$

인 이차방정식이 되고 이 해를 구하는 일반적인 방법은 근의 공식으로 다음과 같이 유도된다.

$$a(x^2 + \frac{b}{a}x) + c = 0 \tag{1-9a}$$

$$a(x^2 + \frac{b}{a}x + \frac{b^2}{4a^2}) + c - \frac{b^2}{4a} = 0 \tag{1-9b}$$

$$a(x + \frac{b}{2a})^2 + \frac{-b^2 + 4ac}{4a} = 0 \tag{1-9c}$$

$$a(x+\frac{b}{2a})^2=\frac{b^2-4ac}{4a} \tag{1-9d}$$

$$(x+\frac{b}{2a})^2=\frac{b^2-4ac}{4a^2} \tag{1-9e}$$

$$x+\frac{b}{2a}=\pm\sqrt{\frac{b^2-4ac}{4a^2}}=\pm\frac{\sqrt{b^2-4ac}}{2a} \tag{1-9f}$$

$$x=\frac{-b}{2a}\pm\frac{\sqrt{b^2-4ac}}{2a}=\frac{-b\pm\sqrt{b^2-4ac}}{2a} \tag{1-9g}$$

식 (1-9g)에서 알 수 있듯이 제곱근 안의 수 (b^2-4ac)에 따라 이차방정식의 근은 실근, 중근, 허근을 갖는다. 근의 개수와 종류를 결정하는 판별식 D는

$$D=b^2-4ac \tag{1-10}$$

로 정의된다. D의 부호에 따라 근은

$$\begin{cases} D>0 & \text{서로 다른 두 실근} \\ D=0 & \text{실수인 중근} \\ D<0 & \text{서로 다른두 허근} \end{cases} \tag{1-11}$$

로 주어진다. 식 (1-8)이 인수분해가 될 경우 이차방정식의 근은 간단히 인수분해를 이용하여 구한다.

[예제 1-3]

이차방정식 $x^2-5x+6=0$의 근을 구하시오.

풀이 식 (1-9)에 대입하면 해는

$$x=\frac{-(-5)\pm\sqrt{(-5)^2-4\times1\times6}}{2\times1}=\frac{5\pm1}{2}=2 \text{ 또는 } 3$$

이다. 반면 방정식을 인수분해하면

$$x^2-5x+6=(x-2)(x-3)=0$$

로부터 방정식의 해는 역시 $x=2$ 또는 3이다. 우리는 인수분해를 통해 이차방정식의 해를 보다 쉽게 구할 수 있음을 잘 알고 있다.

[예제 1-4]

다음 이차방정식의 근을 구하시오.

1) $x^2-4x+4=0$ 2) $x^2-4x+2=0$ 3) $x^2-4x+13=0$

풀이 1) $x^2-4x+4=(x-2)^2=0$이므로 근은 $x=2$인 중근이다.

2) $D=b^2-4ac=4^2-4\times 2=8>0$이므로 서로 다른 두 실근을 갖는다. 인수분해가 되지 않으므로 식 (1-9g)로부터 근은

$$x=\frac{4\pm\sqrt{4^2-4\times 2}}{2}=2\pm\sqrt{2}$$

이다.

3) $D=b^2-4ac=4^2-4\times 13=-36<0$이므로 서로 다른 두 허근을 갖는다. 식 (1-9g)로부터 근은

$$x=\frac{4\pm\sqrt{4^2-4\times 13}}{2}=2\pm 3i$$

이다.

1.6 그래프의 이동

그림 1-6과 같이 $y=x^2$의 그래프를 x축 방향으로 오른쪽으로 3 그리고 y축 방향으로 위쪽으로 2만큼 이동시키자. 이동된 그래프의 꼭짓점의 좌표는 (3, 2)이고 그래프의 모양은 원래의 그래프와 동일하다. 따라서 이동된 그래프의 함수는

$$y=(x-3)^2+2 \text{ 또는 } y-2=(x-3)^2 \tag{1-12}$$

이며, 원래의 함수에 x대신에 $x-3$, y대신에 $y-2$을 대입한 것임을 알 수 있다. 이 결과를 임의의 함수 또는 그래프의 이동에 확장하여 사용할 수 있다. 임의의 함수 $y=f(x)$를 x축 방향으로 a 그리고 y축 방향으로 b만큼 이동한 함수는 x대신에 $x-a$, y대신에 $y-b$를 원래의 함수에 대입한 것으로 다음과 같다.

$$y-b=f(x-a) \text{ 또는 } y=f(x-a)+b \tag{1-13}$$

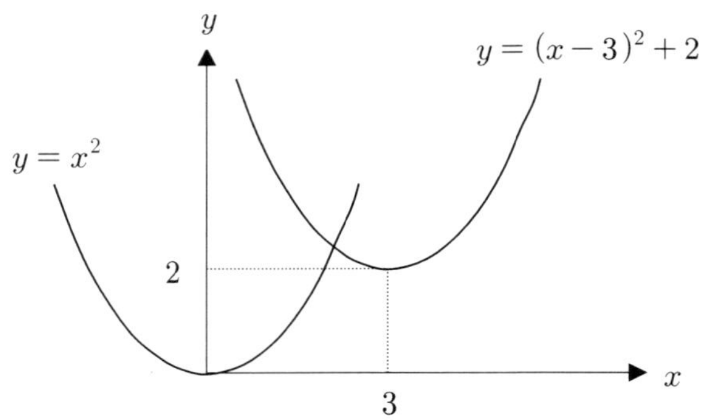

[그림 1-6] 그래프의 이동

1.7 기함수와 우함수

$y=x$, $y=x^3$, $y=x^5$ 등과 같은 함수의 그래프를 그리면 원점에 대해 대칭이다. x의 홀수 차수의 함수는 모두 이 성질을 가지므로 이로부터 원점에 대칭인 함수를 기함수(odd function, "기"는 홀수를 뜻한다.)라 부른다. 기함수의 수학적인 정의는

$$f(-x)=-f(x) \tag{1-14}$$

이다. $y=x^2$, $y=x^4$, $y=x^6$ 등과 같은 x의 짝수 차수의 함수는 모두 y축에 대칭이므로 이로부터 y축에 대해 대칭인 함수를 우함수(even function, "우"는 짝수를 뜻한다.)라 부른다. 우함수의 수학적인 정의는

$$f(-x)=f(x) \tag{1-15}$$

이다.

1.8 고차함수

3차 함수와 그 이상의 고차함수는 인수분해를 할 수 있으면 쉽게 그래프의 개형을 그릴 수 있다. 3차 함수의 예를 통해 그 방법을 설명한다. 다음과 같이 인수분해가 가능한 3차 함수를 생각하자.

$$y=x^3-6x^2+8=x(x-2)(x-4) \tag{1-16}$$

주어진 3차 함수는 식 (1–16)과 같이 인수분해가 가능하므로 근은 서로 다른 세 실근 $x=0,\ 2,\ 4$를 갖고 이는 3차 함수가 x축과 만나는 점이다. 먼저 이점을 그림 1–7과 같이 x축에 표시한다. x^3의 계수가 양의 값이므로 x가 양의 무한대일 경우 함숫값은 양의 무한대이고 반대인 경우 음의 무한대이다. 그림 1–7과 같이 x가 양의 무한대일 경우 함숫값은 양의 무한대로부터 출발하여 근을 지나 x가 감소하여 음의 무한대일 경우 함숫값은 음의 무한대가 되도록 연속적인 선을 그린다.

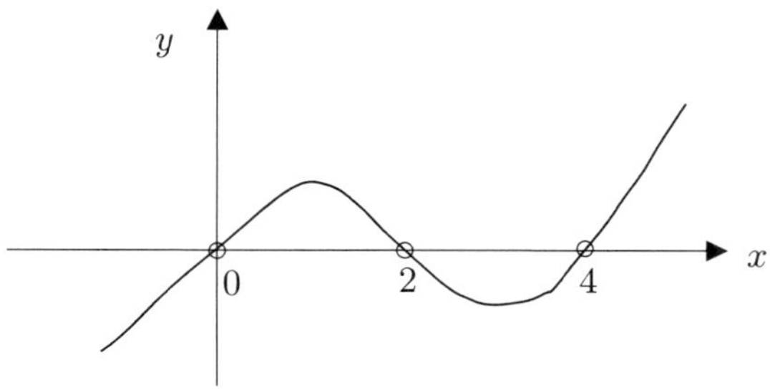

[그림 1–7] $y=x(x-2)(x-4)$의 그래프 개형

이중근을 갖는 함수의 경우 그래프는 그림 1–8과 같이 이중근 $x=2$에서 되돌림되고 삼중근일 경우 그림 1–9와 같이 삼중근 $x=2$를 관통하는 모양이 된다.

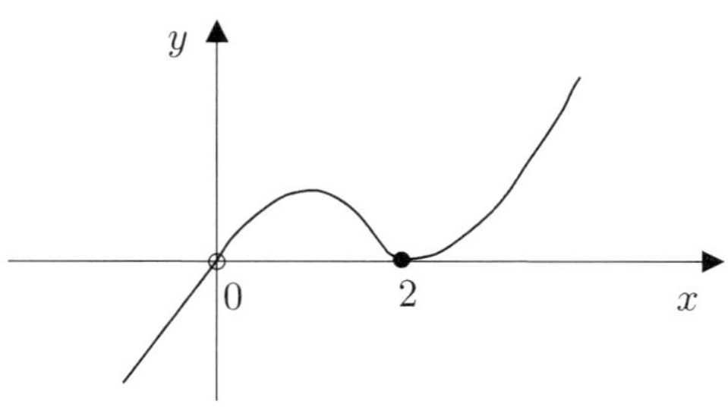

[그림 1–8] $y=x(x-2)^2$의 그래프 개형

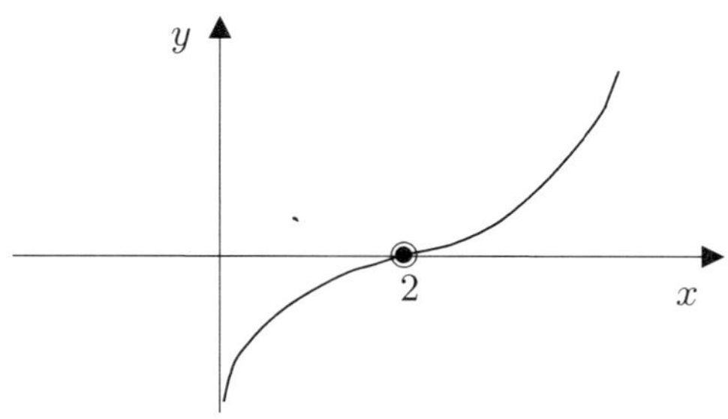

[그림 1–9] $y=(x-2)^3$의 그래프 개형

하지만 인수분해가 되지 않는 경우에는 미분을 2번 수행함으로써 정확하게 그릴 수 있다는 것은 고등학교 수학에서 이미 배웠다. 하지만 공학에서 이런 함수의 개형이 필요한 경우는 잘 없으며 필요할 경우 계산기나 프로그램을 이용하여 해결하면 된다.

1.9 유리함수

유리함수는 유리수에서 숫자대신 분자와 분모에 함수가 있는 것을 말한다. 이 함수의 그래프의 개형을 그리기 위해서는 먼저 함수

$$y = \frac{a}{x} \tag{1-17}$$

의 그래프의 개형을 알아야하며, 이 그래프의 모습은 그림 1-10과 같이 a의 값과 부호에 따라 다르다. 식 (1-17)에서 a가 양인 경우의 그래프는 제1 및 3사분면에 존재하고 a 값이 클수록 원점에서 멀어진다. a가 음인 경우 식 (1-17)의 그래프는 제2 및 4사분면에 존재하고 a 값이 작을수록 원점에서 멀어진다. 식 (1-17)의 좌변과 우변의 분모가 0인 경우를 그래프의 점근선이라 하며 $y=0$과 $x=0$는 그래프의 점근선이다. 참고로 점근선은 그래프가 무한히 가까이 접근하는 선이다.

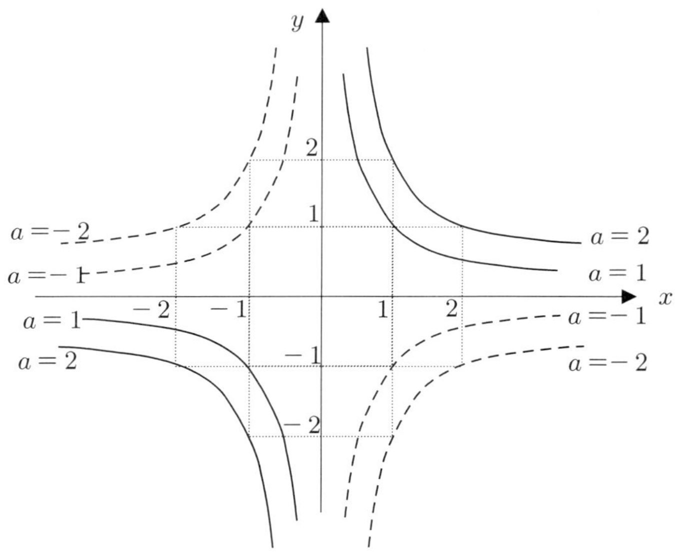

[그림 1-10] 유리함수의 그래프

대표적인 형태의 유리함수는 다음과 같고 예제 1-5에서 그래프 개형을 그리는 방법을 소개한다.

$$y = \frac{ax+b}{cx+d} = \frac{g(x)}{f(x)} \tag{1-18}$$

함수 $f(x)$와 $g(x)$는 임의의 함수가 올 수 있으나 여기서는 간단히 1차 함수인 경우만 생각한다.

[예제 1-5]

함수 $y=\dfrac{2x-4}{3x+6}$의 그래프의 개형을 그리시오.

풀이 주어진 함수의 그래프는 식 (1-17)의 그래프를 이동하여 구한다. 이를 위해 주어지 함수를 식 (1-17)의 형태로 변경한다. 분자를 분모로 나누었을 때 나머지와 몫을 다음과 같이 구한다.

$$y=\frac{2x-4}{3x+6}=\frac{2(x+2)-4}{3(x+2)}=\frac{2}{3}+\frac{-4/3}{(x+2)} \tag{예-1-1}$$

이를 다시 정리하면 다음과 같다.

$$y-\frac{2}{3}=\frac{-4/3}{(x+2)} \tag{예-1-2}$$

식 (예-1-2)의 기본형은 식 (1-17)과 비교하면

$$y=\frac{-4/3}{x} \tag{예-1-3}$$

이다. 식 (예-1-3)의 x 대신에 $x+2$ 그리고 y 대신 $y-2/3$을 넣은 것이 식 (예-1-2)이다. 1-6절의 그래프 이동 원리에 따르면 식 (예-1-2)의 그래프는 그림1-11의 점선으로 표시된 식 (예-1-3)의 그래프를 x축 방향으로 -2 그리고 y축 방향으로 2/3 만큼 이동한 것이다. 따라서 원하는 그래프는 그림 1-11의 실선과 같고 점근선은 $x=-2$와 $y=2/3$이다.

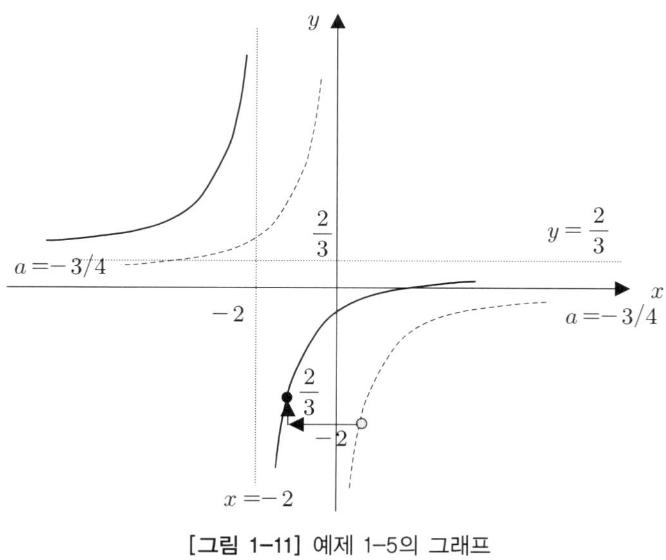

[그림 1-11] 예제 1-5의 그래프

또 다른 방법은 점근선을 이용하는 방법이다. 식 (예-1-2)에서 우변의 분모가 0인 경우와 좌변이 0인 경우가 점근선이므로 점근선은 $x=-2$와 $y=2/3$이다. 먼저 $x-y$ 좌표평면에 점근선을 그리고 두 점근선은 좌표평면을 4영역으로 나눈다. 식 (예-1-2)의 우변의 분자의 계수는 음이므로 그래프는 두 점근선에 의해 만들어지는 제2 및 4분면에 존재한다.

1.10 무리함수

유리함수가 유리수와 같은 형태이듯이 무리함수 역시 무리수와 같은 형태를 취하는 것으로 대표적인 무리함수는

$$y=\sqrt{f(x)} \tag{1-19}$$

이다. 이 함수의 그래프는 $f(x)\geq 0$인 영역에서만 정의된다. 기계공학에서 많이 사용되지 않아 여기서는 그리는 방법을 예제를 통해 익히며 필요한 경우는 소프트웨어나 계산기를 이용하여 그리기 바란다.

[예제 1-6]

함수 $y=\sqrt{x^2-6x+11}=\sqrt{f(x)}$의 그래프의 개형을 그리시오.

풀이 $f(x)=x^2-6x+11$라 하면 함수의 그래프는 $f(x)\geq 0$을 만족하는 x의 범위(정의구역)에서 존재한다. 그림 1-6에서 알 수 있듯이 이 부등식은 x의 모든 값에 대해 만족하므로 함수의 그래프는 모든 x에 대해 정의된다. 주어진 함수의 함숫값은 $f(x)$의 제곱근이므로 $x=3$에서 최솟값 $\sqrt{2}$이고 $x=3$에서 멀어질수록 그 값은 증가한다. 이러한 경향을 그래프로 그리면 그림 1-12와 같다. 미분을 두 번 하여 함수의 그래프를 정확히 그리거나 공학용 소프트웨어나 계산기를 사용하여 정확히 그릴 수 있다.

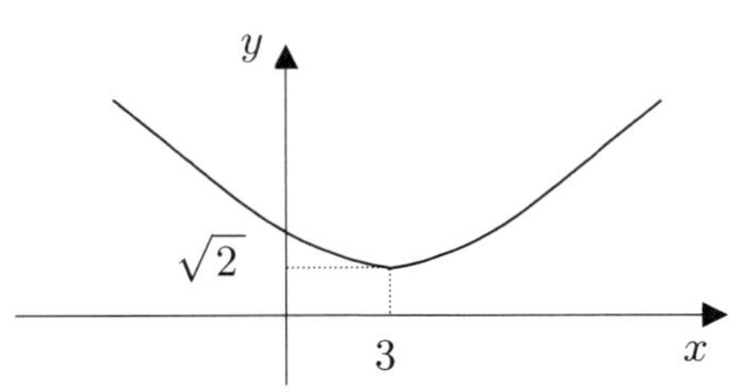

[그림 1-12] 예제 1-6의 그래프

1.11 연립방정식

미지수가 두 개 이상이고 식의 개수가 미지수의 수와 같을 경우 이를 연립방정식이라 한다. 미지수가 2개이고 식이 2개인 연립 일차방정식의 일반형은 다음과 같다.

$$\begin{aligned} ax + by &= c \\ dx + ey &= f \end{aligned} \tag{1-21}$$

이 방정식의 해는 두 일차함수가 만나는 점을 찾는 것으로 풀이 방법은 예제를 통해 설명한다. 또한 행렬을 이용한 풀잇법은 5장에 상세히 설명된다.

[예제 1-7]

다음 연립방정식의 해를 구하시오.

$$\begin{cases} x + y = 1 \\ 2x + 3y = 4 \end{cases} \tag{예-1-4}$$

풀이 1) **소거법**: 하나의 미지수를 없애는 것

식 (예-1-4)의 첫 번째 식의 양변에 2를 곱한 후 아래 식을 빼면

$$\begin{array}{rr} & 2x + 2y = 2 \\ -) & 2x + 3y = 4 \\ \hline & -y = -2 \end{array}$$

이다. 이 결과를 식 (예-1-4)의 첫 번째 식에 대입하여 x의 값을 구한다. 식 (예-1-4)의 해는 $x = -1$, $y = 2$이다.

2) **대입법**: 한 방정식을 x 또는 y에 대해 풀어 다른 방정식에 대입하는 것

식 (예-1-4)의 첫 번째 식은

$$y = 1 - x \tag{예-1-5}$$

가 되며 이를 두 번째 식의 y에 대입한다. 이를 정리하면

$$2x + 3(1 - x) = 4$$

이고 이의 해는 $x = -1$이다. 이를 식 (예-1-5)에 대입하여 $y = 2$의 결과를 얻는다.

[예제 1-8]

두 함수 $y=x^2+2x+8$와 $y=2x^2+2x+4$의 교점의 좌표를 구하시오.

풀이 이 문제 역시 연립방정식의 문제로 같은 y값을 갖는 x값을 찾는 것이다. 두 식의 y를 소거하면

$$x^2+2x+8=2x^2+2x+4$$

이 되고, 정리하면

$$x^2=4$$

이다. 이 방정식의 해는 $x=\pm 2$이다. 따라서 두 함수의 교점은 $(-2,\ 8)$과 $(2,\ 16)$이다.

1.12 부등식

$x-5>0$과 같이 부등호가 포함된 식은 x에 대해 1차식이므로 일차부등식이라 한다. 양변에 5를 더하면 $x>5$인 결과를 얻는다. 이것이 일차부등식의 해이다. 보다 복잡한 형태의 일차부등식 $-2x+4>0$는 먼저 양변에 -2를 나누면 $x-2<0$이 된다. 이때 음수로 나누었기에 부등호의 방향은 바뀐다. 다시 양변에 2를 더하면 $x<2$인 해를 얻는다.

다음으로 $x^2-3x+2>0$은 이차부등식으로 먼저 인수분해하면 $(x-1)(x-2)>0$이 되며 해는 $x<1$ 또는 $x<2$이다. 해를 구하기 위해 그림 1-13의 그래프를 이용하는 것이 편리하다. 즉 그림 1-13에서 알 수 있듯이 그래프가 양의 값을 갖는 범위는 바로 $x<1$ 또는 $x<2$이다.

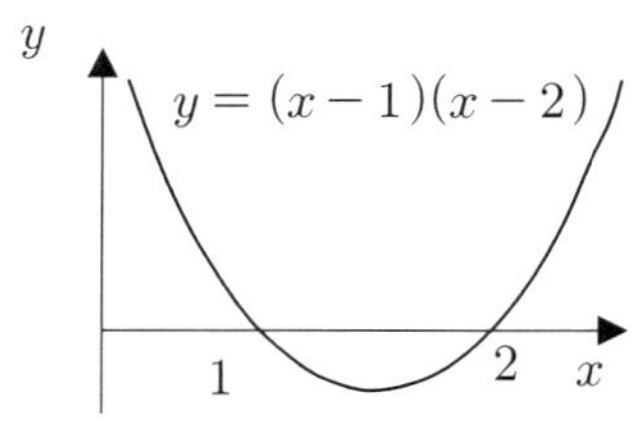

[그림 1-13] 이차부등식의 풀이

삼차부등식의 경우도 이차부등식과 같이 답을 구할 수 있다. $x(x-2)(x-4)>0$의 부등식의 해는 그림 1-7로부터 그래프가 양의 값을 갖는 영역은 $0<x<2$ 또는 $x>4$이다. 이것이 바로 주어진 삼차부등식의 해이다.

1.13 두 점 사이의 거리

좌표평면에서 두 점 $A(x_1,\ y_1)$과 $B(x_2,\ y_2)$ 사이의 거리 d는 그림 1-14와 같이 직각삼각형의 피타고라스 정리로부터

$$d = \sqrt{(x_2 - x_1)^2 + (y_2 - y_1)^2} \tag{1-20}$$

이다.

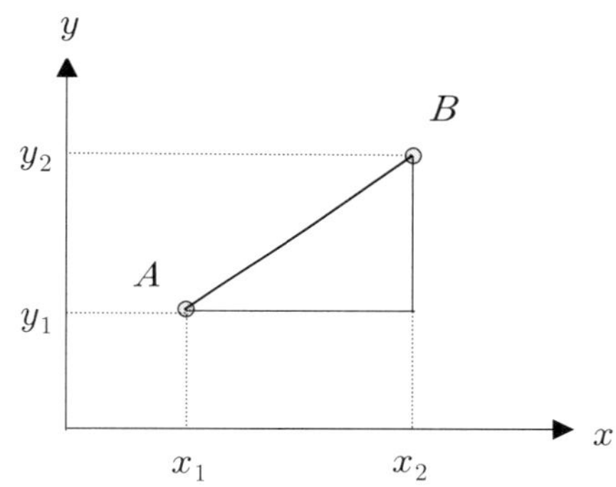

[그림 1-14] 두 점 사이의 거리

제1장 연습문제

01 다음 함수의 그래프의 개형을 그리시오.

1) $y = x + 5$

2) $y = -x + 5$

3) $2x - y + 5 = 0$

4) $2x + y - 5 = 0$

5) $y = x^2$

6) $y = (x-2)^2$

7) $y = (x-2)^2 + 4$

8) $y = x^2 - 4x + 8$

9) $y = -x^2$

10) $y = -(x-2)^2$

11) $y = -(x-2)^2 + 4$

12) $y = -x^2 + 4x$

13) $y = \dfrac{2x-6}{x-2}$

14) $y = \sqrt{x^2 - 2x}$

02 다음 방정식의 해를 구하시오.

1) $x + 3 = 0$

2) $\begin{cases} x + y = 5 \\ 2x + 3y = 4 \end{cases}$

3) $x^2 - 3x - 4 = 0$

4) $x^2 - 4x - 4 = 0$

5) $x^2 - 4x - 10 = 0$

6) $x^2 - 4x + 8 = 0$

7) $\sqrt{x} = x - 2$

8) $\dfrac{x-5}{x-1} = x - 10$

제 2 장

삼각함수, 지수함수, 로그함수, 복소수

제 2 장 삼각함수, 지수함수, 로그함수, 복소수

2.1 라디안과 삼각비

2.1.1 라디안(radian) 정의

지금까지 30°, 60°, 90° 등과 같이 각도(육십분법)에 대해서는 잘 알고 있다. 그림 2-1과 같이 반지름이 r인 원에서 길이가 r인 호의 중심각을 α라 하면, 호의 길이는 중심각의 크기에 비례하므로

$$2\pi r : r = 360^o : \alpha \tag{2-1}$$

$$\alpha = \frac{180^o}{\pi} \tag{2-2}$$

가 된다. 이와 같이 호의 길이와 반지름이 같을 때의 중심각 α는 반지름과 관계없이 항상 일정한 값을 갖는다. 이 값을 1 라디안(호도법)으로 정의한다. 라디안과 각도 사이의 관계는 다음과 같으므로 이를 반드시 기억하는 것이 좋다.

$$\pi \text{ 라디안} = 180°, \text{ 또는 } 2\pi \text{ 라디안} = 360° \tag{2-3}$$

일반적으로 공학에서 각도 대신에 라디안을 사용하며 이는 단위가 없다.

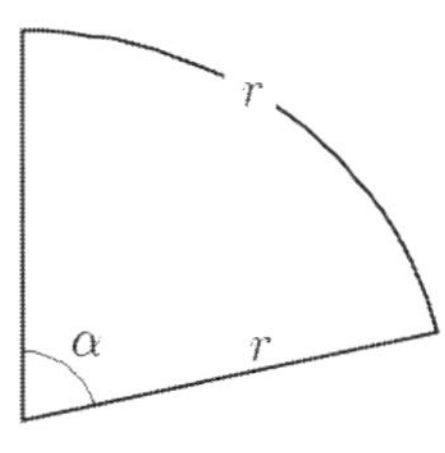

[그림 2-1] 라디안의 정의

그림 2-1과 같이 반지름 r이고 중심각 θ(라디안)인 원호의 길이 l과 반지름은

$$l = r\theta \tag{2-4}$$

의 관계를 갖고, 이 부채꼴의 넓이는

$$S = \frac{1}{2}rl = \frac{1}{2}r^2\theta = \frac{1}{2}\frac{l^2}{\theta} \tag{2-5}$$

이다.

2.1.2 삼각비의 정의

삼각비는 그림 2-2와 같은 직각 삼각형에서 각 A와 각 B에 대해 다음과 같이 정의한다.

$$\sin A = \frac{a}{c}, \ \cos A = \frac{b}{c}, \ \tan A = \frac{a}{b} = \frac{\sin A}{\cos A} \tag{2-6}$$

$$\sin B = \frac{b}{c}, \ \cos B = \frac{a}{c}, \ \tan B = \frac{b}{a} = \frac{\sin B}{\cos B} \tag{2-7}$$

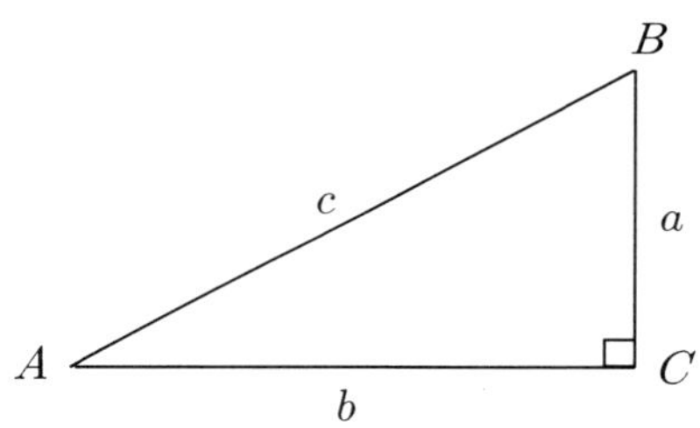

[그림 2-2] 삼각비의 정의

2.1.3 삼각비의 값

일반적으로 많이 사용되는 라디안에 대한 삼각비의 값은 표 2-1과 같으며 이 정도는 반드시 암기해야한다.

[표 2-1] 대표적인 삼각비의 값

라디안	0	$\pi/6$	$\pi/4$	$\pi/3$	$\pi/2$
sin	0	$1/2$	$\sqrt{2}/2$	$\sqrt{3}/2$	1
cos	1	$\sqrt{3}/2$	$\sqrt{2}/2$	$1/2$	0
tan	0	$\sqrt{3}/3$	1	$\sqrt{3}$	∞

2.2 삼각함수

삼각함수의 값을 이해하기 위해서는 그림 2-3과 같이 반지름 1인 원위를 반시계 방향으로 움직이는 점 P를 생각하자. 원점 O와 점 P를 연결한 선과 x축 양의 방향과 이루는 각을 θ라 한다. 점 P의 좌표는 직각삼각형 OAP로부터 $(\cos\theta,\ \sin\theta)$이다. 점 P의 x 및 y좌표가 각각 $\cos\theta$와 $\sin\theta$이다. 점 P의 위치에 따라 θ값이 변하며 이 값에 대응하는 삼각비의 값 역시 변한다. θ값과 삼각비의 값 사이의 관계가 삼각함수이다. 각종 삼각함수의 정의는 다음과 같다.

$$x = \cos\theta,\ \ \mathrm{cosec}\,\theta = \frac{1}{\sin\theta} \tag{2-8}$$

$$y = \sin\theta,\ \ \sec\theta = \frac{1}{\cos\theta} \tag{2-9}$$

$$\frac{y}{x} = \tan\theta,\ \ \cot\theta = \frac{1}{\tan\theta} \tag{2-10}$$

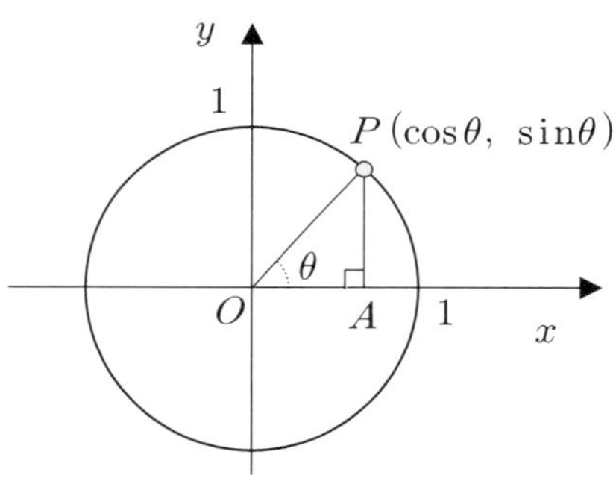

[그림 2-3] 삼각함수의 도식적 이해

2.2.1 삼각함수의 부호와 값

그림 2-4와 같이 점 P가 $2\pi/3$에 위치할 때 삼각함수의 값은 점 P와 x축이 만드는 삼각형 OAP는 그림 2-5와 같이 $30°(\pi/6)$, $60°(\pi/3)$, $90°(\pi/2)$인 직각 삼각형이므로 쉽게 구할 수 있다. 각 P, O, A와 마주보는 변의 길이 비는 $1:\sqrt{3}:2$이므로 점 P의 x 좌표와 y 좌표는 각각 $-1/2$과 $\sqrt{3}/2$이다. 따라서

$$\sin(2\pi/3) = \sqrt{3}/2,\ \ \cos(2\pi/3) = -1/2 \tag{2-11}$$

이 된다. 이와 같이 삼각함수의 값과 부호는 점 P의 좌표에 의해 결정된다.

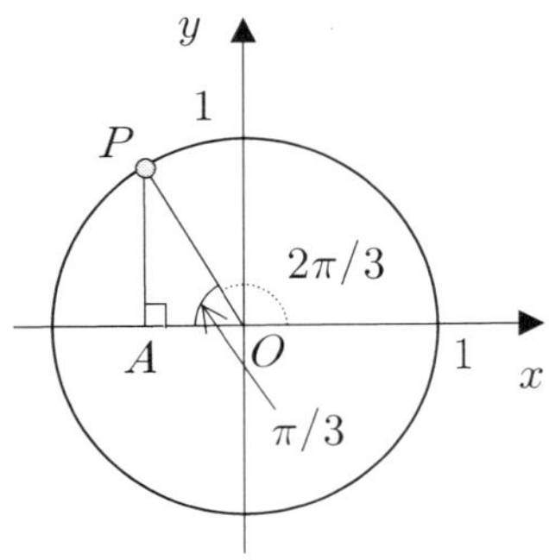

[그림 2-4] 삼각함수의 부호

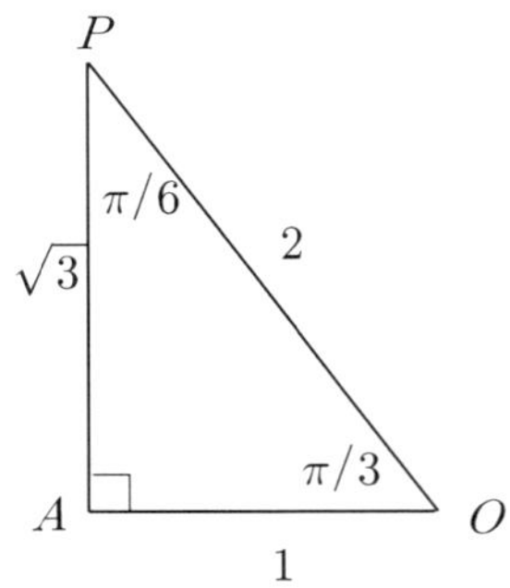

[그림 2-5] 삼각함수의 값

2.2.2 삼각함수의 그래프

삼각함수의 그래프는 다음의 각 단계를 통해 이해할 수 있다. 먼저 다음의 사인 함수를 고려한다.

$$y = \sin x \tag{2-12a}$$

식 (2-12a)의 사인함수의 x값에 따른 y값을 $x-y$ 좌표평면에 그래프를 그리면 그림 2-6의 실선과 같다. 즉 주기는 2π이고 최댓값과 최솟값은 각각 1과 -1이다. 그림 2-6에 $y=\cos x$ 의 그래프도 점선으로 나타내었으며, 이는 $y=\sin x$를 x축 방향으로 $-\pi/2$ 만큼 평행 이동한 것이다. 함수

$$y = 5\ \sin x \tag{2-12b}$$

의 최댓값과 최솟값은 각각 5와 -5이고 주기는 식 (2-12a)와 같이 2π이다. 함수

$$y = 5\ \sin(x-\pi/4) \tag{2-12c}$$

의 그래프는 식 (2-12b)의 그래프를 x축 방향으로 $\pi/4$만큼 평행 이동시킨 것이다. 함수

$$y = 4+5\ \sin(x-\pi/4) \tag{2-12d}$$

의 그래프는 식 (2-12c)의 그래프를 y방향으로 4만큼 평행 이동시킨 것이다. 이 함수의 최댓값과 최솟값은 각각 9과 -1이다. 식 (2-12d)의 그래프는 그림 2-7의 과정을 거쳐 굵은 실선이 된다. 다음으로 함수

$$y = 5\ \sin(3x) \tag{2-13a}$$

는 주기가 $2\pi/3$이고 최댓값과 최솟값은 각각 5와 -5이다. 참고로 $\sin\omega x$나 $\cos\omega x$ 의 주기는 $2\pi/\omega$이다. 함수

$$y = 5\ \sin(3x + \pi) \tag{2-13b}$$

의 그래프를 그리기 위해서는 식을 다음과 같이 변형한다.

$$y = 5\ \sin\left[3(x + \frac{\pi}{3})\right] \tag{2-13c}$$

식 (2-13c)는 식 (2-13a)의 그래프를 x축 방향으로 $-\pi/3$만큼 이동한 것이며 그래프는 그림 2-8의 실선이다. 이 원리를 이용하면 코사인 함수나 탄젠트 함수의 그래프 또한 쉽게 그릴 수 있다.

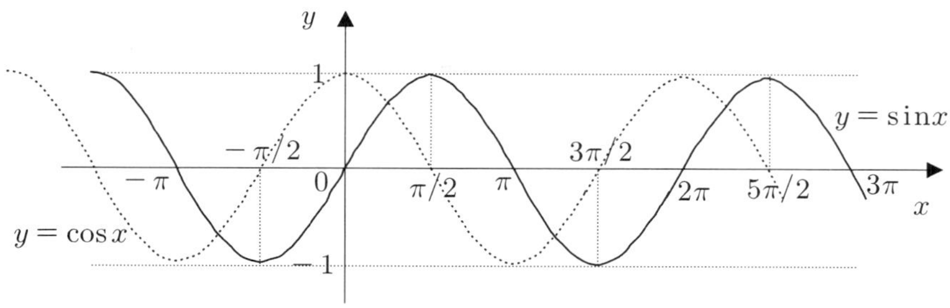

[그림 2-6] $y = \sin x$와 $y = \cos x$의 그래프

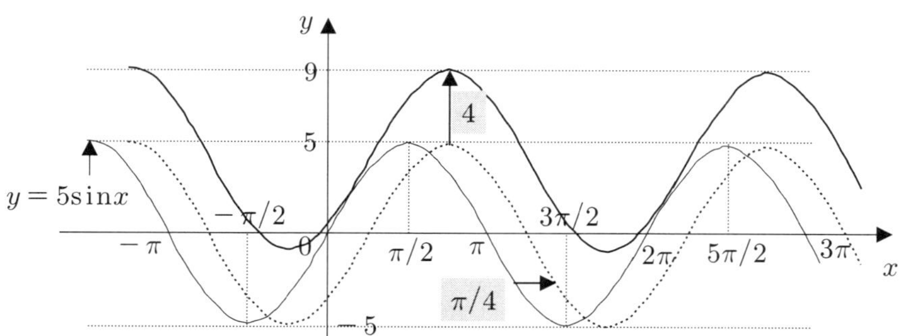

[그림 2-7] $y = 5\sin x$의 그래프와 이동

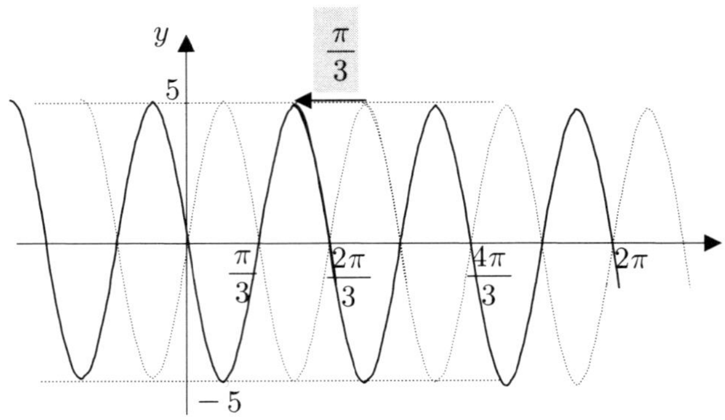

[그림 2-8] $y=5\ \sin(3x+\pi)$의 이동

마지막으로 탄젠트 함수

$$y=\tan x \tag{2-14}$$

의 주기는 사인과 코사인 함수와 달리 π이고 최댓값과 최소값은 각각 $+\infty$와 $-\infty$이며 그 그래프의 형태는 그림 2-9와 같다. 참고로 $\tan\omega x$의 주기는 π/ω이다.

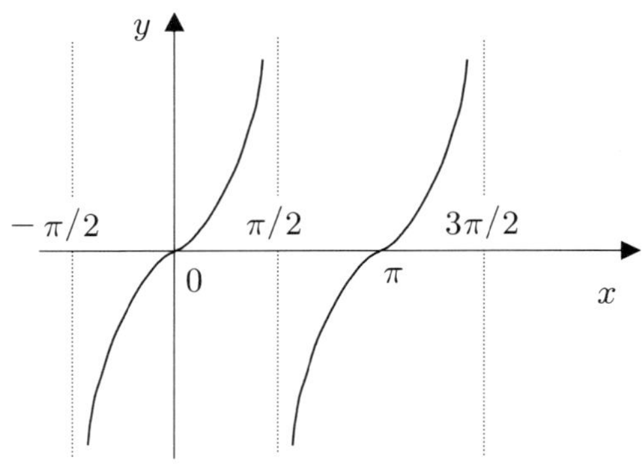

[그림 2-9] $y=\tan x$의 그래프

2.2.3 삼각함수의 기본공식

그림 2-10의 직각 삼각형 ABC에서

$$\sin\theta=\frac{y}{r},\ \cos\theta=\frac{x}{r} \tag{2-15}$$

이다. 피타고라스 정리

$$x^2 + y^2 = r^2 \tag{2-16}$$

에 x와 y 대신에 각각 $r\cos\theta$ 와 $r\sin\theta$를 대입하여 정리하면

$$\sin^2\theta + \cos^2\theta = 1 \tag{2-17}$$

인 관계를 얻는다. 식 (2-17)에서 양변을 각각 $\cos^2\theta$ 와 $\sin^2\theta$로 양변을 나누면

$$1 + \tan^2\theta = \sec^2\theta \tag{2-18a}$$

$$1 + \cot^2\theta = \operatorname{cosec}^2\theta \tag{2-18b}$$

인 관계식을 얻는다.

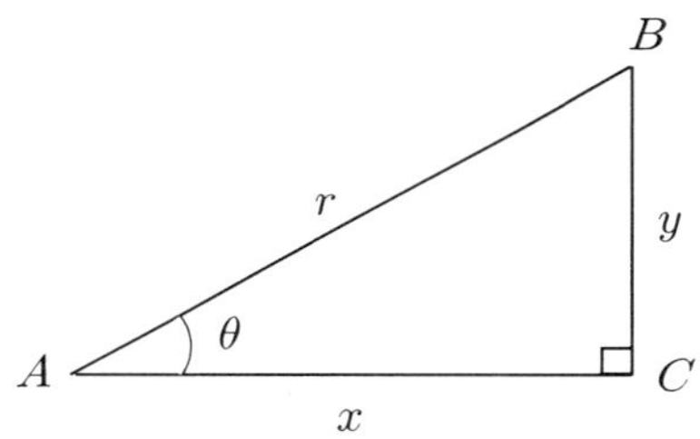

[그림 2-10] 삼각함수의 기본공식을 설명하는 삼각형

2.2.4 사인법칙

삼각형의 세 각의 크기와 세 변의 길이 사이에 성립하는 관계식

$$\frac{a}{\sin A} = \frac{b}{\sin B} = \frac{c}{\sin C} = 2R \tag{2-19}$$

을 사인법칙이라 하며, R은 삼각형의 외접원의 반지름이다. 식 (2-19)의 각각의 문자는 그림 2-11에 표시되어있다.

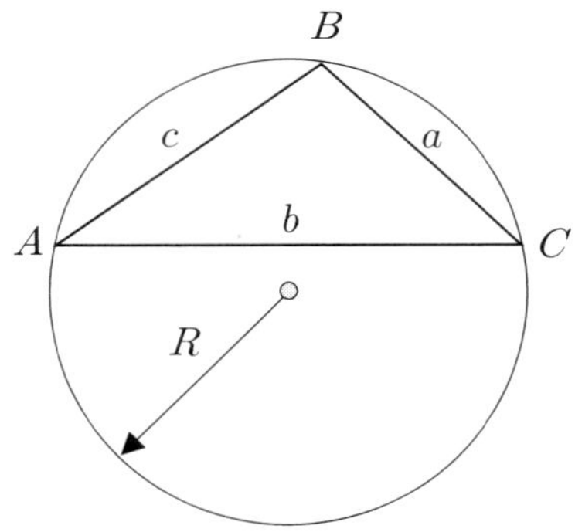

[그림 2-11] 사인법칙

[예제 2-1]

그림 2-12와 같이 한 점에 세 힘이 작용하여 평형상태를 유지하고 있다. 힘 F_1과 각 θ_1, θ_2, θ_3가 주어졌을 때 힘 F_2와 F_3를 구하여라.

풀이 x와 y방향으로 작용하는 힘의 합력이 0인 것을 이용하는 것이 가장 기본적인 풀이방법이다. 조건 $\Sigma F_x = 0$을 적용하면

$$F_2 \cos(\theta_3 - \pi/2) - F_3 \cos(\theta_2 - \pi/2) = 0$$

의 관계를 얻고, 이를 정리하면

$$F_2 \sin\theta_3 - F_3 \sin\theta_2 = 0 \qquad (예-2-1)$$

이 된다. 다음 조건 $\Sigma F_y = 0$을 이용하면

$$F_2 \sin(\theta_3 - \pi/2) + F_3 \sin(\theta_2 - \pi/2) - F_1 = 0$$

의 관계를 얻고, 이를 정리하면

$$F_2 \cos\theta_3 + F_3 \cos\theta_2 + F_1 = 0 \qquad (예-2-2)$$

이 된다. 식 (예-2-1)과 (예-2-2)로부터 F_3는

$$F_3 = -\frac{\sin\theta_3}{\sin(\theta_2 + \theta_3)} F_1$$

이다. 여기에 $\theta_1 + \theta_2 + \theta_3 = 2\pi$를 대입하면 힘 F_2와 F_3는

$$F_3 = \frac{\sin\theta_3}{\sin\theta_1} F_1, \quad F_2 = \frac{\sin\theta_2}{\sin\theta_1} F_1$$

이다.

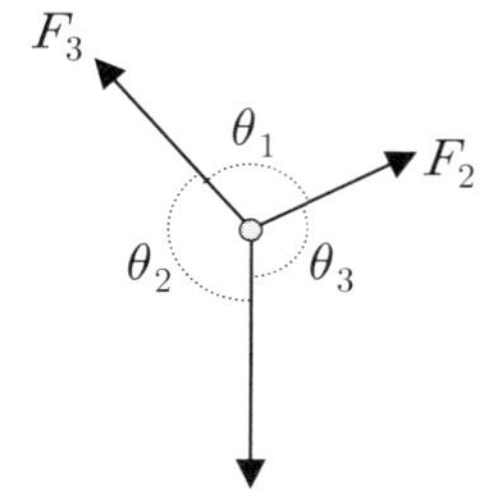

[그림 1-12] 세 힘의 평형

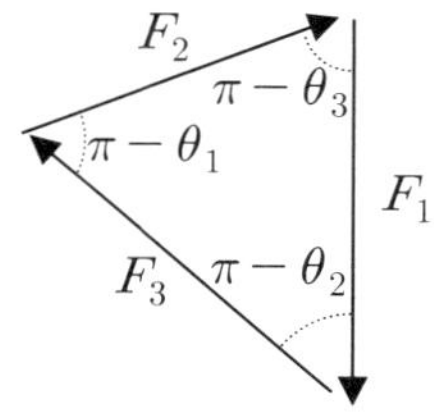

[그림 1-13] 힘의 평형에 적용된 사인법칙

다른 풀이 방법은 사인법칙을 이용하는 것이다. 세 힘이 평형을 유지하므로 이를 벡터로 나타내면

$$\overrightarrow{F_1}+\overrightarrow{F_2}+\overrightarrow{F_3}=0$$

의 관계가 성립한다. 세 개의 힘 벡터 F_1, F_2, F_3를 이동하면 그림 2-13과 같은 삼각형이 되고 각각의 각의 크기는 그림 2-13에 표시되어있다. 그림 2-13과 같은 삼각형에 사인법칙을 적용하면

$$\frac{F_1}{\sin(\pi-\theta_1)}=\frac{F_2}{\sin(\pi-\theta_2)}=\frac{F_3}{\sin(\pi-\theta_3)}$$

의 관계를 얻고, 이를 정리하면

$$\frac{F_1}{\sin\theta_1}=\frac{F_2}{\sin\theta_2}=\frac{F_3}{\sin\theta_3}$$

이 된다. 미지의 힘 F_2와 F_3는

$$F_2=\frac{\sin\theta_2}{\sin\theta_1}F_1,\ \ F_3=\frac{\sin\theta_3}{\sin\theta_1}F_1$$

이 된다. 이와 같은 문제에서 미지의 힘(또는 각)을 구하기 위해 사인법칙을 적용하면 아주 편리하다.

2.2.5 제2 코사인법칙

삼각형의 세 변과 각에 대해 관계식

$$a^2=b^2+c^2-2bc\ \cos A \tag{2-20a}$$

$$b^2=c^2+a^2-2ca\ \cos B \tag{2-20b}$$

$$c^2=a^2+b^2-2ab\ \cos C \tag{2-20c}$$

이 성립하며 이를 제2 코사인법칙이라 한다. 각각의 문자는 그림 2-14에 정의되어있다. 이 법칙은 특히 기구학 공부에 많이 사용된다.

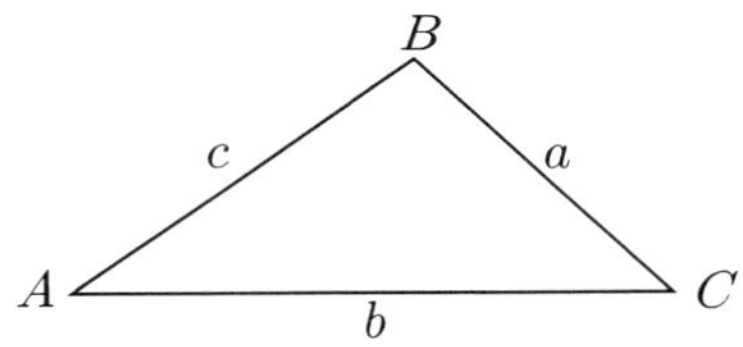

[그림 2-14] 제2 코사인법칙

[예제 2-2]

$\triangle ABC$에서 $b=4$, $c=5$, $\angle A=\pi/3$일 때, 길이 a를 계산하시오.

풀이 섭제2 코사인법칙 $a^2=b^2+c^2-2bc\ \cos A$에 각각의 값을 대입하면

$$a^2=4^2+5^2-2\times 4\times 5\ \cos(\pi/3)=21$$

가 되며, 미지수 a는

$$a=\sqrt{21}$$

이다.

2.3 삼각함수의 성질

2.3.1 $-\theta$의 삼각함수를 θ의 삼각함수로 나타내기

그림 2-15와 같이 점 P'가 x축과 이루는 각이 $-\theta$일 때의 삼각함수는 θ의 삼각함수로 나타낼 수 있다. 두 점 P와 P'는 x축에 대해 대칭인 점이므로 두 점의 x좌표는 동일하고 y좌표는 부호가 반대이다. 따라서

$$\sin(-\theta)=-\sin\theta,\ \cos(-\theta)=\cos\theta \tag{2-21}$$

인 관계를 갖는다. 사인함수의 경우 그래프에서 알 수 있듯이 $y=x$와 같이 원점에 대해 대칭이며 x의 일차식과 같은 성질을 갖기에 기함수(odd function, 홀함수)라 부른다. 위 결과에서 유추할 수 있듯이 $f(-x)=-f(x)$의 관계가 성립하면 기함수이다. 코사인 함수는 y축에 대해 대칭으로 $y=x^2$과 같은 성질을 가지므로 우함수(even function, 짝함수)라 부른다. 어떤 함수 $f(x)$에서 $f(-x)=f(x)$가 성립하면 우함수이다. 탄젠트 함수의

경우는 사인과 코사인 함수의 관계식으로부터

$$\tan(-\theta) = -\tan\theta \tag{2-22}$$

가 성립함을 알 수 있으며, 이는 기함수이다.

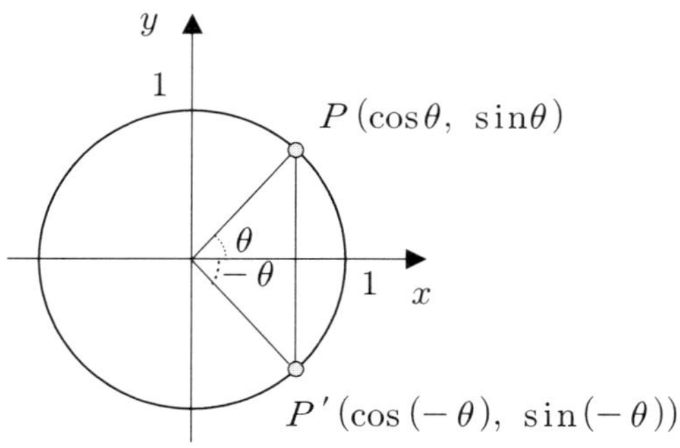

[그림 2-15] $-\theta$의 삼각함수

[예제 2-3]

다음 함수의 값을 구하시오.

1) $\sin(-\frac{\pi}{3})$ 2) $\cos(-\frac{\pi}{3})$ 3) $\tan(-\frac{\pi}{4})$

풀이

1) $\sin(-\frac{\pi}{3}) = -\sin(\frac{\pi}{3}) = -\frac{\sqrt{3}}{2}$

2) $\cos(-\frac{\pi}{3}) = \cos(\frac{\pi}{3}) = \frac{1}{2}$

3) $\tan(-\frac{\pi}{4}) = -\tan(\frac{\pi}{4}) = -1$

2.3.2 $2n\pi+\theta$(n: 정수)의 삼각함수를 θ로 나타내기

각 $2n\pi+\theta$와 θ는 x축과 이루는 각이 동일하므로

$$\sin(2n\pi+\theta) = \sin\theta \tag{2-23a}$$

$$\cos(2n\pi+\theta) = \cos\theta \tag{2-23b}$$

$$\tan(2n\pi+\theta) = \tan\theta \tag{2-23c}$$

이 성립한다.

[예제 2-4]

다음 함수의 값을 구하시오.

1) $\sin(4\pi+\dfrac{\pi}{3})$　　2) $\cos(-2\pi-\dfrac{\pi}{3})$　　3) $\tan(6\pi-\dfrac{\pi}{4})$

풀이 각 $2n\pi+\theta$와 θ는 x축과 이루는 각이 동일하므로 답은 다음과 같다.

1) $\sin(4\pi+\pi/3)=\sin(\pi/3)=\sqrt{3}/2$

2) $\cos(-2\pi-\pi/3)=\cos(-\pi/3)=\cos(\pi/3)=1/2$

3) $\tan(6\pi-\pi/4)=\tan(-\pi/4)=-\tan(\pi/4)=-1$

2.3.3 $\pi\pm\theta$의 삼각함수를 θ로 나타내기

단위원에서 θ와 $\pi+\theta$는 원점에 대칭인 점이므로 그림 2-16과 같이 점 P와 P'의 x와 y 좌표는 서로 부호가 반대이다. 따라서

$$\sin(\pi+\theta)=-\sin\theta \tag{2-24a}$$

$$\cos(\pi+\theta)=-\cos\theta \tag{2-24b}$$

의 관계가 성립하고 탄젠트 함수는 정의에 의해

$$\tan(\pi+\theta)=\frac{\sin(\pi+\theta)}{\cos(\pi+\theta)}=\frac{-\sin\theta}{-\cos\theta}=\tan\theta \tag{2-24c}$$

가 성립한다.

그림 2-16의 단위원에서 $\pi-\theta$는 $\pi+\theta$와 x축에 대해 대칭이므로 x좌표는 같고 y 좌표는 부호가 반대이다. 따라서

$$\sin(\pi-\theta)=-\sin(\pi+\theta)=\sin\theta \tag{2-25a}$$

$$\cos(\pi-\theta)=\cos(\pi+\theta)=-\cos\theta \tag{2-25b}$$

$$\tan(\pi-\theta)=\frac{\sin(\pi-\theta)}{\cos(\pi-\theta)}=\frac{\sin\theta}{-\cos\theta}=-\tan\theta \tag{2-25c}$$

또는 $\pi-\theta$의 점의 위치는 θ의 점의 위치와 y축에 대해 대칭이므로 x좌표는 부호가 반대이고 y좌표는 동일한 우함수의 성질을 이용하여 구할 수도 있다.

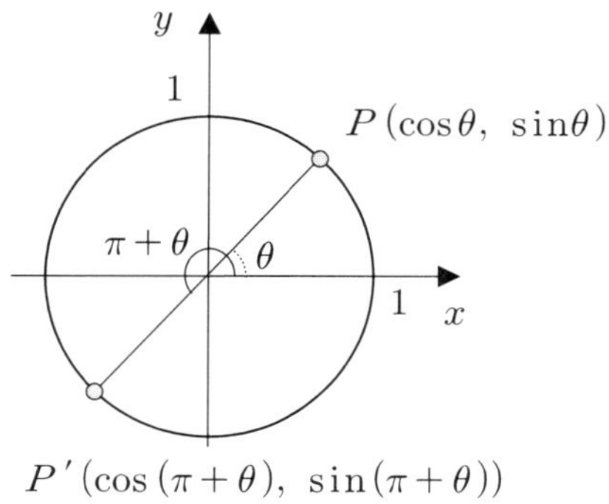

[그림 2-16] $\pi \pm \theta$의 삼각함수

2.3.4 $\frac{\pi}{2} \pm \theta$의 삼각함수를 θ로 나타내기

그림 2-17과 같이 두 점 P와 P'로 만들어지는 두 직각삼각형으로부터 점 P의 좌표는 $(\cos\theta,\ \sin\theta)$이고 점 P'의 좌표는 $(-\sin\theta,\ \cos\theta)$이다. 점 P의 x와 y좌표는 각각 점 P'의 y와 x 좌표와 같다.

$$\sin\left(\frac{\pi}{2}+\theta\right) = \cos\theta \tag{2-26a}$$

$$\cos\left(\frac{\pi}{2}+\theta\right) = -\sin\theta \tag{2-26b}$$

$$\tan\left(\frac{\pi}{2}+\theta\right) = -\cot\theta \tag{2-26c}$$

이며,

$$\sin\left(\frac{\pi}{2}-\theta\right) = \cos\theta \tag{2-27a}$$

$$\cos\left(\frac{\pi}{2}-\theta\right) = \sin\theta \tag{2-27b}$$

$$\tan\left(\frac{\pi}{2}-\theta\right) = \cot\theta \tag{2-27c}$$

이다.

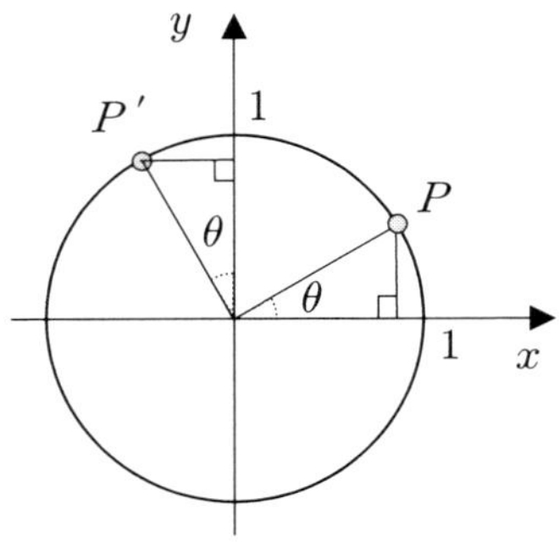

[그림 2-17] $\frac{\pi}{2} \pm \theta$의 삼각함수

2.3.5 $\frac{3\pi}{2} \pm \theta$의 삼각함수를 θ로 나타내기

2-3-4에 설명된 것과 동일한 원리로

$$\sin\left(\frac{3\pi}{2} \pm \theta\right) = -\cos\theta \tag{2-28a}$$

$$\cos\left(\frac{3\pi}{2} \pm \theta\right) = \pm\sin\theta \tag{2-28b}$$

$$\tan\left(\frac{3\pi}{2} \pm \theta\right) = \mp\cot\theta \tag{2-28c}$$

이 성립한다.

2-3-3~2-3-5에 설명된 내용을 간단히 그림으로 정리한 것이 그림 2-18이다.

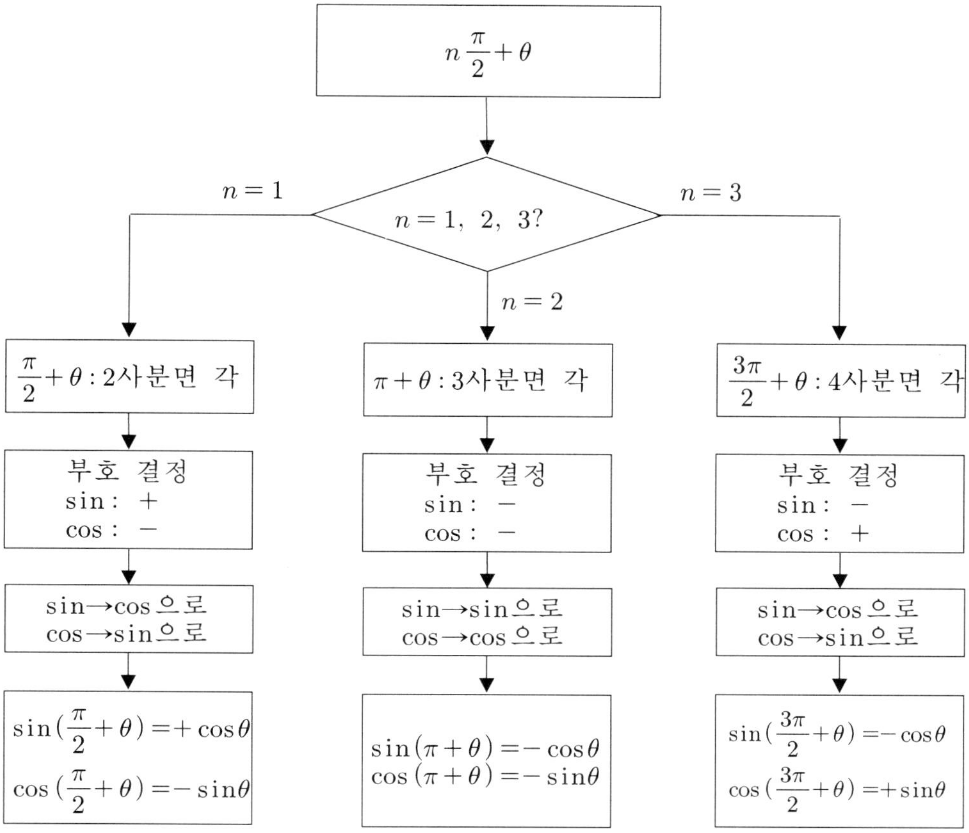

[그림 2-18] $n\frac{\pi}{2}+\theta$의 삼각함수

2.4 삼각함수의 각종 공식

2.4.1 삼각합수의 덧셈정리

두 각 α와 β의 합과 차의 삼각함수를 α와 β의 삼각함수로 나타내는 공식은 다음과 같다.

$$\sin(\alpha\pm\beta)=\sin\alpha\cos\beta\pm\cos\alpha\sin\beta \tag{2-29a}$$

$$\cos(\alpha\pm\beta)=\cos\alpha\cos\beta\mp\sin\alpha\sin\beta \tag{2-29b}$$

$\tan(\alpha\pm\beta)$를 구하기 위해 식 (2-29a)를 식 (2-29b)로 나누면

$$\tan(\alpha \pm \beta) = \frac{\sin\alpha\cos\beta \pm \cos\alpha\sin\beta}{\cos\alpha\cos\beta \mp \sin\alpha\sin\beta} \quad (2-29c)$$

가 되며, 식 (2-29c)의 분모와 분자를 $\cos\alpha\cos\beta$ 로 나누면

$$\tan(\alpha \pm \beta) = \frac{\tan\alpha \pm \tan\beta}{1 \mp \tan\alpha\tan\beta} \quad (2-29d)$$

이 된다.

2.4.2 삼각함수의 배각공식

배각공식은 삼각함수의 덧셈정리 식 (2-29a)에 $\beta = \alpha$를 대입하면

$$\sin 2\alpha = 2\sin\alpha\cos\alpha \quad (2-30a)$$

이 되고, 식 (2-29b)에 $\beta = \alpha$를 대입하면

$$\cos 2\alpha = \cos^2\alpha - \sin^2\alpha = 1 - 2\sin^2\alpha = 2\cos^2\alpha - 1 \quad (2-30b)$$

이 된다. 또 식 (2-29d)에 $\beta = \alpha$를 대입하면

$$\tan 2\alpha = \frac{2\tan\alpha}{1 - \tan^2\alpha} \quad (2-30c)$$

의 결과를 얻는다.

2.4.3 삼각함수의 반각공식

반각공식은 삼각함수의 배각공식 식 (2-30b)에서 α 대신에 $\alpha/2$를 대입하면 다음의 결과를 얻는다.

$$\sin^2\frac{\alpha}{2} = \frac{1 - \cos\alpha}{2} \quad (2-31a)$$

$$\cos^2\frac{\alpha}{2} = \frac{1 + \cos\alpha}{2} \quad (2-31b)$$

이 공식은 $\sin^2 x$나 $\cos^2 x$ 를 적분할 때 유용하게 사용된다.

2.4.4 삼각함수의 3배각 공식

이 공식은 삼각함수의 덧셈정리와 배각공식을 이용하여 유도되는 것으로 다음과 같다.

$$\sin 3\alpha = 3\sin\alpha - 4\sin^3\alpha \tag{2-32a}$$

$$\cos 3\alpha = 4\cos^3\alpha - 3\cos\alpha \tag{2-32b}$$

2.4.5 삼각함수의 곱을 합 또는 차로 표시

이 공식은 삼각함수의 덧셈정리를 이용하여 유도 가능하며 다음과 같다.

$$\sin\alpha\cos\beta = \frac{1}{2}[\sin(\alpha+\beta)+\sin(\alpha-\beta)] \tag{2-33a}$$

$$\cos\alpha\cos\beta = \frac{1}{2}[\cos(\alpha+\beta)+\cos(\alpha-\beta)] \tag{2-33b}$$

$$\sin\alpha\sin\beta = -\frac{1}{2}[\cos(\alpha+\beta)-\cos(\alpha-\beta)] \tag{2-33c}$$

2.4.6 삼각함수의 합 또는 차를 곱으로 표시

이 공식은 2-4-5.절의 공식을 이용하여 유도가능하며 다음과 같다.

$$\sin\alpha+\sin\beta = 2\sin\frac{\alpha+\beta}{2}\cos\frac{\alpha-\beta}{2} \tag{2-34a}$$

$$\sin\alpha-\sin\beta = 2\cos\frac{\alpha+\beta}{2}\sin\frac{\alpha-\beta}{2} \tag{2-34b}$$

$$\cos\alpha+\cos\beta = 2\cos\frac{\alpha+\beta}{2}\cos\frac{\alpha-\beta}{2} \tag{2-34c}$$

$$\cos\alpha-\cos\beta = -2\sin\frac{\alpha+\beta}{2}\sin\frac{\alpha-\beta}{2} \tag{2-34d}$$

2.5 삼각함수의 합성

주기가 같은 두 삼각함수의 합이나 차를 하나의 삼각함수로 나타내면 주어진 삼각함수의 최댓값과 최솟값을 쉽게 알 수 있고, 또한 그래프를 쉽게 그릴 수 있다. 함수

$$y = a\ \sin x + b\ \cos x \tag{2-35}$$

를 하나의 삼각함수로 나타내는 방법은 2-4-1절의 삼각함수의 덧셈정리의 역이다. 식 (2-35)를 변형하면

$$y = \sqrt{a^2 + b^2}\left[\frac{a}{\sqrt{a^2+b^2}} sinx + \frac{b}{\sqrt{a^2+b^2}} cosx\right] \tag{2-36}$$

이 되고,

$$\frac{a}{\sqrt{a^2+b^2}} = \cos\alpha\,,\quad \frac{b}{\sqrt{a^2+b^2}} = \sin\alpha \tag{2-37}$$

로 놓는다. 식 (2-36)은

$$y = \sqrt{a^2+b^2}\,[\cos\alpha \sin x + \sin\alpha \cos x\ ] \tag{2-38}$$

로 간단히 표시되며 이는 2-4-1절의 삼각함수의 덧셈정리인 식(2-29a)의 $\sin(\alpha+\beta)$에 의해

$$y = \sqrt{a^2+b^2}\, sin(x+\alpha) \tag{2-39}$$

인 하나의 삼각함수인 사인함수로 줄일 수 있다. 마지막으로 식 (2-37)로부터 α를 구하거나 그림 2-19와 같이 a와 b를 각각 x축 및 y축에 나타내었을 때 α는 x축의 양의 방향과 이루는 각도를 뜻한다. α의 부호는 x축에 대해 반시계방향인 경우 양 그리고 시계방향인 경우 음이다.

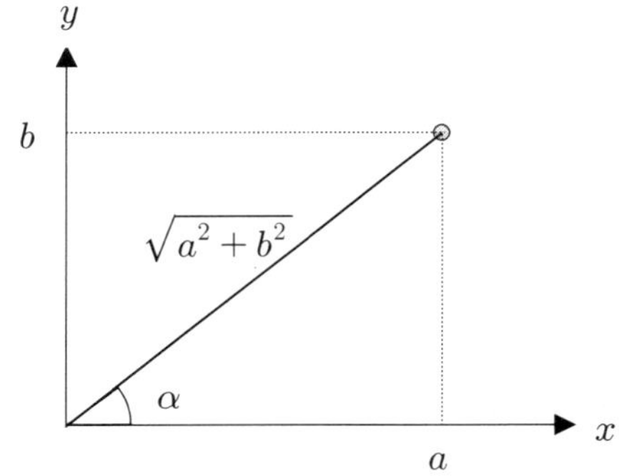

[그림 2-19] 삼각함수의 합성1

다음은 식 (2-35)를 하나의 코사인 함수로 나타내는 방법이다. 식 (2-35)를 변형하면

$$y = \sqrt{a^2+b^2}\,[\sin\beta\sin x + \cos\beta\cos x\,] \tag{2-40}$$

이 되고, 여기서

$$\frac{a}{\sqrt{a^2+b^2}} = \sin\beta,\quad \frac{b}{\sqrt{a^2+b^2}} = \cos\beta \tag{2-41}$$

이다. 식 (2-29b)의 $\cos(\alpha-\beta)$를 참고하여 식 (2-40)을 코사인 함수로 나타내면

$$y = \sqrt{a^2+b^2}\,cos(x-\beta) \tag{2-42}$$

이 되며 β는 식 (2-41)로 구할 수 있다. 또한 β는 그림 2-20과 같이 b와 a를 각각 x축 및 y축에 나타내었을 때 x축의 양의 방향과 이루는 각도를 말한다. β의 부호는 x축에 대해 반시계방향인 경우 양 그리고 시계방향인 경우 음이다. 이 방법은 기계공학의 2계 미분 방정식으로 표현되는 진동 문제의 해를 표현할 때 많이 사용된다.

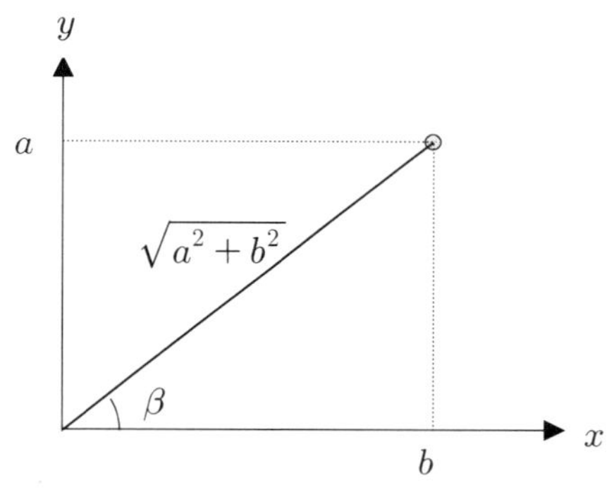

[그림 2-20] 삼각함수의 합성2

[예제 2-5]

$y = \sqrt{3}\sin x + \cos x$를 하나의 사인함수로 나타내어라.

풀이 $a = \sqrt{3}$과 $b = 1$이므로 2-5절에 언급된 과정을 따라하면

$$y = 2\left(\frac{\sqrt{3}}{2}\sin x + \frac{1}{2}\cos x\right)$$

$$\frac{\sqrt{3}}{2}=\cos\alpha,\ \ \frac{1}{2}=\sin\alpha$$

이고 $\alpha=\pi/6$ 또는 $-11\pi/6$이다. 따라서 원래의 식은

$$y=2\sin(x+\frac{\pi}{6})=2\sin(x-\frac{11\pi}{6})$$

로 간략히 표현된다. 그림 2-21과 같이 $a=\sqrt{3}$과 $b=1$을 좌표축에 표시하면 x축의 양의 방향과 이루는 각도 $\alpha=\pi/6$ 또는 $-11\pi/6$이다.

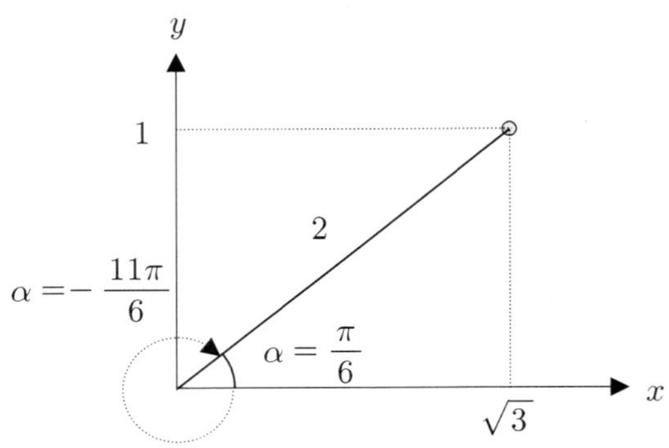

[그림 2-21] 예제 2-5

[예제 2-6]

$y=\sqrt{3}\sin x-\cos x$를 하나의 사인함수로 나타내어라.

풀이 $a=\sqrt{3}$과 $b=-1$이므로 2-5절에 언급된 과정을 따라하면

$$y=2\left(\frac{\sqrt{3}}{2}\sin x-\frac{1}{2}\cos x\right)$$

$$\frac{\sqrt{3}}{2}=\cos\alpha,\ \ -\frac{1}{2}=\sin\alpha$$

이므로 $\alpha=-\pi/6$ 또는 $11\pi/6$이다. 따라서 원래의 식은

$$y=2\sin(x-\frac{\pi}{6})=2\sin(x+\frac{11\pi}{6})$$

로 간략히 표현된다. 또한 그림 2-22와 같이 $a=\sqrt{3}$과 $b=-1$을 좌표축에 표시하면 x축의 양의 방향과 이루는 각도 $\alpha=-\pi/6$ 또는 $\alpha=11\pi/6$이다.

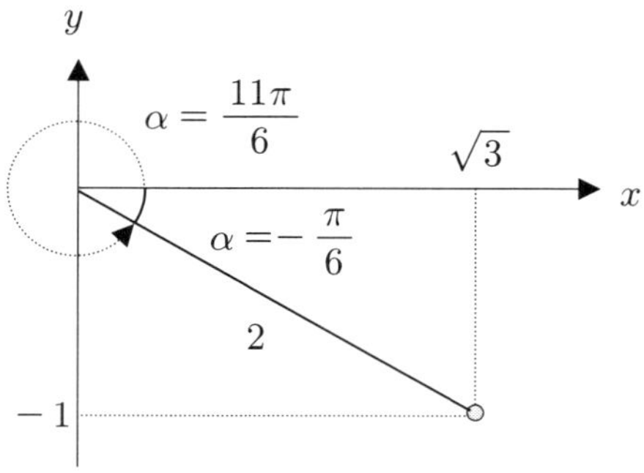

[그림 2-22] 예제 2-6

[예제 2-7]

$y = \sqrt{3}\sin x - \cos x$를 하나의 코사인함수로 나타내어라.

풀이 $a = \sqrt{3}$과 $b = -1$이므로 2-5절에 언급된 과정을 따라하면

$$y = 2\left(\frac{\sqrt{3}}{2}\sin x - \frac{1}{2}\cos x\right)$$

$$\frac{\sqrt{3}}{2} = \sin\beta,\ -\frac{1}{2} = \cos\beta$$

이므로 $\beta = 2\pi/3$ 또는 $-4\pi/3$이다. 따라서 원래의 식은

$$y = 2\cos\left(x + \frac{4\pi}{3}\right) = 2\cos\left(x - \frac{2\pi}{3}\right)$$

로 간략히 표현된다. 또한 그림 2-23과 같이 $a = \sqrt{3}$과 $b = -1$을 좌표축에 표시하면 x축의 양의 방향과 이루는 각도 $\beta = 2\pi/3$ 또는 $\beta = -4\pi/3$이다.

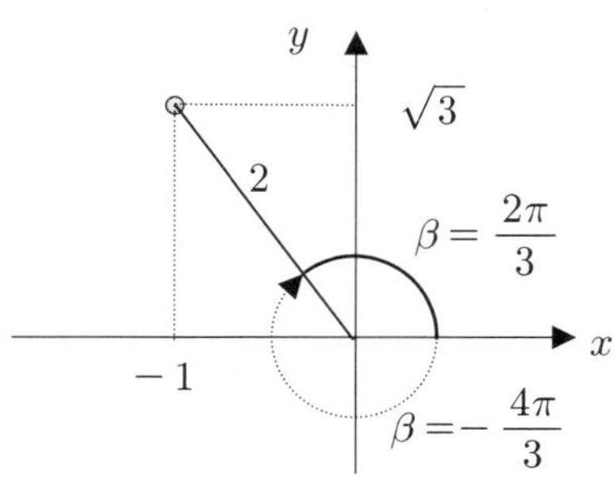

[그림 2-23] 예제 2-7

[예제 2-8]

$y=\sqrt{3}\sin x-\cos x$를 하나의 사인함수로 나타낸 결과를 이용하여 하나의 코사인 함수로 나타내어라.

풀이 사인 함수로 나타낸 결과는

$$y=2\sin(x-\frac{\pi}{6})=2\sin(x+\frac{11\pi}{6})$$

이며, 괄호 안에 $\pi/2$를 더하고 빼면,

$$y=2\sin(\frac{\pi}{2}+x-\frac{\pi}{2}-\frac{\pi}{6})=2\sin(\frac{\pi}{2}+x-\frac{\pi}{2}+\frac{11\pi}{6})$$

이 된다. 이를 정리하면

$$y=2\sin(\frac{\pi}{2}+x-\frac{2\pi}{3})=2\sin(\frac{\pi}{2}+x+\frac{4\pi}{3})$$

이 된다. $\frac{\pi}{2}\pm\theta$의 삼각함수를 θ로 나타내기의 결과를 이용하면

$$y=2\cos(x-\frac{2\pi}{3})=2\cos(x+\frac{4\pi}{3})$$

가 되며, 예제 2-7과 같은 결과를 얻는다.

2.6 역함수

함수는 x값이 들어갈 때 나오는 y값과의 관계를 말하는 것이나 역함수는 반대로 y값이 주어질 때 이 값을 만드는 x값이 얼마인지의 관계를 정의한다. 공학에서는 삼각함수의 역함수가 많이 사용되며 사인의 역함수를 예로 설명한다. 그림 2-24와 같이 사인함수

$$y=\sin x \tag{2-43}$$

는 각도 또는 라디안이 x에 입력되고 이에 해당하는 y값을 얻는다. 즉, 30^o(또는 $\pi/6$)가 x에 들어가면 y값은 $1/2$이 된다. 반대로 y값은 $1/2$일 때 x값은 당연히 30^o(또는 $\pi/6$)가 된다. 이와 같이 값(1/2)이 주어질 때 라디안 또는 각도를 찾는 것이 삼각함수의 역함수이다. 사인함수의 역함수는

$$y=\arcsin x=\sin^{-1}x \tag{2-44}$$

로 나타내고, x는 값이고 y는 각도 또는 라디안이다. 정확하게 수학적으로 사인함수의 역함수는 $0 \le x \le \pi/2$에서 정의되나 일반적으로 공학에서는 큰 관심을 두지 않고 말한다. 코사인과 탄젠트 함수의 역함수는 각각

$$y = \arccos x = \cos^{-1} x \tag{2-45}$$

와

$$y = \arctan x = \tan^{-1} x \tag{2-46}$$

이다.

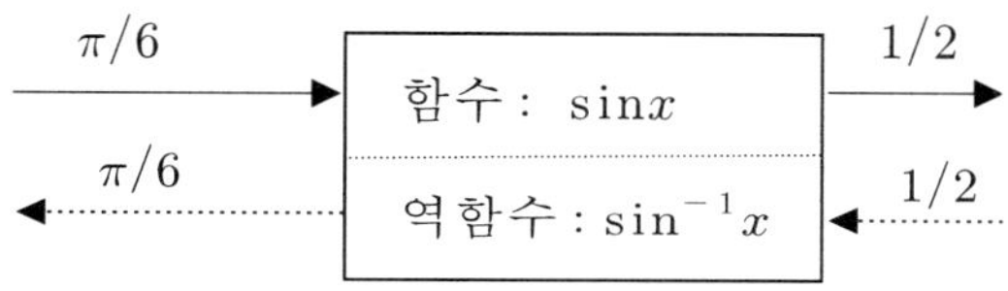

[그림 2-24] 사인함수와 그 역함수

[예제 2-9]

사인함수의 값이 $\sqrt{3}/2$일 때의 라디안은 얼마인가?

풀이 식 (2-44)에 의하면 예제는 다음 식을 만족하는 y를 구하는 문제이다.

$$y = \arcsin(\sqrt{3}/2) = \sin^{-1}(\sqrt{3}/2)$$

여기서 $y = \pi/3$ 또는 $2\pi/3$가 답이 될 수 있으나 구간이 주어질 경우 어느 하나가 답이 된다.

[예제 2-10]

코사인함수의 값이 $\sqrt{3}/2$일 때의 라디안은 얼마인가?

풀이 위의 예제와 같이 다음 식을 만족하는 y를 구하는 문제이다.

$$y = \arccos(\sqrt{3}/2) = \cos^{-1}(\sqrt{3}/2)$$

여기서 $y = \pi/6$ 또는 $-\pi/6$가 답이 될 수 있으나 구간이 주어질 경우 어느 하나가 답이 된다.

2.7 지수함수

지수함수의 일반적인 식은

$$y = a^x \tag{2-47}$$

로 양수 a를 밑이라 한다. 이 함수는 a의 크기에 따라 그 형태가 다르다. a가 1보다 큰 경우와 작은 경우 두 가지 형태로 그래프는 그림 2-25와 같다.

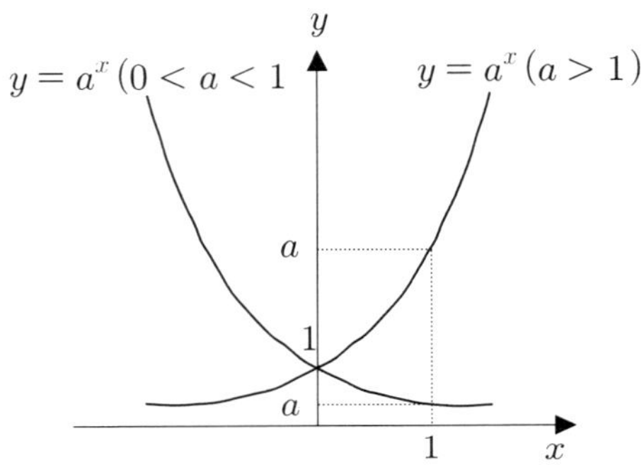

[그림 2-25] 지수함수의 형태

[참고] 지수법칙

$a > 0$, $b > 0$이고 m, n이 유리수일 때

① $a^m \times a^n = a^{m+n}$ ② $(a^m)^n = a^{mn}$

③ $(ab)^m = a^m b^m$ ④ $a^m \div a^n = a^{m-n}$

2.8 로그함수

그림 2-26과 같이 로그 함수는 지수함수의 역함수로 일반적인 식은

$$y = \log_a x \tag{2-48}$$

로 양수 a를 밑이라 한다. 이 함수는 a의 크기에 따라 그 형태가 다르며 a가 1보다 큰 경우와 작은 경우 두 가지 형태로 그래프는 그림 2-27과 같다.

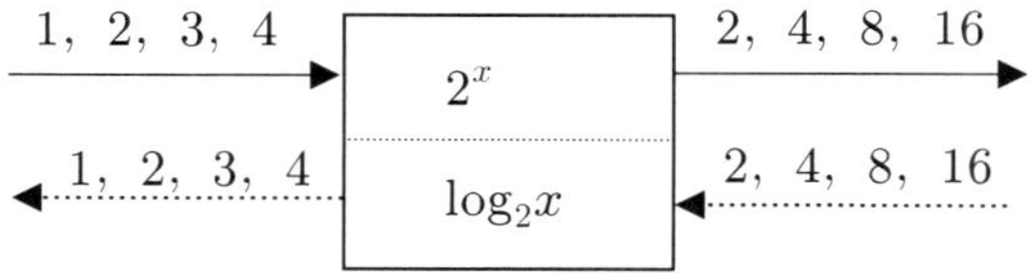

[그림 2-26] 지수함수와 로그함수

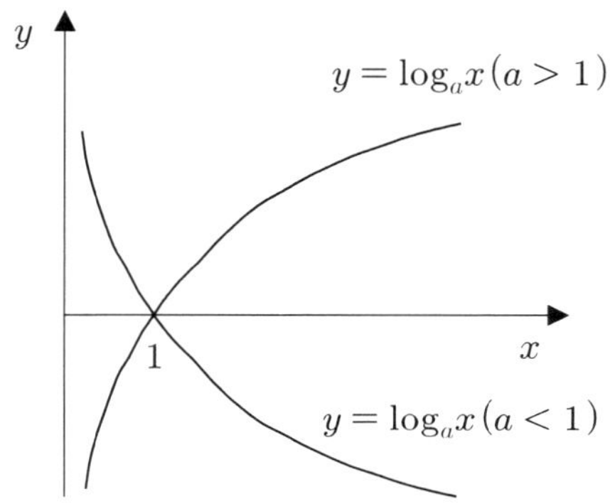

[그림 2-27] 로그함수의 그래프

[참고] 로그의 정의

$a > 0$, $a \neq 1$일 때, 양수 n에 대해

$a^m = n$

을 만족하는 실수 m을

$m = \log_a n$

으로 나타내고, a, n을 각각 밑과 진수라 한다.

[참고] 로그의 성질

$a > 0$, $a \neq 1$이고 m, n이 양수일 때

① $\log_a mn = \log_a m + \log_a n$ ② $\log_a \frac{m}{n} = \log_a m - \log_a n$

③ $\log_a m^p = p \log_a m$ (p : 실수) ④ $\log_m n = \frac{\log_q n}{\log_q m}$ (q : 양수)

[참고] 상용로그

10을 밑으로 하는 로그를 상용로그라 하며 $\log_{10}m$ 은 밑 10을 생략하여 보통

$$\log m$$

로 표기한다. 자연로그는 밑이 e인 로그를 말하며 밑 e를 생략하여 보통

$$y = \log_e x = \ln x$$

로 표기한다.

[예제 2-11]

저항의 값(R)은 재료의 성질에 따라 고유의 값을 갖는 비저항(ρ)과 저항의 길이(L)에 비례하고 단면적(A)에 반비례한다. 이 값은

$$R = \rho \frac{L}{A}$$

의 관계로 표현된다. 양변에 자연로그를 취하시오.

풀이 로그의 성질에 의해

$$\ln R = \ln \rho + \ln L - \ln A$$

을 얻는다.

[참고] e

1683년 베르누이는 복리이자를 고민하는 과정에서 e값을 발견하였다. 1원으로 1년에 100%의 이자를 받는 경우를 생각하자. 1년이 지난 후 연말에 원금과 이자를 합한 금액은 2원이 된다. 그렇다면 1년에 n번 이자를 받는 경우, 1번 이자를 받을 때의 이율은 1/n로 연말에 원리금의 합은

$$(1 + \frac{1}{n})^n$$

이다. 이자를 받는 기간이 아주 짧게 되면 그 값은

$$e = \lim_{n \to \infty}(1 + \frac{1}{n})^n = 2.71828......$$

인 무리수이다.

2.9 복소수

2차 방정식 $x^2+x+1=0$의 해는 근의 공식으로부터

$$x=\frac{-1\pm\sqrt{3}\,i}{2} \tag{2-49}$$

임을 잘 알고 있으며, $i=\sqrt{-1}$ (또는 $i^2=-1$)로 정의한다. 이 해를 복소수라 정의하고 이의 일반적인 형태는

$$z=x+iy \tag{2-50}$$

로 x와 y는 실수이다. 복소수 z의 켤레 복소수는 $\bar{z}$ 또는 $\overline{x+iy}$로 표시하고 이는 순허수 부분의 부호를 바꾼 것이다. z의 켤레 복소수는

$$\bar{z}=x-iy \tag{2-50}$$

이다.

두 복소수 z_1과 z_2가

$$z_1=x_1+iy_1,\ z_2=x_2+iy_2 \tag{2-51}$$

로 주어진 경우 사칙연산의 법칙은 다음과 같다.

① **덧셈과 뺄셈**:

$z_1\pm z_2=(x_1\pm x_2)+i(y_1\pm y_2)$

② **곱셈**:

$z_1z_2=(x_1x_2)+i^2(y_1y_2)+i(x_1y_2+x_2y_1)=x_1x_2-y_1y_2+i(x_1y_2+x_2y_1)$

③ **나눗셈**:

분모와 분자에 분모의 켤레 복소수를 곱하여 연산한다.

$$\frac{z_1}{z_2}=\frac{x_1+iy_1}{x_2+iy_2}=\frac{(x_1+iy_1)(x_2-iy_2)}{z_2\overline{z_2}}=\frac{x_1x_2+y_1y_2+i(-x_1y_2+x_2y_1)}{x_2^2+y_2^2}$$

복소수 $z = x + iy$의 절대치는 그림 2-28과 같은 복소평면에서 원점과 그 점사이의 거리

$$|z| = \sqrt{x^2 + y^2} \tag{2-52}$$

로 정의되며, 또한

$$|z|^2 = z\bar{z} = x^2 + y^2 \tag{2-53}$$

의 관계를 갖는다.

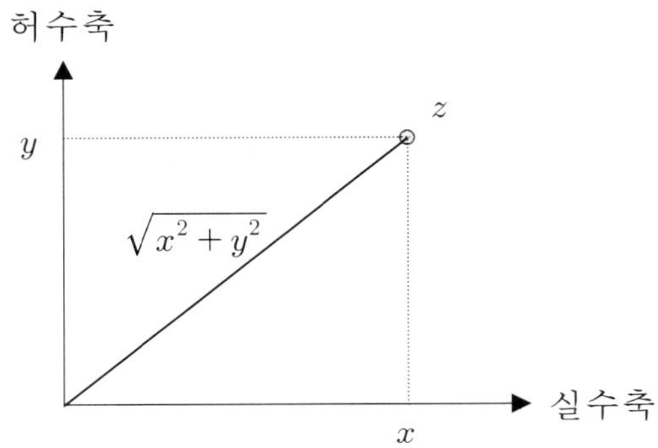

[그림 2-28] 복소수의 절대값 정의

[예제 2-12]

복소수 $z_1 = 1 + \sqrt{3}i$과 $z_2 = 1 + i$에 대해 다음 계산을 수행하시오.

1) $z_1 + z_2$　　2) $z_1 - z_2$　　3) $z_1 z_2$

4) $|z_1|^2$　　5) $z_1 z_1$　　6) $z_1 \overline{z_1}$

풀이

1) $z_1 + z_2 = 2 + (1 + \sqrt{3})i$

2) $z_1 - z_2 = (\sqrt{3} - 1)i$

3) $z_1 z_2 = 1 + i + \sqrt{3}i + \sqrt{3}i^2 = 1 + i + \sqrt{3}i - \sqrt{3} = (1 - \sqrt{3}) + (1 + \sqrt{3})i$

4) $|z_1|^2 = 1^2 + (\sqrt{3})^2 = 4$

5) $z_1 z_1 = 1 + \sqrt{3}i + \sqrt{3}i + 3i^2 = -2 + 2\sqrt{3}i$

6) $z_1 \overline{z_1} = (1 + \sqrt{3}i)(1 - \sqrt{3}i) = 1 - \sqrt{3}i + \sqrt{3}i - 3i^2 = 1 + 3 = 4$

[참고] 복소수의 극형식: 오일러 공식(Euler formula)

복소수의 절대치가 1인 복소수를 다룰 때 유용하게 사용되는 오일러 공식은

$e^{i\theta} = \cos\theta + i\sin\theta$

이며, θ는 복소수와 x축이 이루는 각도이다. 이는 함수 $f(x)$의 Taylor series

$$f(x) = \sum_{k=0}^{\infty} \frac{f^{(k)}(0)}{k!} x^k = f(0) + f'(0)x + \frac{f''(0)}{2!}x^2 + \ldots + \frac{f^{(n)}(0)}{n!}x^n + \ldots$$

를 이용하여 $e^{i\theta}$를

$$e^{i\theta} = 1 + \frac{i\theta}{1!} + \frac{i^2\theta^2}{2!} + \frac{i^3\theta^3}{3!} + \frac{i^4\theta^4}{4!} + \frac{i^5\theta^5}{5!} + \frac{i^6\theta^6}{6!} + \ldots$$

$$= \left(1 - \frac{\theta^2}{2!} + \frac{\theta^4}{4!} - \frac{\theta^6}{6!} + \ldots\right) + i\left(\theta - \frac{\theta^3}{3!} + \frac{\theta^5}{5!} - \ldots\right) = \cos\theta + i\sin\theta$$

로 나타낼 수 있다. 따라서 복소수의 절대치가 r이고 x축과 이루는 각이 θ인 복소수는

$z = r\cos\theta + i(r\sin\theta) = r(\cos\theta + i\sin\theta) = re^{i\theta}$

로 간단히 나타낼 수 있다.

[예제 2-13]

복소수 $z_1 = 1 + \sqrt{3}i$를 오일러 공식으로 표시하고 z_1^{300}을 계산하시오.

풀이 복소수 z_1의 절대치는 $|z_1| = 2$이므로, 오일러 공식으로 z_1은

$$z_1 = 2\left(\frac{1}{2} + \frac{\sqrt{3}}{2}i\right) = 2e^{i\frac{\pi}{3}}$$

로 표시된다. 극형식으로 표현된 z_1으로부터 z_1^{300}은

$$z_1^{300} = \left(2e^{i\frac{\pi}{3}}\right)^{300} = 2^{300}\left(e^{i\frac{\pi}{3}}\right)^{300} = 2^{300}e^{i100\pi}$$

이 된다. $e^{i100\pi} = \cos 100\pi + i\sin 100\pi = 1$이므로

$$z_1^{300} = 2^{300}$$

과 같이 간단히 계산된다. 복소수의 극형식을 사용하지 않고 이 문제를 풀기위해서는 엄청난 고통이 따를 것이다.

제2장 ▸▸▸ 연습문제 1

01 다음의 값은?

1) $\sin\frac{\pi}{4}$　　2) $\cos\frac{\pi}{3}$

3) $\sin\frac{\pi}{6}$　　4) $\cos\frac{\pi}{4}$

5) $\sin\frac{\pi}{3}$　　6) $\tan\frac{\pi}{6}$

7) $\tan\frac{\pi}{4}$

02 다음 함수의 그래프 개형을 그리시오.

1) $y=\sin x$　　2) $y=\cos x$　　3) $y=\tan x$

4) $y=\sin 2x$　　5) $y=\cos 2x$　　6) $y=\tan 2x$

7) $y=\sin(x-\frac{\pi}{4})$　　8) $y=\cos(x-\frac{\pi}{4})$

03 다음을 간단히 표현하시오.

1) $\sin(\frac{\pi}{2}+\theta)$　　2) $\cos(\frac{\pi}{2}+\theta)$

04 다음의 값을 계산하시오.

1) $\sin 75^{o}$　　2) $\cos 75^{o}$

05 $y=\sin x+\cos x=A\sin(x+B)$에서 A와 B의 값은?

06 $\sin^{-1}(\frac{1}{2})$

07 $y=2^{x}$과 $y=(\frac{1}{2})^{x}$의 그래프를 그리시오.

08 $y = \log_{10}^{x}$ 와 $y = \ln x$ 의 그래프를 그리시오.

09 $z = 1 + i$ 일 때 다음을 계산하시오.

1) z^2 2) $\overline{z}$ 3) $z\overline{z}$

제2장 ▸▸▸ 연습문제 2

01 다음의 값은?

1) $\sin(-\frac{\pi}{4})$ 2) $\cos(-\frac{\pi}{3})$

3) $\sin\frac{4\pi}{3}$ 4) $\cos\frac{2\pi}{3}$

02 $\sin\theta - \cos\theta = \frac{1}{2}$ $(0 < \theta < \frac{\pi}{2})$ 일 때 $\sin\theta + \cos\theta$ 의 값은?

03 다음 함수의 주기는?

1) $y = \sin\frac{1}{2}x$ 2) $y = \cos\frac{1}{3}x$ 3) $y = \tan 3x$

04 $\sin^{-1}(\sqrt{3}/2)$의 값은?

05 $\angle B = 45^o, \angle C = 60^o, b = 6$인 삼각형 ABC에서 외접원의 반지름 R과 c?

06 $b = 4, c = 6, \angle A = 60^o$인 삼각형 ABC에서 a?

07 $\sin 15^o$와 $\cos 15^o$의 값은?

제2장 ▸▸▸ 연습문제 3

01 다음의 값은?

1) $\sin\frac{5\pi}{3}$

2) $\cos\frac{5\pi}{3}$

3) $\sin(\pi+\theta)$

4) $\sin(\frac{3\pi}{2}+\theta)$

02 다음 함수의 주기는?

1) $y=\sin\frac{1}{2}x$

2) $y=\cos\frac{2}{3}x$

3) $y=\tan\frac{1}{3}x$

03 $\sin2\theta=\frac{\sqrt{3}}{2}$일 때 $\theta\ (0<\theta<\pi)$?

04 $\angle B=30^o$, $\angle C=45^o$, $b=6$인 삼각형 ABC에서 외접원의 반지름 R과 c?

05 $b=4, c=6, \angle A=45^o$인 삼각형 ABC에서 a?

06 $y=5\sin x+12\cos x=A\ \sin(x+B)=C\ \cos(x+D)$에서 A, B, C, D의 값은?

07 $z=1+\sqrt{3}i$일 때

1) 이를 극형식으로 표현하면?

2) $\bar{z}$

3) z^{100}

제 3 장

미 분

제 3 장 미 분

3.1 평균변화율

자동차로 고속도로를 이용하여 부산을 출발하여 서울로 간다. 부산과 서울사이의 거리는 400km이고 걸린 시간은 4시간이다. 그림 3-1과 같이 이 동안 자동차의 속도는 항상 일정하지 않고 계속 변할 것이다. 부산에서 서울까지의 거리와 걸린 시간으로부터 자동차는 평균적으로 100kph(km/hr)로 주행하였으며, 우리는 이를 이 구간에서의 평균속도라 한다. 이와 같이 주어진 구간에서의 평균속도는 평균변화율과 같은 개념이다. 수학적으로는 그림 3-1에서와 같이 x의 변화량 Δx에 대한 y의 변화량 Δy를 평균변화율로 정의한다.

$$\frac{\Delta y}{\Delta x} = \frac{f(b) - f(a)}{b - a} \tag{3-1}$$

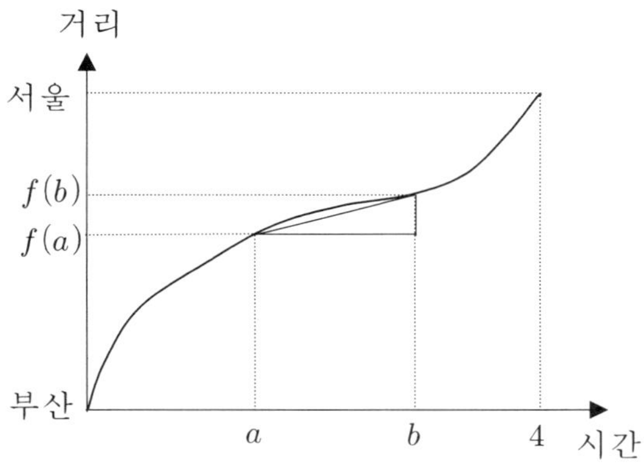

[그림 3-1] 평균 변화율의 정의

[그림 3-2] 오르막 경사를 나타내는 교통 표지판

그림 3-2의 도로 표지판은 오르막길의 정도를 표시하는 것으로 일정 구간에서의 평균 기울기를 말하며, 수평으로 Δx의 거리를 이동할 때 수직 높이차가 Δy일 때 평균기울기는

$$\text{평균 기울기}(\%) = \frac{\Delta y}{\Delta x} \times 100 \tag{3-2}$$

로 정의된다. 10%의 오르막 경사 길은 평균적으로 수평거리를 100m 이동할 때 높이차가 10m인 도로를 뜻한다.

3.2 미분계수와 도함수

부산에서 서울로 가던 중 대구, 대전, 천안 등 각 지점을 통과할 때의 속도는 각각 다를 것이다. 이들 지점에서의 속도를 순간속도, 순간변화율 또는 미분계수라 부른다. 미분계수는 어떤 한 점에서의 기울기를 나타내며 그 점에서의 접선의 기울기이다. 함수 $y=f(x)$의 $x=a$에서의 미분계수는

$$f'(a)=\lim_{h\to 0}\frac{f(a+h)-f(a)}{h} \tag{3-3}$$

로 정의된다. 도함수는 함수 $y=f(x)$의 모든 순간의 기울기를 나타내는 함수로

$$y',\ f'(x),\ \frac{dy}{dx},\ \frac{df(x)}{dx} \tag{3-4}$$

의 기호로 나타낸다. 도함수는 식(3-3)에서 특정한 값 a 대신 임의의 x를 대입한

$$f'(x)=\lim_{h\to 0}\frac{f(x+h)-f(x)}{h} \tag{3-5}$$

로 정의된다. 함수의 도함수를 구하는 것을 함수를 미분한다고 말한다.

3.3 미분의 기본공식 1

다항함수의 미분에 대한 기본공식을 표 3-1에 정리하였다.

[표 3-1] 다항함수의 미분법

번호	함수	도함수
1	$f(x)=c(c:$상수$)$	$f'(x)=0$
2	$f(x)=x^n$	$f'(x)=nx^{n-1}$
3	$y=cf(x)$	$y'=cf'(x)$
4	$y=f(x)\pm g(x)$	$y'=f'(x)\pm g'(x)$
5	$y=f(x)g(x)$	$y=f'(x)g(x)+f(x)g'(x)$
6	$y=f(x)^n$	$y'=nf(x)^{n-1}f'(x)$

[예제 3-1]

다음 함수의 도함수를 구하여라.

1) $f(x)=5$ 2) $f(x)=3x+5$

3) $f(x)=-2x^2+3x+4$ 4) $f(x)=(-2x^2+3x+4)(3x+5)$

5) $f(x)=27x^3+27x^2+9x+1$ 6) $f(x)=(3x+1)^3$

풀이 1) $f'(x)=0$

2) $f'(x)=3$

3) $f'(x)=-4x+3$

4) $f(x)=(-2x^2+3x+4)(3x+5)$, $g(x)=-2x^2+3x+4$, $h(x)=3x+5$라 놓고, 각 함수의 미분은

$$g'(x)=-4x+3,\ h'(x)=3$$

이며, $f(x)=g(x)h(x)$이므로 이를 미분하면

$$f'(x)=g'(x)h(x)+g(x)h'(x)$$

이다. 여기에 $g'(x)$와 $f'(x)$의 결과를 대입하여 정리하면

$$\begin{aligned} f'(x)&=(-4x+3)(3x+5)+(-2x^2+3x+4)\times 3 \\ &=-12x^2-11x+15-6x^2+9x+12 \\ &=-18x^2-2x+27 \end{aligned}$$

이 된다.

5) $f'(x)=81x^2+54x+9$

6) $f'(x)=3(3x+1)^2\times(3x+1)'$

$$\begin{aligned} &=9(9x^2+6x+1) \\ &=81x^2+54x+9 \end{aligned}$$

참고로 문제 6)을 전개한 것이 문제 5)이다.

[예제 3-2]

함수 $f(x)=-2x^2+3x+4$의 $x=2$ 위의 점에서 접선의 방정식을 구하여라.

풀이 $x=2$에서의 접선의 기울기는 그 점에서의 미분계수이므로 먼저 도함수를 구한다.

$$f'(x)=-4x+3$$

도함수에 $x=2$를 대입하여 그 점에서의 미분계수 즉 접선의 기울기

$$f'(2)=-4\times 2+3=-5$$

를 계산한다. 점(2,2)를 지나고 기울기가 -5인 직선이 접선의 방정식으로 직선의 식은

$$y-2=-5(x-2)$$

이며, 이를 정리하면

$$y=-5x+12$$

이다.

3.4 미분의 기본공식 2

표 3-1에 나타낸 다항함수에 대한 미분의 기본공식을 활용하여 더 복잡한 형태의 함수의 미분법을 표 3-2에 정리하였다.

[표 3-2] 유리함수, 합성함수, 음함수, 매개함수의 미분법

번호	함수	도함수	함수 명칭
7	$y=\dfrac{g(x)}{f(x)}$	$y=\dfrac{g'f-gf'}{f^2}$	유리함수
8	$y=g(u),u=f(x)$	$y'=\dfrac{dy}{dx}=\dfrac{dy}{du}\dfrac{du}{dx}$ $=g'(u)f'(x)$ $=g'(f(x))f'(x)$	합성함수(연쇄법칙)
9	$F(x,y)=0$	$F\,'(x,y)=0$	음함수
10	$x=f(t),\ y=g(t)$	$y'=\dfrac{dy}{dx}=\dfrac{dy}{dt}\dfrac{dt}{dx}$ $=\dfrac{dy}{dt}/\dfrac{dt}{dx}$ $=g'(t)/f'(t)$	매개함수

[예제 3-3]

$y=\dfrac{1}{f(x)}$ 의 도함수를 구하여라.

풀이 표 3-1의 6번 또는 표 3-2의 7번을 이용하여 도함수를 구할 수 있다. 먼저 앞의 방법을 이용하여 미분하기 위해 원래의 함수는

$$y=[f(x)]^{-1}$$

이며 이를 6번의 공식으로 미분하면

$$y' = -[f(x)]^{-2}f'(x) = -\frac{f'(x)}{[f(x)]^2}$$

이 된다. 표 3-2의 7번 공식을 이용할 경우 $g(x)=1$과 $g'(x)=0$으로

$$y' = -\frac{f'(x)}{[f(x)]^2}$$

임을 알 수 있다.

[예제 3-4]

다음 함수의 도함수 y'를 구하여라.

1) $y = \dfrac{1}{(x^2+x+1)^3}$

2) $y = \dfrac{2x+1}{(x+1)^2}$

3) $y = t^2+t+1,\ t = x^2+1$

4) $x^2+y^2-25=0$

5) $x = 2t^2+1,\ y = 4t+1$

풀이 1) $y=(x^2+x+1)^{-3}$이므로

$$y' = -3(x^2+x+1)^{-4}(2x+1)$$

2) 7)번의 미분법을 이용하면

$$y' = \frac{2(x+1)^2-(2x+1)2(x+1)}{(x+1)^4} = \frac{-2x(x+1)}{(x+1)^4} = \frac{-2x}{(x+1)^3}$$

3) 8)번의 미분법을 이용하면

$$y' = \frac{dy}{dt}\frac{dt}{dx} = (2t+1)2x$$

이고, t대신 x를 대입하여 정리하면 y'는

$$y' = 2x(2x^2+3)$$

이다.

4) $x^2+y^2-25=0$는 음함수로 이를 미분하면

$$2x+2yy'=0$$

이며, 이를 정리하면

$$y' = -\frac{x}{y}$$

가 된다.

5) 매개변수 t가 사용된 것으로 10번의 미분법을 이용하면

$$y' = \frac{dy/dt}{dx/dt} = \frac{4}{4t} = \frac{1}{t}$$

이 된다. $x = 2t^2 + 1$를 이용하여 t를 x로 나타내면

$$t = \pm\sqrt{\frac{x-1}{2}}$$

이 되고 이를 y'에 대입하면

$$y' = \pm\sqrt{\frac{2}{x-1}}$$

가 된다.

3.5 미분의 기본공식 3

삼각함수의 미분에 대한 기본적인 유도과정은 생략하고 그 결과를 표 3-3에 정리하였으며 이 결과를 반드시 기억해야한다.

[표 3-3] 삼각함수의 미분법

번호	함수	도함수
11	$y = \sin x$	$y' = \cos x$
12	$y = \cos x$	$y' = -\sin x$
13	$y = \tan x$	$y' = \sec^2 x$

[예제 3-5]

다음 함수를 미분하여라.

1) $y = 3\sin(2x+4)$

2) $y = \cos^2(2x+1)$

3) $y = \sin^2 x \cos 2x$

4) $y = \dfrac{\cos x + \sin x}{\sin x - \cos x}$

5) $y = (x^2 + x + 1)\sin 2x$

풀이

1) $y' = 3[\cos(2x+4)]2 = 6\cos(2x+4)$

2) $y' = 2\cos(2x+1)[-\sin(2x+1)]2 = -4\cos(2x+1)\sin(2x+1) = -2\sin(4x+2)$

3) $y' = 2\sin x \cos x \cos 2x + \sin^2 x[-\sin 2x]2 = 2\sin x[\cos x \cos 2x - \sin x \sin 2x]$

4) $y' = \dfrac{(-\sin x+\cos x)(\sin x-\cos x)-(\cos x+\sin x)(\cos x+\sin x)}{(\sin x-\cos x)^2}$

$= -\dfrac{2}{1-2\sin x cos x}$

5) $y' = (2x+1)\sin 2x + (x^2+x+1)[\cos 2x]2 = (2x+1)\sin 2x + 2(x^2+x+1)\cos 2x$

3.6 미분의 기본공식 4

로그함수의 미분법은 표 3-4에 요약하였으며 이 역시 반드시 기억해야한다.

[표 3-4] 로그함수의 미분법

번호	함수	도함수
14	$y=\ln x$	$y=\dfrac{1}{x}$
15	$y=\ln f(x)$	$y'=\dfrac{f'(x)}{f(x)}$
16	$y=\log_a x$	$y'=\dfrac{1}{xlna}$
17	$y=\log_a f(x)$	$y=\dfrac{f'(x)}{f(x)}\dfrac{1}{\ln a}$

[예제 3-6]

함수 $y=\ln x$의 도함수를 구하여라.

풀이 도함수 정의 $y' = \lim_{h\to 0}\dfrac{f(x+h)-f(x)}{h}$에 의해 자연로그의 도함수는 다음의 과정을 거쳐 구한다.

$$y' = \lim_{h\to 0}\frac{\ln(x+h)-\ln x}{h} = \lim_{h\to 0}\frac{\ln\frac{x+h}{x}}{h}$$

$$= \lim_{h\to 0}\ln\left(1+\frac{h}{x}\right)^{\frac{1}{h}} = \lim_{h\to 0}\frac{1}{x}\ln\left(1+\frac{h}{x}\right)^{\frac{x}{h}}$$

$$= \lim_{t\to 0}\frac{1}{x}\ln(1+t)^{\frac{1}{t}} = \frac{1}{x}\ln e$$

$$= \frac{1}{x}$$

[예제 3-7]

함수 $y=\ln f(x)$의 도함수를 구하여라.

풀이 $f(x)=u$라 놓으면 원래의 함수는 $y=\ln u$이 되고 여기에 8번의 미분법을 적용하면 y'는

$$y'=\frac{dy}{du}\frac{du}{dx}=\frac{1}{u}u'=\frac{f'(x)}{f(x)}$$

이 된다.

[예제 3-8]

함수 $y=\log_a f(x)$ 의 도함수를 구하여라.

풀이 원래의 함수는

$$y=\frac{\ln f(x)}{\ln a}$$

로 변형되고, 이를 미분하면 y'는

$$y=\frac{1}{\ln a}\frac{f'(x)}{f(x)}$$

이 된다.

[예제 3-9]

다음 함수의 도함수를 구하여라.

1) $y=\ln(x^2+\sin x)$

2) $y=\ln(x^2+3)-\ln(\cos x)$

3) $y=\ln\left[(x+1)^3(\sin x+\cos x)^2\right]$

4) $y=\log_a x$

5) $y=\log_5(x^2+3x+2)$

풀이 1) $y'=\dfrac{2x+\cos x}{x^2+\sin x}$

2) $y'=\dfrac{2x}{x^2+3}+\dfrac{\sin x}{\cos x}$

3) $y' = \dfrac{[(x+1)^3(\sin x+\cos x)^2]'}{(x+1)^3(\sin x+\cos x)^2}$

$= \dfrac{[3(x+1)^2(\sin x+\cos x)^2+(x+1)^3 2(\sin x+\cos x)(\cos x-\sin x)]}{(x+1)^3(\sin x+\cos x)^2}$

$= \dfrac{[3(\sin x+\cos x)^2+2(x+1)(\cos^2 x-\sin^2 x)]}{(x+1)(\sin x+\cos x)^2}$

4) $y=\log_a x = \dfrac{\ln x}{\ln a}$ 이므로 $y' = \dfrac{1}{x\ln a}$

5) $y' = \dfrac{1}{\ln 5}\dfrac{2x+3}{x^2+3x+2}$

3.7 미분의 기본공식 5

지수함수의 미분법을 표 3-5에 정리하였다.

[표 3-5] 지수함수의 미분법

번호	함수	도함수
18	$y=a^x$	$y' = a^x \ln a$
19	$y=a^{f(x)}$	$y' = a^{f(x)}f'(x)\ln a$
20	$y=e^x$	$y' = e^x$
21	$y=e^{f(x)}$	$y=e^{f(x)}f'(x)$

[예제 3-10]

함수 $y=a^x$의 도함수를 구하여라.

풀이 양변에 자연로그를 취하면

$$\ln y = x\ln a$$

가 되고 이를 미분하면

$$\frac{y'}{y} = \ln a$$

가 된다. 이를 정리하면 y'는

$$y' = y\ln a = a^x \ln a$$

이 된다.

[예제 3-11]

함수 $y=a^{f(x)}$의 도함수를 구하여라.

풀이 양변에 자연로그를 취하면

$$\ln y=f(x)\ln a$$

가 되고 이를 미분하면

$$\frac{y'}{y}=f'(x)\ln a$$

가 된다. 이를 정리하면 y'는

$$y'=y\ln a=a^{f(x)}f'(x)\ln a$$

이 된다.

[예제 3-12]

함수 $y=e^x$의 도함수를 구하여라.

풀이 예제 3-10에서 a 대신 e를 대입하면

$$y'=e^x$$

가 문제의 답이다.

[예제 3-13]

함수 $y=e^{f(x)}$의 도함수를 구하여라.

풀이 예제 3-10에서 a 대신 e를 대입하면

$$y=e^{f(x)}f'(x)$$

가 문제의 답이다.

[예제 3-14]

다음 함수를 미분하여라.

1) $y=2^{x^2+2x}$

2) $y=e^{\sin x+x^2}$

풀이 1) 양변에 로그를 취하면

$$\ln y = (x^2 + 2x)\ln 2$$

이고, 양변을 x에 대해 미분하면

$$\frac{y'}{y} = (2x+2)\ln 2$$

이다. 이를 정리하면 도함수는

$$y' = 2^{x^2+2x}(2x+2)\ln 2$$

가 된다.

2) 양변에 로그를 취하면

$$\ln y = \sin x + x^2$$

이고, 양변을 x에 대해 미분하면

$$\frac{y'}{y} = \cos x + 2x$$

이다. 이를 정리하면 도함수는

$$y' = e^{\sin x + x^2}(\cos x + 2x)$$

가 된다.

[예제 3-15]

$t=0$에서 정지한 자동차가 원점을 출발하여 수직선 위를(x축을 따라) 움직인다. 이 자동차의 위치는 $x = -t^3 + t^2$이다. 아래 물음에 답하여라.

1) $t=2$일 때 자동차의 속도를 계산하여라.
2) 임의의 시간 t에서의 자동차의 가속도를 구하여라.
3) 자동차가 정지할 때를 구하여라.

풀이 1) 위치를 미분하면 속도이므로 속도 v는

$$v = \frac{dx}{dt} = -3t^2 + 2t$$

이고, $t=2$에서의 속도 $v(2)$는

$v(2) = -3\times 2^2 + 2\times 2 = -8$

이다. 즉 자동차는 왼쪽으로 8의 속력으로 움직인다.

2) 속도를 미분하면 가속도이므로 가속도 a는

$$a = -6t + 2$$

이다.

3) 자동차의 속도가 0일 때 정지하므로

$$v = -3t^2 + 2t = 0$$

으로부터, $t = 0$ 또는 $t = 2/3$일 때 자동차는 정지한다.

[예제 3-16]

그림 3-3과 같이 빗금 친 바닥과 벽을 따라 길이 $l = 10m$인 막대 AB가 운동한다. 다음 물음에 답하여라.

1) C에서 A와 B까지의 거리를 각각 a, b라 할 때 a와 b 사이의 관계식을 구하여라.
2) $a = 5\sqrt{2}\,m$일 때 b의 값을 구하여라.
3) 양끝 A와 B의 속력사이의 관계를 구하여라.
4) 막대가 2)에 있는 순간 A의 속력이 오른쪽으로 $1m/\sec$일 때 B의 속력을 구하여라.

풀이 1) 제2 코사인법칙에 주어진 값을 대입하면

$$l^2 = a^2 + b^2 - 2ab\cos\frac{3\pi}{4} = 100$$

이고, 이를 정리하면

$$a^2 + b^2 + \sqrt{2}\,ab = 100$$

의 관계를 얻는다.

2) 1)의 결과에 $a = 5\sqrt{2}\,m$을 대입하여 계산하면

$$b^2 + 10b - 50 = 0$$

을 얻고, 이 방정식의 근은

$$b = (-5 + 5\sqrt{3})m$$

이다.

3) 1)의 결과를 시간으로 미분하면

$$2a\frac{da}{dt} + 2b\frac{db}{dt} + \sqrt{2}\left(\frac{da}{dt}b + a\frac{db}{dt}\right) = 0$$

을 얻는다. 이를 정리하면

$$2a\frac{da}{dt}+2b\frac{db}{dt}+\sqrt{2}\left(\frac{da}{dt}b+a\frac{db}{dt}\right)=0$$

이므로,

$$\frac{db}{dt}=-\frac{2a+\sqrt{2}\,b}{\sqrt{2}\,a+2b}\frac{da}{dt}$$

이다.

4) A점은 오른쪽으로 이동하여 거리가 감소하므로 A점의 속도 $da/dt=-1m/\sec$이며 2)에서 얻은 결과를 위의 식에 대입하여 B점의 속도를 계산한다. 즉

$$\frac{db}{dt}=\frac{\sqrt{2}+\sqrt{6}}{2\sqrt{3}}m/s$$

으로 속도가 양이므로 B점은 오른쪽 위로 이동한다.

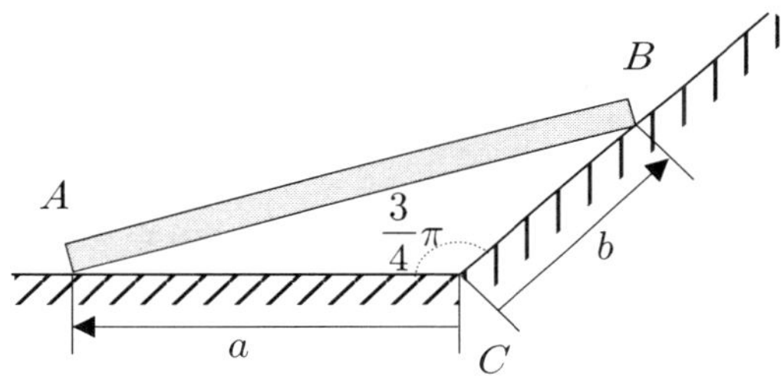

[그림 3-3] 예제 3-16

[예제 3-17]

그림 3-4를 참고하여 다음의 문제를 풀어라.

1) 물체 A와 B의 속도와 가속도의 관계를 구하기 위해 고정된 기준선(datum)을 기준으로 도르래에 설치된 줄의 길이를 생각하자. 도르래와 접하는 줄의 길이와 천정에서 위쪽 도르래의 중심까지의 거리는 항상 일정하다. 또한 h도 일정한 값이다. 전체 줄의 길이는 항상 일정하며, s_A와 s_B는 그림 3-4에 표시되어 있다.
2) A가 오른쪽으로 2m/sec로 움직일 때 B의 속도는? 이를 구하기 위해 1)에서 구한 식을 미분한다.

풀이 1) 줄의 길이는 일정하므로

$$2(h-s_B)+h+s_A=const.$$

의 관계를 얻고, 또한 h도 일정하기 때문에 이 식은

$$s_A-2s_B=const.$$

로 간단히 표시된다.

2) 위의 결과 식을 미분하면 A와 B의 속도, v_A와 v_B는

$$v_A - 2v_B = 0$$

의 관계를 갖는다. $v_A = 2m/s$를 대입하면

$$v_B = 1m/s$$

로 B는 위로 움직인다.

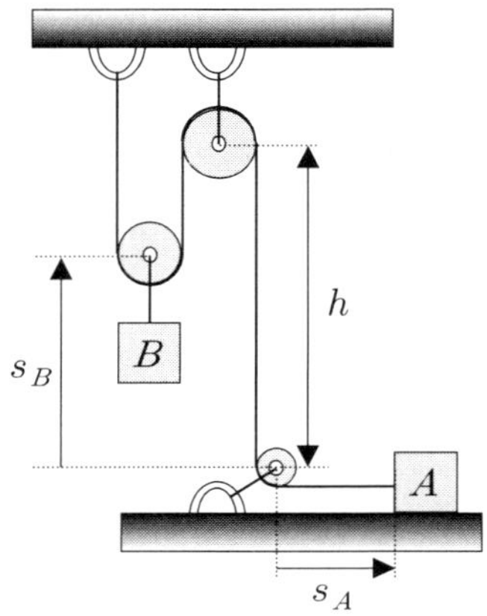

[그림 3-4] 예제 3-17

[예제 3-18]

길이가 $5m$인 막대가 직각을 이루는 벽과 바닥을 따라 그림 3-5와 같이 미끄러진다. 즉, B가 오른쪽으로 움직이면 A는 아래쪽으로 움직인다. 양 끝점 A, B와 막대의 중점 M이 그림에 나타나있다.

1) 점A의 높이가 $3m$인 순간 점A가 아래쪽으로 $1m/\sec$의 속력으로 움직일 때 점 B의 속도(크기 및 방향)를 계산하여라.
2) 1)의 경우 중점 M의 속도를 계산하여라.

풀이 1) A와 B의 y좌표와 x좌표를 각각 y_A와 x_B라 하면 막대의 길이는

$$y_A^2 + x_B^2 = 25$$

의 관계를 갖는다. 양변을 시간으로 미분하면

$$2y_A \frac{dy_A}{dt} + 2x_B \frac{dx_B}{dt} = 0$$

이고,

$$y_A v_A + x_B v_B = 0$$

가 된다. $y_A = 3m$일 때 $x_B = 4m$이고, 이 순간 $v_A = -1m/s$이므로

$$v_B = -\frac{y_A}{x_B} v_A = -\frac{3}{4} \times (-1) = \frac{3}{4} m/s$$

이므로 B점은 오른쪽으로 움직인다.

2) AB의 중점 M의 좌표는 $(x_B/2,\ y_A/2)$이므로 중점의 위치를 미분하면 속도가 된다. 즉, 중점의 속도는

$$(\frac{1}{2}\frac{dx_B}{dt},\quad \frac{1}{2}\frac{dy_A}{dt})$$

이다. 1)의 순간에 해당하는 값을 대입하면 속도는

$$(\frac{3}{8}, -\frac{1}{2})$$

이다.

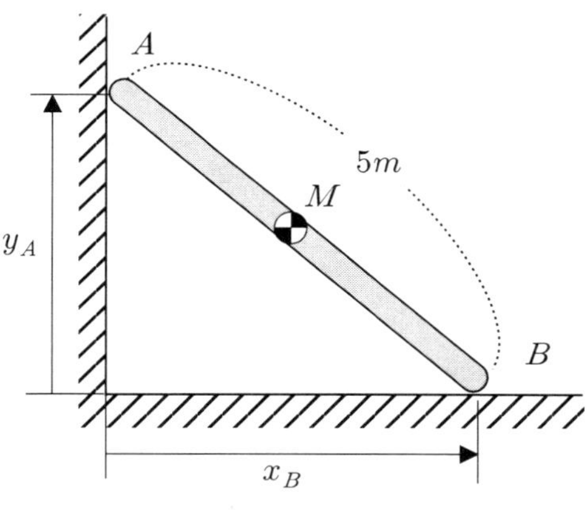

[그림 3-5] 예제 3-18

제3장 ▸▸▸ 연습문제

01 다음 함수를 미분하시오. 즉, y'를 구하시오.

1) $y = x^3 + x^2 + x + 1$

2) $y = (3x+1)(x^2+2x-2)$

3) $y = \dfrac{2x-1}{2x+1}$

4) $y = (2x^3 - x^2 - 3x + 1)^5$

5) $y = \sqrt{x^2 - 2x - 1}$

6) $x^2 - 3xy + y^2 - 2 = 0$

7) $x = \cos t$, $y = \sin t$

8) $y = \sin x$

9) $y = \cos x$

10) $y = \tan x$

11) $y = a^x$

12) $y = e^x$

13) $y = \log_a^x$

14) $y = \ln x$

15) $y = \ln f(x)$

16) $y = e^{f(x)}$

17) $y = \cos(x^2 + 2x)$

18) $y = x^{\sin x}$

02 $y = x^2 + 2x + 1$ 위의 점(1,4)에서 접선의 방정식을 구하시오.

03 다음 함수를 미분하시오. 즉, y'를 구하시오.

1) $y = (x^2 + 2x - 2)^2 \sin^2 x$

2) $y = \dfrac{\ln x^2}{2x+1}$

3) $y = (x^2 - 2x - 1)^{3/2}$

4) $y = \sin(x^2 + 2x)$

5) $y = e^{x^2 + 2x}$

6) $y = \ln(x^2 + 3x + 5)$

7) $y = a^{\cos x + \sin x}$

8) $y = 2^{\sin x}$

9) $y = (2x+3)^5(\sin x + \cos x)$

10) $y = (x^2 + 2x + 2)^{1/3}$

11) $y = (\sin 2x + \cos 3x)^3$

12) $y = e^{(x^2 + 3x + 3)}$

13) $y = \ln(x^2 - 4x + 5)$

14) $y = [\cos(x^2 + 3x + 1)]^3$

15) $x^2 + y^2 - 25 = 0$

04 $y = \sin x$ 위의 점 $x = \dfrac{\pi}{4}$에서 접선의 방정식을 구하시오.

제 4 장

적 분

제 4 장 적 분

4.1 부정적분

함수 $F(x)$의 도함수가 $f(x)$일 때

$$F'(x) = f(x) \tag{4-1}$$

$F(x)$를 $f(x)$의 부정적분이라 하고

$$\int f(x)dx \tag{4-2}$$

로 나타낸다. 함수 $y = x^2$과 여기에 상수항을 더한 함수(예, x^2+1, x^2+2, x^2+3, $\cdots$)의 도함수는 모두 $2x$로 같다. 따라서 $2x$를 적분하면 x^2+c로 나타낼 수 있다. 이를 일반화하면

$$\int f(x)dx = F(x) + c \tag{4-3}$$

의 관계를 갖고, c를 적분상수라 한다. x^n에 대한 부정적분의 공식은 다음과 같다.

$$\int x^n dx = \frac{1}{n+1}x^{n+1} + c \tag{4-4}$$

여기서 n은 0을 포함하는 자연수이다. 그림 4-1은 적분과 미분의 관계를 간단히 나타낸 것이다.

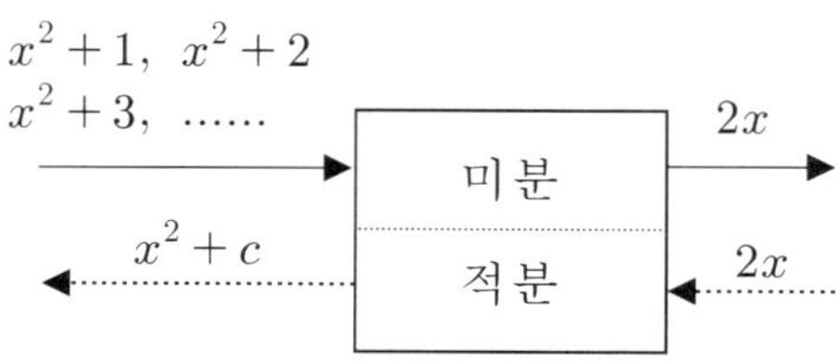

[그림 4-1(a)] 적분과 미분의 관계 1

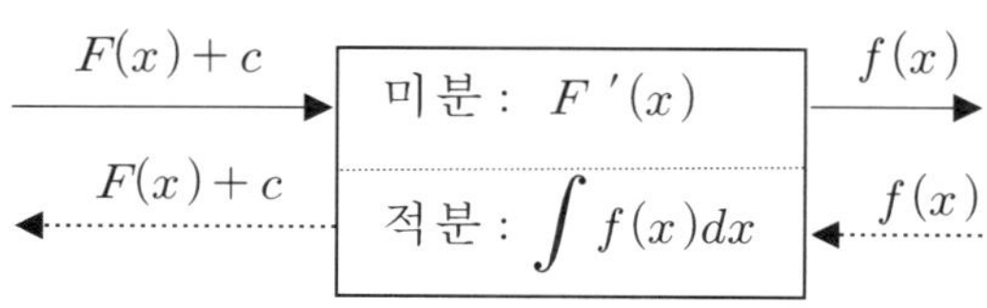

[그림 4-2(b)] 적분과 미분의 관계 2

적분은 미분과 서로 역의 관계에 있으므로 적분을 잘하기 위해서는 미분의 결과를 기억

하는 것이 필요하다. 앞장에서 각종 함수의 미분에 대해 공부하였으므로 이를 반드시 기억하기 바란다. 함수 $f(x)$와 $g(x)$에 대한 부정적분은 다음과 같은 성질을 갖는다.

$$\int kf(x)dx = k\int f(x)dx \quad (k : \text{상수}) \tag{4-5}$$

$$\int [f(x) \pm g(x)]dx = \int f(x)dx \pm \int g(x)dx \tag{4-6}$$

[예제 4-1]

다음 부정적분을 구하여라.

1) $\int x^2 dx$

2) $\int (3x^2 - 2x + 2)dx$

3) $\int (2x+1)(x+2)dx$

4) $\int (2x+3)^3 dx$

풀이

1) $\int x^2 dx = \frac{1}{3}x^3 + c$

2) $\int (3x^2 - 2x + 2)dx = x^3 - x^2 + 2x + c$

3) $\int (2x+1)(x+2)dx = \int (2x^2 + 5x + 2)dx$

$$= \frac{2}{3}x^3 + \frac{5}{2}x^2 + 2x + c$$

4) 적분에 익숙한 학생은 다음과 같은 답을 쉽게 찾을 수 있을 것이다.

$$\int (2x+1)^3 dx = \frac{1}{8}(2x+1)^4 + c$$

그렇지 않은 학생은 치환적분을 사용하면 그리 어렵지 않게 구할 수 있다.
$2x+3 = t$라 하고, 양변을 x에 대해 미분하면

$$2 = \frac{dt}{dx} \quad \text{또는} \quad 2dx = dt$$

의 관계를 얻는다. 이 결과를 이용하면 원래의 문제는 변수 t로 바뀐다. 즉,

$$\int (2x+3)^3 dx = \int t^3 \frac{dt}{2}$$

의 문제로 변하며 이를 적분하면

$$\int t^3 \frac{dt}{2} = \frac{1}{8}t^4 + c$$

이 되고, 여기에 원래의 변수 x로 바꾸면

$$\int (2x+3)^3 dx = \frac{1}{8}(2x+3)^4 + c$$

의 결과를 얻는다.

[예제 4-2]

다음 부정적분을 구하여라.

1) $\int \cos x dx$

2) $\int \sin x dx$

3) $\int \frac{1}{x} dx$

4) $\int \frac{2}{x+5} dx$

5) $\int \frac{\cos x}{\sin x} dx$

6) $\int \frac{x^2+x+1}{x+1} dx$

7) $\int \tan x dx$

풀이 1) $\int \cos x dx = \sin x + c$

2) $\int \sin x dx = -\cos x + c$

3) $\int \frac{1}{x} dx = \ln x + c$

4) $\int \frac{2}{x+5} dx = 2\ln(x+5) + c$

5) $\int \frac{\cos x}{\sin x} dx = \ln(\sin x) + c$

6) $\int \frac{x^2+x+1}{x+1} dx = \int (x + \frac{1}{x+1}) dx = \frac{1}{2}x^2 + \ln(x+1) + c$

7) $\int \tan x dx = \int \frac{\sin x}{\cos x} dx = -\ln(\cos x) + c$

[예제 4-3]

다음 부정적분을 구하여라.

1) $\int 2^x dx$

2) $\int e^{2x} dx$

3) $\int \frac{1}{(x+1)(x+2)} dx$

4) $\int \frac{x+3}{(x+1)(x+2)} dx$

풀이 1) $\int 2^x dx = \frac{1}{\ln 2} 2^x + c$

2) $\int e^{2x} dx \frac{1}{2} e^{2x} + c$

3) 부분분수를 이용하면

$$\frac{1}{(x+1)(x+2)} = \frac{1}{x+1} - \frac{1}{x+2}$$

가 되므로 이를 적분하면

$$\int \frac{1}{(x+1)(x+2)} dx = \ln(x+1) - \ln(x+2) + c$$
$$= \ln\left(\frac{x+1}{x+2}\right) + c$$

이다.

4) 부분분수를 이용하면

$$\frac{x+3}{(x+1)(x+2)} = \frac{A}{x+1} + \frac{B}{x+2}$$

의 형태로 표시되고, 양변에 $(x+1)(x+2)$를 곱하면

$$x+3 = A(x+2) + B(x+1)$$

이 된다. 여기서 $x=-1$과 $x=-2$를 대입하면 $A=2$, $B=-1$이다.

$$\int \frac{x+3}{(x+1)(x+2)} dx = \int \left(\frac{2}{x+1} - \frac{1}{x+2}\right) dx$$
$$= 2\ln(x+1) - \ln(x+2) + c$$
$$= \ln\frac{(x+1)^2}{x+2} + c$$

의 결과를 얻는다.

[예제 4-4]

다음 부정적분을 구하여라.

1) $\int \sin^2 x dx$

2) $\int \cos^2 x dx$

3) $\int \sin^3 x \cos x dx$

4) $\int \sqrt{a^2 - x^2} dx$

풀이 1) 거듭제곱근 이상으로 표시된 삼각함수는 직접 적분이 안 되므로 적분을 위해서는 먼저 삼각함수의 1차식으로 변환한다.

$$\int \sin^2 x dx = \int \frac{1-\cos 2x}{2} dx$$

$$= \frac{1}{2}x - \frac{1}{4}\sin 2x + c$$

2) $\int \cos^2 x dx = \int \frac{1+\cos 2x}{2} dx$

$$= \frac{1}{2}x - \frac{1}{4}\sin 2x + c$$

3) $t = \sin x$로 치환한 후 양변을 x로 미분하면

$$dt = \cos x dx$$

가 된다. 이 결과를 원래의 문제에 대입하면 원래의 문제는

$$\int \sin^3 x \cos x dx = \int t^3 dt$$

가 된다. 이를 적분한 후 t를 원래의 변수 x로 바꾸면

$$\int \sin^3 x \cos x dx = \int t^3 dt = \frac{1}{4}t^4 + c = \frac{1}{4}sin^4 x + c$$

가 된다.

4) $x = asin\theta$로 치환한 후 양변을 θ로 미분하면

$$dx = a\cos\theta d\theta$$

이다. 이 결과를 원래의 적분식에 대입하면

$$\int \sqrt{a^2 - x^2}\, dx = \int \sqrt{a^2 - a^2\sin^2\theta}\, a\cos\theta d\theta$$

$$= \int a^2 \cos^2\theta d\theta$$

2)의 결과를 이용하면

$$\int \sqrt{a^2 - x^2}\, dx = a^2\left(\frac{1}{2}\theta - \frac{1}{4}sin 2\theta\right) + c$$

이 된다. θ 대신 x를 대입하기 위해

$$\theta = \sin^{-1}(x/a)$$

를 대입한다.

$$\int \sqrt{a^2 - x^2}\, dx = a^2\left\{\frac{1}{2}sin^{-1}(x/a) - \frac{1}{4}sin\left[2\sin^{-1}(x/a)\right]\right\} + c$$

의 결과를 얻는다. 이 방법은 원의 면적을 구할 때 사용되는 방법이다.

4.2 부분적분

두 함수 $f(x)$와 $g(x)$의 곱을 미분하면

$$\frac{d}{dx}(fg) = f'g + fg' \tag{4-7}$$

이며, 식(4-7)의 좌변과 우변을 다음과 같이 정리한다.

$$f'g = \frac{d}{dx}(fg) - fg' \tag{4-8}$$

식(4-8)의 양변을 x에 대해 적분하면

$$\begin{aligned}\int f'g\,dx &= \int d(fg) - \int fg'dx \\ &= fg - \int fg'dx\end{aligned} \tag{4-9}$$

가 된다. 여기서 $g(x)$는 미분할 때 차수가 줄어드는 함수를 선택하면 된다.

[예제 4-5]

다음 부정적분을 구하여라.

1) $\int xe^x dx$ 2) $\int \ln x dx$

3) $\int (x+3)\cos 3x dx$ 4) $\int e^x \sin x dx$

풀이 1) 먼저 미분하여 차수가 낮아지는 것을 $g(x)$라 놓는다. 즉

$$g(x) = x,\ f'(x) = e^x$$

식 (4-9)에 대입하기 위해 다음을 구한다.

$$g'(x) = 1,\ f(x) = e^x$$

위 결과를 식 (4-9)에 대입하면

$$\int xe^x dx = xe^x - \int e^x dx = xe^x - e^x = e^x(x-1)$$

의 결과를 얻는다.

2) 미분하여 차수가 낮아지는 것을 $g(x)$라 놓는다. 즉

$$g(x) = \ln x,\ f'(x) = 1$$

식 (4-9)에 대입하기 위해 다음을 구한다.

$$g'(x)=1/x,\ f(x)=x$$

위 결과를 식 (4-9)에 대입하면

$$\int \ln x dx = xlnx - \int x/x\, dx = xlnx - x + c$$

의 결과를 얻는다.

3) 미분하여 차수가 낮아지는 것을 $g(x)$라 놓는다. 즉

$$g(x)=x+3,\ f'(x)=\cos 3x$$

식 (4-9)에 대입하기 위해 다음을 구한다.

$$g'(x)=1,\ f(x)=\frac{1}{3}sin3x$$

위 결과를 식 (4-9)에 대입하면

$$\int (x+3)\cos 3x dx = (x+3)\frac{1}{3}sin3x - \int \frac{1}{3}sin3x dx$$

$$= \frac{1}{3}(x+3)\sin 3x + \frac{1}{9}cos3x + c$$

의 결과를 얻는다.

4) 지수함수와 삼각함수는 미분 또는 적분하더라도 같은 형태의 함수가 반복된다. 이런 종류의 함수가 곱해진 것을 적분할 때는 두 번 연속 적분한다. $f(x)$와 $g(x)$를 선택할 때 특별한 규칙이 없고 본인이 편한 것을 선택하면 된다.

$$g(x)=e^x,\ f'(x)=\sin x$$

식 (4-9)에 대입하기 위해 다음을 구한다.

$$g'(x)=e^x,\ f(x)=-\cos x$$

원래의 식을 I라 놓고 위 결과를 식 (4-9)에 대입하면

$$I=\int e^x \sin x dx = e^x(-\cos x) + \int e^x \cos x dx$$

$$=-e^x\cos x + e^x \sin x - \int e^x \sin x dx$$

$$=e^x(\sin x - \cos x) - I$$

의 결과를 얻는다. 위 결과로부터

$$I=\int e^x \sin x dx = \frac{1}{2}e^x(\sin x - \cos x) + c$$

인 답을 구한다.

[예제 4-6]

가속도 $a=-3t^2+2t+1$일 때 시각 $t=2$일 때의 속도를 구하여라. 단, $t=0$일 때 속도는 5이다.

풀이 속도는 가속도를 시간에 대해 적분한 것이므로 속도 v는

$$v=\int a dt=-t^3+t^2+t+c \,(c\text{: 적분상수})$$

이고, $v(0)=5$이므로 $c=5$이다. 속도 v는

$$v=-t^3+t^2+t+5$$

이므로

$$v(2)=-2^3+2^2+2+5=3$$

이다.

4.3 정적분

함수 $y=f(x)$의 a에서 b부분과 x축과 이루는 넓이는 그림 4-2와 같이 무수히 작은 직사각형의 넓이의 합으로 구하며 이를 함수 $y=f(x)$의 a에서 b까지의 정적분이라 하며 기호로 나타낸 것이

$$\int_a^b f(x)dx \tag{4-10}$$

이다. 개념적으로는 그림 4-2에서와 같이 임의의 x 위치에서의 하나의 사각형의 넓이 $f(x)dx$를 a에서 b까지 합한 것이 정적분이다. $f(x)$의 함숫값이 양일 때 $f(x)$의 정적분은 양의 값을 음일 때는 음의 값을 갖는다. 함수 $f(x)$의 정적분의 계산 방법은 다음과 같다.

$$\int_a^b f(x)dx=[F(x)]_a^b=F(b)-F(a) \tag{4-11}$$

여기서 $F(x)$는 $f(x)$의 부정적분이다.

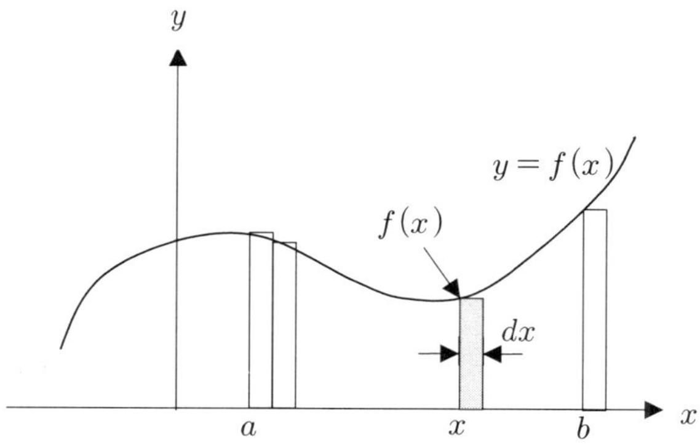

[그림 4-2] 정적분의 개념

[예제 4-7]

정적분 $\int_{1}^{3}(3x^2+2x+4)dx$을 계산하여라.

풀이

$$\int_{1}^{3}(3x^2+2x+4)dx = \left[x^3+x^2+4x\right]_1^3$$
$$= (3^3+3^2+4\times 3)-(1^3+1^2+4\times 1) = 33$$

[예제 4-8]

함수 $y = x^2 - x - 2$와 x축에 의해 만들어지는 영역의 넓이를 구하여라.

풀이 함수와 x축이 만나는 점의 x좌표는

$$x^2 - x - 2 = 0$$

로부터 $x = -1$과 $x = 2$이다. 넓이 A는

$$A = -\int_{-1}^{2}(x^2-x-2)dx = \frac{9}{2}$$

가 되며, 적분 기호 앞에 음의 부호가 추가된 이유는 이 구간에서 함숫값이 음이기 때문이다.

두 함수 $f(x)$와 $g(x)$ 그리고 $x = a$와 $x = b$에 의해 만들어지는 영역의 넓이는 그림 4-3과 같이 임의의 x위치에 있는 임의의 직사각형의 넓이 dA는

$$dA = [f(x) - g(x)]dx \tag{4-12}$$

이므로 이를 a에서 b까지 합한 것이 두 함수에 의해 만들어지는 넓이 A가 된다. 즉 넓이 A는

$$A = \int_a^b dA = \int_a^b [f(x) - g(x)]\,dx \tag{4-13}$$

이다.

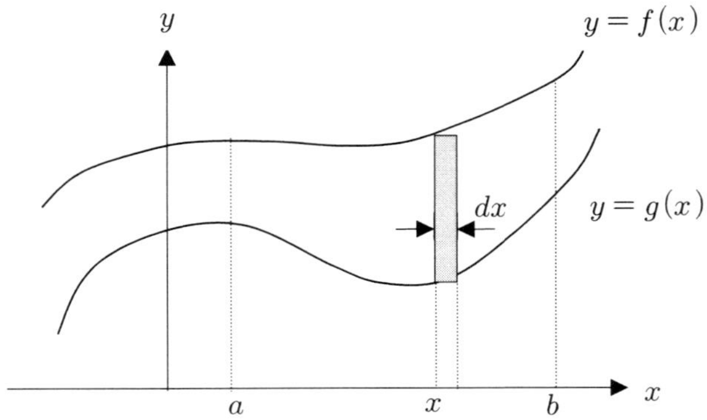

[그림 4-3] 두 함수에 의한 영역의 넓이

[예제 4-9]

두 함수 $y = x^2$과 $y = x + 2$에 의해 만들어지는 영역의 넓이를 구하여라.

풀이 먼저 두 함수가 만나는 점의 x좌표는

$$x^2 = x + 2$$

의 근으로, 인수분해하면 $x = -1$ 또는 2이다. 두 곡선에 의해 만들어지는 부분의 면적은

$$A = \int_{-1}^{2} (x + 2 - x^2)\,dx$$

의 정적분으로 표시되고,

$$A = -\frac{1}{3}x^3 + \frac{1}{2}x^2 + 2x\Big]_{-1}^{2} = \frac{9}{2}$$

가 된다.

[예제 4-10]

함수 $y = x^2 - x - 2$와 x축에 의해 만들어지는 영역의 넓이를 구하여라. 단, x축도 함수로 생각하고 그림 4-3에 주어진 원리를 적용하여라.

풀이 x축을 나타내는 함수는 $y=0$이고, 주어진 함수와 x축의 교점은 $x=-1$과 $x=2$이다. x축이 곡선보다 위에 있으므로 면적 A는

$$A = \int_{-1}^{2} [0-(x^2-x-2)]dx = \frac{9}{2}$$

이며, 여기서 적분기호 안의 0은 x축을 뜻한다.

물체의 부피 역시 정적분을 이용하여 구할 수 있다. 원하는 영역의 넓이는 아주 작은 사각형의 넓이를 더하여 구하였다. 반면 부피는 아주 얇은 동전이나 엽전의 부피를 더하여 계산한다. 먼저 그림 4-4의 동전과 엽전의 부피 dV_d와 dV_h는 각각

$$dV_d = \pi r^2 t \tag{4-14a}$$

$$dV_h = \pi\left(r_o^2 - r_i^2\right)t \tag{4-14b}$$

이다.

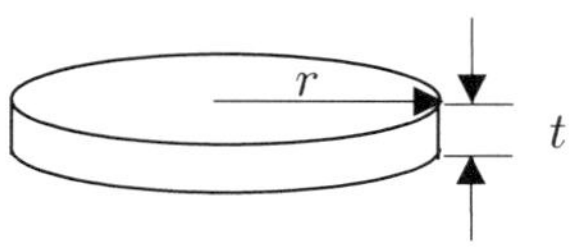

[그림 4-4(a)] 얇은 동전

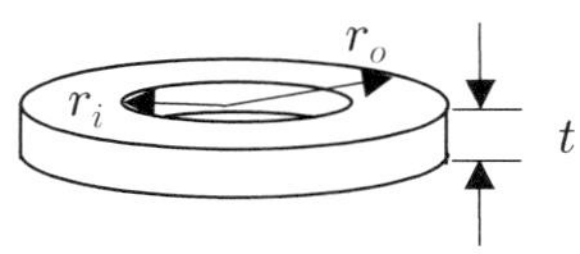

[그림 4-4(b)] 얇은 엽전

그림 4-5(a)는 함수 $f(x)$와 x축의 a와 b사이에 만들어지는 면적을 x축 둘레로 회전하였을 때 생기는 형상의 부피를 구하는 원리를 나타낸 것이다. 임의의 x위치에 빗금으로 표시된 것은 동전으로 취급할 수 있으며 동전의 반지름은 $f(x)$이고 두께는 dx이다. 빗금친 부분의 부피 dV_d는 식 (4-14a)에 의해

$$dV_d = \pi f(x)^2 dx \tag{4-15}$$

이다. 이를 a에서 b까지 더한 것이 구하려는 부피이므로 정적분을 이용하여 부피 V는

$$V = \int_a^b dV_d = \int_a^b \pi f(x)^2 dx \tag{4-16}$$

이 된다. 또 그림 4-5(b)를 참고하여 두 함수 $f(x)$와 $g(x)$ 그리고 x축의 a와 b사이에 만들어지는 면적을 x축 둘레로 회전하였을 때 생기는 형상의 부피를 구한다. 임의의 x위치에 빗금으로 표시된 것은 엽전으로 취급할 수 있으며 엽전의 반지름은 $f(x)-g(x)$이고 두께는 dx이다. 빗금친 부분의 부피 dV_h는 식 (4-14a)에 의해

$$dV_h = \pi[f(x)-g(x)]^2dx \tag{4-17}$$

이다. 이를 a에서 b까지 더한 것이 구하려는 부피이므로 정적분을 이용하여 부피 V는

$$V = \int_a^b dV_h = \int_a^b \pi[f(x)-g(x)]^2dx \tag{4-18}$$

이 된다.

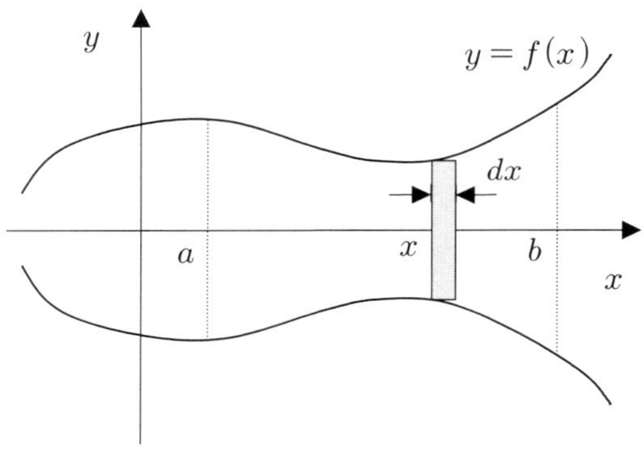

[그림 4-5(a)] 회전체의 부피 1

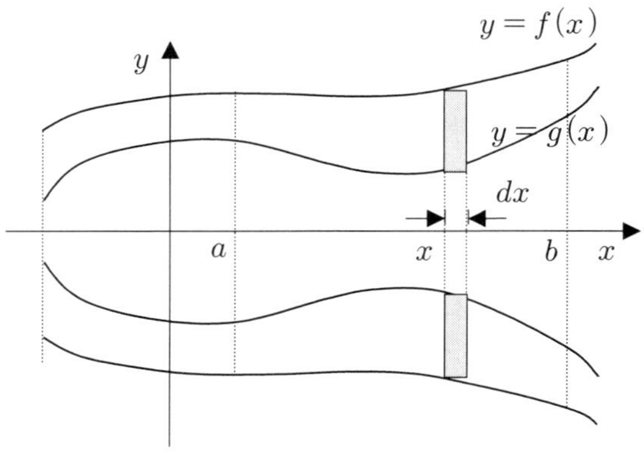

[그림 4-5(b)] 회전체의 부피 2

[예제 4-11]

함수 $y=\sin x$의 $[\pi/4, 3\pi/4]$의 부분과 x축과 만들어지는 영역을 x축을 중심으로 회전시켰을 때 만들어지는 모양의 체적을 구하여라.

풀이 부피 $dV=\pi r^2 dx$인 얇은 동전을 쌓으면 체적을 구할 수 있고 임의의 x위치에서 반지름 r은 $\sin x$이므로 체적 V는

$$V=\int_{\pi/4}^{3\pi/4}\pi\sin^2 x dx$$

이다. $\sin^2 x$는 적분이 안 되므로

$$\sin^2 x=\frac{1-\cos 2x}{2}$$

으로 바꿔 다음과 같이 적분한다.

$$V=\pi\int_{\pi/4}^{3\pi/4}\frac{1-\cos 2x}{2}dx=\frac{\pi}{2}\left[x-\frac{1}{2}sin2x\right]_{\pi/4}^{3\pi/4}$$

적분 결과

$$V=\pi\left(\frac{\pi}{4}+\frac{1}{2}\right)$$

가 된다.

[예제 4-12]

두 함수 $y=2\sin x$와 $y=\sin x$의 $[\pi/4, 3\pi/4]$ 의 부분과 x축과 만들어지는 영역을 x축을 중심으로 회전시켰을 때 만들어지는 모양의 체적을 구하여라.

풀이 부피 $dV=\pi(r_o^2-r_i^2)dx$인 얇은 엽전을 쌓으면 체적을 구할 수 있고 임의의 x위치에서 반지름 $r_o=2\sin x$, $r_i=\sin x$이므로 체적 V는

$$V=\int_{\pi/4}^{3\pi/4}\pi(2^2\sin^2 x-\sin^2 x)dx=3\pi\int_{\pi/4}^{3\pi/4}\sin^2 x dx$$

이다. 위의 예제 4-11과 같이 적분하면

$$V=3\pi\left(\frac{\pi}{4}+\frac{1}{2}\right)$$

가 된다.

4.4 적분의 응용

면적의 기하학적 중심을 면적의 도심이라 한다. 원의 도심은 원의 중심이고 직사각형의 도심은 두 대각선의 교점인 것을 잘 알고 있다. 개념적으로는 그림 4-6과 같은 임의의 형상을 갖는 면적의 도심에 실을 메달 경우 면적은 평형을 유지하며 이는 도심에서 x축과 y축에 대한 모멘트는 평형 상태임을 의미한다. 도심의 좌표 $(\bar{x},\ \bar{y})$는

$$\bar{x}=\frac{\int_A x dA}{\int_A dA},\quad \bar{y}=\frac{\int_A y dA}{\int_A dA} \tag{4-19}$$

로 정의된다. 여기서 $\int_A x dA$, $\int_A y dA$, $\int_A dA$는 각각 면적 dA의 y축에 대한 모멘트, x축에 대한 모멘트, 전체 면적을 뜻한다. 도심은 무게중심과 비슷한 개념이다. 도심에 영향을 주는 것은 단순한 기하학적인 형상이나 무게중심은 형상과 면적의 위치마다의 밀도에 의해 결정된다. 밀도가 동일한 것으로 만든 물체의 도심과 무게중심은 일치한다.

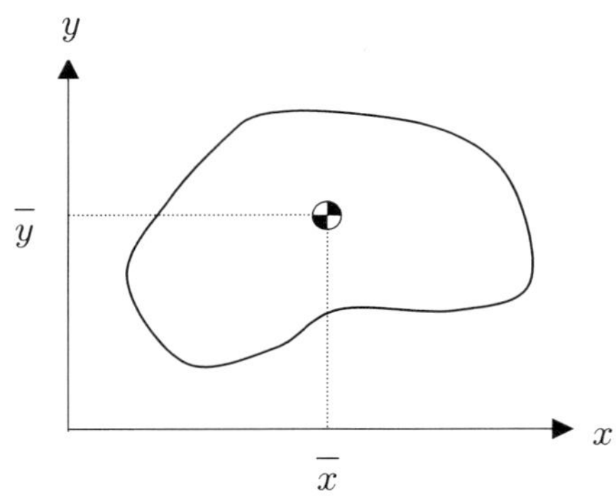

[그림 4-6] 면적의 도심

[예제 4-13]

그림 4-7과 같은 T형 빔의 도심의 위치($\bar{x}$, $\bar{y}$)를 구하여라.

풀이 그림 4-7과 같이 x축은 임의의 위치에 잡고 y축은 좌우 대칭의 대칭축에 잡는다. 도심은 대칭축 위에 있으므로 도심의 x좌표 $\bar{x}=0$이다. 식 (4-19)에서 $\bar{y}$를 구하기 위해 x축에 대한 모멘트는 다음과 같이 두 개의 면적 A_1(위의 사각형)과 A_2(아래의 사각형)로 나누어 진다.

$$\int_A ydA = \int_{A_1} ydA + \int_{A_2} ydA$$

우변의 첫째 및 둘째 항은 각각 다음과 같이 계산된다.

$$\int_{A_1} ydA = \int_{h_2}^{h_2+h_1} yb_1dy = b_1\frac{y^2}{2}\bigg]_{h_2}^{h_2+h_1} = \frac{b_1(h_1+2h_2)h_1}{2}$$

$$\int_{A_2} ydA = \int_0^{h_2} yb_2dA = b_2\frac{y^2}{2}\bigg]_0^{h_2} = \frac{b_2h_2^2}{2}$$

식 (4-19)의 분모는 단면의 면적이므로 두 개의 사각형의 면적의 합이다.

$$\int_A dA = A_1 + A_2 = b_1h_1 + b_2h_2$$

따라서 위의 계산결과로부터 도심의 $\bar{y}$는

$$\bar{y} = \frac{b_1(h_1+2h_2)h_1 + b_2h_2^2}{2(b_1h_1+b_2h_2)}$$

이다.

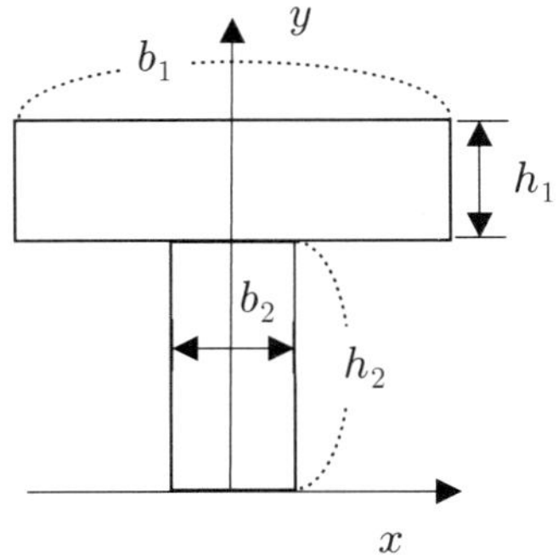

[그림 4-7] T형 빔의 단면의 도심

[예제 4-14]

그림 4-8과 같이 물체에 작용하는 분포하중을 역학적으로 동등한 집중하중(크기 및 위치)으로 표시하시오. 이 문제는 고체역학에 자주 등장하는 것이다.

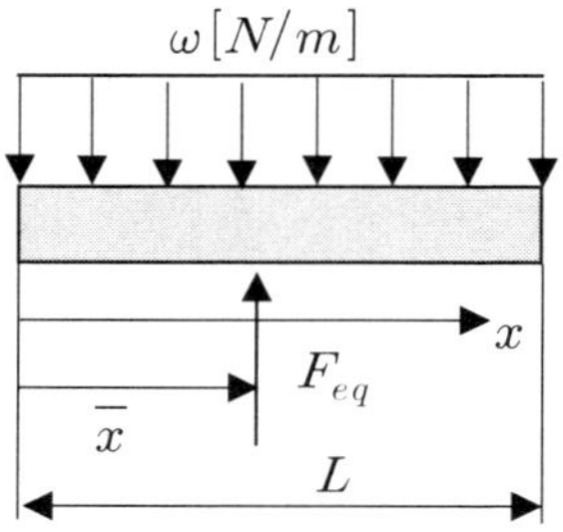

[그림 4-8(a)] 예제 4-14

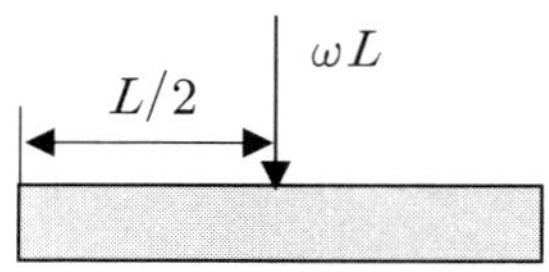

[그림 4-8(b)] 예제 4-14

풀이 먼저 분포하중이 작용하는 물체에 집중하중의 힘 F_{eq}가 반대 방향으로 작용하여 물체가 평형상태를 유지하는 경우를 생각하자. 역학적 평형 조건은 물체에 작용하는 힘과 모멘트는 평형을 유지하는 것이다. 먼저 힘의 평형을 적용하면

$$\Sigma F = F_{eq} - \int_0^L \omega dx = 0$$

의 관계로부터 분포하중 ω는 상수이므로 힘 F_{eq}의 크기

$$F_{eq} = \omega L$$

를 구할 수 있다. 힘의 크기는 바로 분포하중의 면적과 같다. 다음 모멘트 평형을 적용하면

$$\Sigma M = F_{eq}\bar{x} - \int_0^L x \times w dx = 0$$

의 관계를 얻고 이를 적분하면 힘이 작용하는 위치 $\bar{x}$는

$$\bar{x} = L/2$$

로 분포하중의 도심의 x좌표이다. 이로부터 분포하중은 분포하중의 면적을 크기로 하고 분포하중의 도심의 x좌표에 분포하중의 방향으로 작용하는 집중하중으로 바꿀 수 있다. 그림 4-8(b)는 그림 4-8(a)에 작용하는 분포하중을 집중하중으로 바꾸어 그 크기와 작용점을 나타낸 것이다.

[예제 4-15]

그림 4-9와 같은 분포하중을 집중하중으로 나타내기 위한 집중하중의 크기와 작용점을 구하시오.

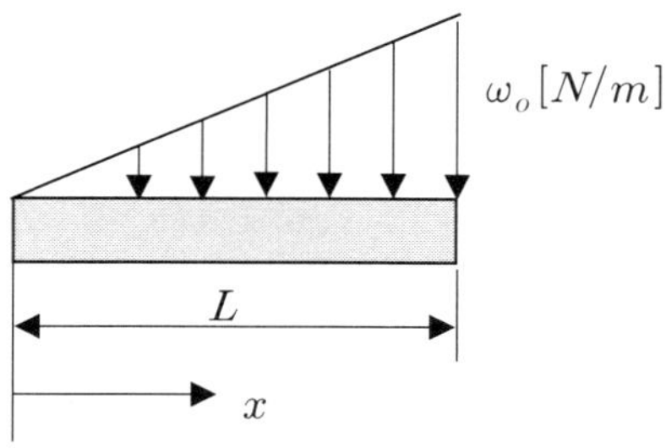

[그림 4-9(a)] 예제 4-15

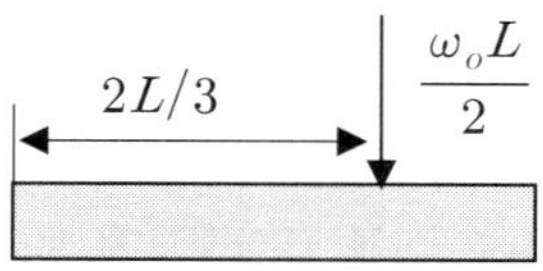

[그림 4-9(b)] 예제 4-15

풀이 분포하중은 위치에 따라 변하므로

$$\omega = \omega_o \frac{x}{L}$$

인 x의 함수로 표시된다. 힘의 크기는 분포하중의 면적과 같으므로 바로 삼각형의 면적이다. 즉 집중하중의 크기 F_{eq}는

$$F_{eq} = \int_0^L \omega_o \frac{x}{L} dx = \frac{\omega_o}{2L} x^2 \Big]_0^L = \frac{\omega_o L}{2}$$

이다. 작용점은 삼각형의 도심의 x좌표로 식 (4-19)를 이용하여 구한다. 식 (4-19)의 분모는 삼각형의 면적이므로

$$\int_A dA = \omega_o \frac{L}{2}$$

이고 분자는 다음과 같이 계산된다.

$$\int_A x dA = \int_0^L x \omega_o \frac{x}{L} dx = \omega_o \frac{L^2}{3}$$

따라서 작용점 $\bar{x}$는

$$\bar{x} = 2L/3$$

이다.

[예제 4-16]

그림 4-10과 같은 반지름 c인 중실축(solid shaft)의 축의 중심에 대한 극관성모멘트(polar moment of inertia)를 계산하여라. 극관성모멘트는 $J_o = \int_A r^2 dA$로 정의된다.

풀이 임의의 반지름 r인 지점의 얇은 띠의 면적 dA는

$$dA = 2\pi r dr$$

이며, 이를 극관성모멘트의 정의에 대입하면

$$J_o = \int_A r^2 dA = \int_0^c r^2 2\pi r dr = 2\pi \int r^3 dr = \frac{\pi c^4}{2}$$

이 된다.

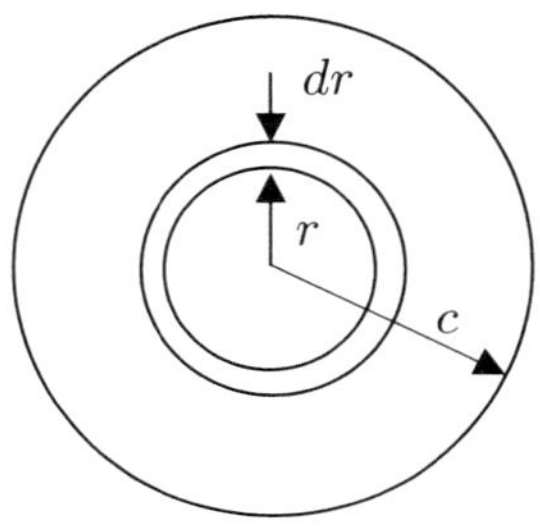

[그림 4-10] 예제 4-16

[예제 4-17]

안쪽 및 바깥쪽 반지름이 c_i 및 c_o인 중공축(tubular shaft)의 축의 중심에 대한 극관성모멘트(polar moment of inertia)를 계산하여라. $J_o = \int_A r^2 dA$이다.

풀이 임의의 반지름 r인 지점의 얇은 띠의 면적 dA는

$$dA = 2\pi r dr$$

이며, 이를 극관성모멘트의 정의에 대입하면

$$J_o = \int_A r^2 dA = \int_{c_i}^{c_o} r^2 2\pi r dr = 2\pi \int_{c_i}^{c_o} r^3 dr = \frac{\pi (c_o^4 - c_i^4)}{2}$$

이 된다.

[예제 4-18]

그림 4-11과 같이 단면의 폭과 높이가 각각 b와 h인 단면의 도심에서 x축에 대한 관성모멘트(I_x)를 계산하여라. 단, $I_x = \int_A y^2 dA$

풀이 도심에서 y만큼 떨어진 얇은 면적 dA는

$$dA = bdy$$

이므로 이를 관성모멘트의 정의 식에 대입하여 계산하면

$$I_x = \int y^2 dA = \int_{-h/2}^{h/2} y^2 bdy = b\frac{y^3}{3}\Bigg]_{-h/2}^{h/2} = \frac{bh^3}{12}$$

이 된다.

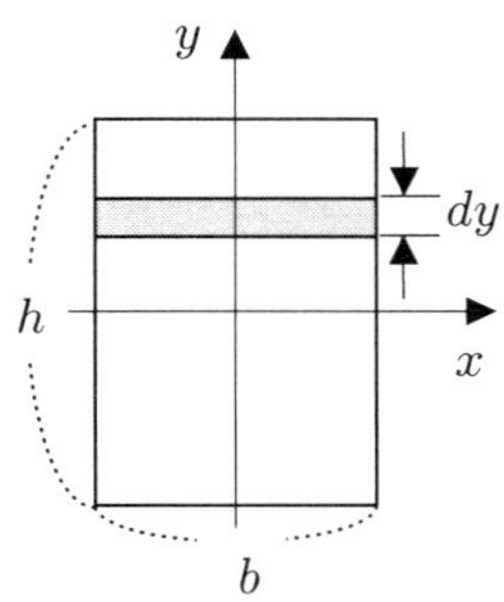

[그림 4-11] 예제 4-18

[예제 4-19]

진 변형률과 공칭 변형률의 관계를 구하여라. 진 변형률은 매 순간의 길이를 기준으로 늘어난 정도를 표시하는 것이고 공칭 변형률은 처음 길이를 기준으로 변형량을 나타내는 것이다.

풀이 공칭 변형률 e는

$$e = \frac{L_f - L_o}{L_o}$$

로 정의되고, L_o와 L_f는 시편의 처음 길이와 마지막 길이를 나타낸다. 반면 임의의 순간 길이가 L인 시편이 dL 만큼 늘어났을 때의 진 변형률은

$$d\epsilon = \frac{dL}{L}$$

로 정의되며, L_o에서 L_f까지 늘어날 때의 전체 진 변형률은 이를 적분한다. 즉,

$$\epsilon = \int d\epsilon = \int_{L_o}^{L_f} \frac{dL}{L} = \ln \frac{L_f}{L_o}$$

이 되며 진 변형률과 공칭 변형률은

$$\epsilon = \ln(1+e)$$

의 관계를 갖는다.

[예제 4-20]

지면에서 공을 수직 위로 v_o의 속도로 던질 때 공에 작용하는 힘은 중력이다. 이 힘에 의해 공에 발생하는 가속도는 중력가속도 g이고 당연히 아래 방향으로 향한다. 지면에서 수직방향 위쪽을 +방향으로 생각하자.

1) 임의의 시각 t에서 속도 v를 계산하여라.
2) 임의의 시각 t에서 공의 높이 y를 계산하여라.
3) 공이 최고 높이에 도달할 때의 시각을 계산하여라.
4) 공이 도달할 수 있는 최고 높이를 계산하여라.
5) 공이 다시 지면에 도달하는 시간을 계산하여라.

풀이 1) 임의의 시각 t에서 공에는 중력만 작용하므로 뉴턴의 제2법칙은

$$\Sigma F_y = ma_y = my'' = -mg$$

이 되어, 공의 가속도는

$$y'' = -g$$

이 된다. 가속도를 적분하면 속도이므로 속도 v는

$$v = y' = -gt + c_1$$

이며, 적분상수 c_1은 초기 조건 $v(0) = v_o$으로부터

$$c_1 = v_o$$

이다. 따라서 속도 v는

$$v = -gt + v_o$$

이 된다.

2) 속도를 적분하면 공의 위치 y이므로

$$y = -\frac{1}{2}gt^2 + v_o t + c_2$$

이 되며, 초기 조건 $y(0) = 0$이므로

$$c_2 = 0$$

이 된다. 따라서 공의 위치 y는

$$y = -\frac{1}{2}gt^2 + v_o t$$

이 된다.

3) 공은 위로 향하는 속도가 0일 때 최고의 높이에 도달하므로

$$t = \frac{v_o}{g}$$

일 때 최고의 높이에 도달한다.

4) 3)에서 구한 시각을 2)에서 구한 공의 위치 y에 대입하면 공의 최고 위치를 구할 수 있으며 그 높이 y는

$$y = \frac{v_o^2}{2g}$$

이다.

5) 2)에서 구한 높이가 0일 때 지면에 도달하므로

$$t = \frac{2v_o}{g}$$

일 때 지면에 도달한다.

[예제 4-21]

그림 4-12와 같이 천정에 매달린 가늘고 긴 막대가 각속도 ω로 회전하고 있을 때 이 막대의 운동에너지를 계산하여라. 막대의 밀도 ρ는 일정하고 길이는 l, 질량은 m이다.

풀이 천정에 고정된 회전 중심에서 임의의 거리 r인 위치의 빗금친 길이 dr의 막대가 갖는 운동에너지 dE_k는

$$dE_k = \frac{1}{2}(dm)v^2 = \frac{1}{2}\rho dr(r\omega)^2 = \frac{1}{2}\rho\omega^2 r^2 dr$$

이다. 여기서 dm은 빗금친 부분의 질량이며 ρdr이고 속도는 $r\omega$이다. 막대의 전체 운동

에너지 E_k는 위의 식을 막대 길이에 대해 적분한 것으로 다음의 식

$$E_k = \int dE_k = \int_0^l \frac{1}{2}\rho\omega^2 r^2 dr$$

로 표현된다. 이를 적분하면

$$E_k = \frac{1}{6}\rho\omega^2 l^3$$

이 되며 막대의 질량 m은 ρl이므로 E_k는

$$E_k = \frac{1}{6}m\omega^2 l^2$$

이 된다. 참고로 막대의 무게중심에서의 극관성모멘트 I_G는

$$I_G = \int_{-l/2}^{l/2} r^2 dm = \int_{-l/2}^{l/2} r^2 \rho dr = \frac{1}{12}ml^2$$

이고 고정된 회전축 O에 대한 극관성모멘트 I_O는

$$I_O = \int_0^l r^2 dm = \int_0^l r^2 \rho dr = \frac{1}{3}ml^2$$

이다. 막대의 운동에너지는 고정된 회전축을 기준으로 간단히

$$E_k = \frac{1}{2}I_O\omega^2$$

로 표현된다. 또한 물체의 운동에너지는 무게중심에서의 속도(병진운동, translation)와 각속도(회전운동, rotation)에 의한 운동에너지의 합이므로

$$E_k = \frac{1}{2}mv_G^2 + \frac{1}{2}I_G\omega^2 = \frac{1}{6}ml^2\omega^2$$

이 된다. 여기서 v_G는 물체의 무게중심의 속도로 $\omega l/2$이다.

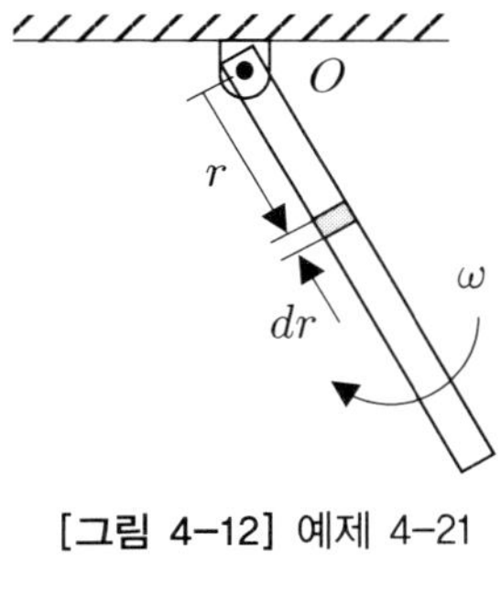

[그림 4-12] 예제 4-21

[예제 4-22]

물체의 처음 속도 v_i에서 일정한 가속도 a로 가속되어 최종 속도 v_f가 되었을 때 이 동안 이동하는 거리를 계산하시오.

풀이 물체의 속도와 가속도는 각각 다음과 같이 정의된다.

$$v = \frac{ds}{dt}, \quad a = \frac{dv}{dt}$$

두 식으로부터 dt를 소거하면 다음과 같은 관계식을 얻는다.

$$vdv = ads$$

양변을 적분하면

$$\int_{v_i}^{v_f} vdv = \int_{s_i}^{s_f} ads$$

이 되며, 가속도 a가 일정하기에

$$(v_f^2 - v_i^2) = 2a(s_f - s_i)$$

의 관계를 얻는다.

제4장 ▸▸▸ 연습문제

01 다음을 계산하시오.

1) $\int x^5 dx$

2) $\int (3x^2 - 2x + 4)dx$

3) $\int (2x+1)(3x-1)dx$

4) $\int (\sin x + e^{-x})dx$

5) $\int 24x(x^2+1)^3 dx$

6) $\int \sin x \cos^2 x dx$

7) $\int xe^{2x} dx$

8) $\int x^2 \cos x dx$

9) $\int e^x \sin x dx$

10) $\int_0^{\pi/2} (e^{2x} - \cos x)dx$

11) $\int_0^{\pi} |\cos x| dx$

12) $\int_1^e \ln x dx$

02 $y = x(x-1)(x+2)$와 x축으로 둘러싸인 도형의 넓이?

03 $y = x^2 - x - 2$와 $y = x+1$이 만드는 도형의 넓이?

04 $y = \cos x$, $y = \sin x$, y축, $[0, \pi/4]$인 도형을 x축을 중심으로 회전한 회전체의 부피?

05 정지한 상태에서 원점을 출발한 자동차의 가속도는 $a = 1 - 2t$이다. 다음 물음에 답하시오.

1) 자동차가 다시 원점으로 돌아오는 시각?

2) 출발 후 3초일 때의 변위?

3) 출발 후 3초 동안 움직인 거리?

4) 출발 후 5초일 때의 속력과 속도?

제 5 장

벡터와 행렬

제 5 장 벡터와 행렬

5.1 벡터의 정의

키, 몸무게, 땅의 넓이, 속력 등과 같이 크기만 갖는 것을 스칼라(scalar)라 하고 힘, 속도, 가속도 등과 같이 크기와 방향을 갖는 것을 벡터(vector)라 정의한다. "키가 얼마인가?"라고 질문하면 180cm라고 대답한다. 반면 "바람이 어떻게 부는가?"라고 물으면 남풍으로 5m/sec라고 답한다. 이와 같이 크기만 갖는 것과 크기와 방향을 갖는 것을 각각 스칼라와 벡터라 한다.

그림 5-1은 점 A에서 시작하여 점 B로 향하는 벡터를 나타낸 것으로 A와 B를 각각 벡터의 시점과 종점이라 부른다. 이 벡터를 기호로는 $\overrightarrow{AB}$로 표시하고 선분 AB의 길이를 벡터의 크기라 하며 기호로 $|\overrightarrow{AB}|$와 같이 나타낸다. 그림 5-1의 두 벡터 $\overrightarrow{AB}$, $\overrightarrow{CD}$는 비록 떨어져 있지만 두 벡터의 크기와 방향이 같을 때 두 벡터는 서로 같다고 하며 기호로는 등호를 사용하여

$$\overrightarrow{AB} = \overrightarrow{CD} \tag{5-1a}$$

로 나타낸다. 반면 $\overrightarrow{EF}$는 $\overrightarrow{AB}$와 $\overrightarrow{CD}$와는 크기는 같지만 방향이 반대인 것으로 식으로는

$$\overrightarrow{EF} = -\overrightarrow{AB} = -\overrightarrow{CD} \tag{5-1b}$$

로 나타낸다.

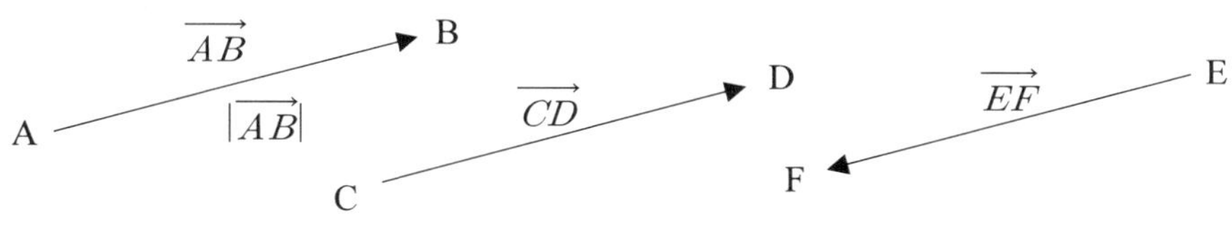

[그림 5-1] 벡터의 표시

그림 5-2와 같은 평형사변형에서 두 벡터 $\overrightarrow{AB}$와 $\overrightarrow{AC}$의 합은 평형사변형의 대각선 $\overrightarrow{AD}$로 이를 식으로 나타내면

$$\overrightarrow{AB}+\overrightarrow{AC}=\overrightarrow{AD} \text{ 또는 } \vec{a}+\vec{b}=\vec{c} \tag{5-2}$$

이다. $\overrightarrow{AC}=\overrightarrow{BD}$이므로 이를 다르게 나타내면

$$\overrightarrow{AB}+\overrightarrow{BD}=\overrightarrow{AD} \tag{5-3}$$

가 된다. 즉, 먼저 $\overrightarrow{AC}$의 시점을 $\overrightarrow{AB}$의 종점으로 평행 이동하면 $\overrightarrow{AC}$는 $\overrightarrow{BD}$가 된다. 두 벡터의 종점과 시점이 일치하면 첫 벡터($\overrightarrow{AB}$)의 시점과 나중 벡터($\overrightarrow{BD}$)의 종점을 연결한 벡터($\overrightarrow{AD}$)가 두 벡터의 합이다.

두 벡터 $\overrightarrow{AC}$와 $\overrightarrow{AE}$는 크기는 같고 방향이 반대이다. $\overrightarrow{AC}$는 $\vec{b}$이므로

$$\overrightarrow{AE}=-\vec{b} \tag{5-4}$$

로 표시된다. 다음은 두 벡터의 뺄셈인 $\vec{a}-\vec{b}$를 알아본다. 이는 $\vec{a}$에 $-\vec{b}$를 더한 것과 같으므로 그림에서 $\overrightarrow{AB}$에 $\overrightarrow{BF}$를 더한 것이다. 식 (5-3)의 덧셈의 원리를 이용하면

$$\vec{a}-\vec{b}=\overrightarrow{AB}+\overrightarrow{BF}=\overrightarrow{AF} \tag{5-5a}$$

이 되므로, $\vec{a}-\vec{b}$는

$$\vec{a}-\vec{b}=\vec{d} \text{ 또는 } \overrightarrow{AB}-\overrightarrow{AC}=\overrightarrow{CB} \tag{5-5b}$$

가 된다. 두 벡터의 뺄셈은 두 벡터의 시점을 일치시킨 후 나중 벡터($\overrightarrow{AC}$)의 종점인 C를 시점으로 하고 처음 벡터($\overrightarrow{AB}$)의 종점인 B를 종점으로 하는 새로운 벡터 $\overrightarrow{CB}$가 된다.

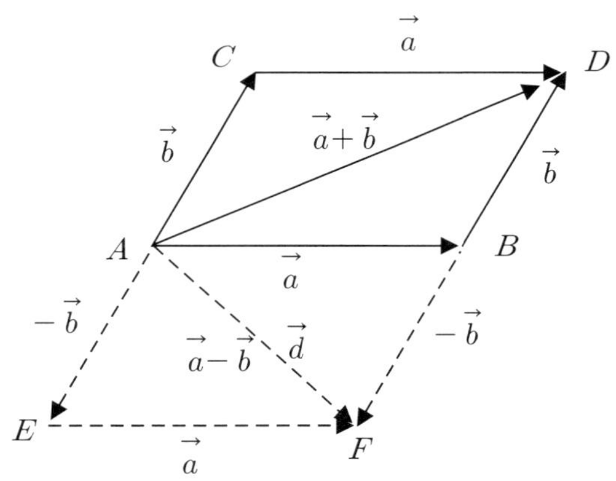

[그림 5-2] 벡터의 합과 차

[예제 5-1]

그림 5-2에서 세 벡터의 합 $\overrightarrow{AB}+\overrightarrow{BD}+\overrightarrow{DA}$은 무엇인가?

풀이 먼저 $\overrightarrow{AB}+\overrightarrow{BD}$는 벡터 합의 원리에 의해 $\overrightarrow{AD}$이므로 원래의 식은

$$\overrightarrow{AB}+\overrightarrow{BD}+\overrightarrow{DA}=\overrightarrow{AD}+\overrightarrow{DA}=\overrightarrow{AA}=\vec{0}$$

가 된다. $\overrightarrow{AA}$는 시점과 종점이 일치하므로 이를 영벡터라 하고 $\vec{0}$와 같이 나타낸다.

[예제 5-2]

그림 5-3과 같이 물체가 세 힘을 받아 평형상태에 있을 때 힘 사이의 관계식을 구하시오.

풀이 세 힘이 물체에 작용하여 평형상태에 있다는 것은 힘을 모두 더하였을 때 $\vec{0}$가 됨을 의미한다. 이를 식으로 표시하면

$$\vec{F_1}+\vec{F_2}+\vec{F_3}=\vec{0}$$

가 된다. 예제 5-1에 의하면 세 벡터는 삼각형을 이룬다. 세 힘을 더하기 위해 힘을 평행이동하면 그림 5-3(b)와 같이 삼각형이 만들어진다. $\Sigma\vec{F}=\vec{0}$이므로 각각 x성분의 합과 y성분의 합은 0이다. 이를 식으로 표현하면

$$\Sigma F_x=0,\ \ \Sigma F_y=0$$

이 된다. 이에 대해 상세한 것은 예제 2-1을 참고하면 된다.

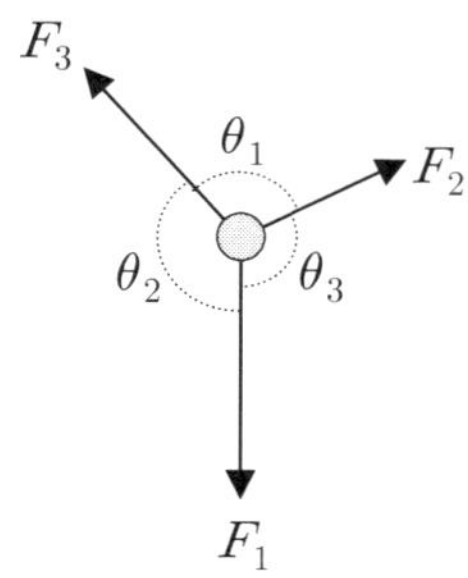

[그림 5-3(a)] 세 힘의 평형

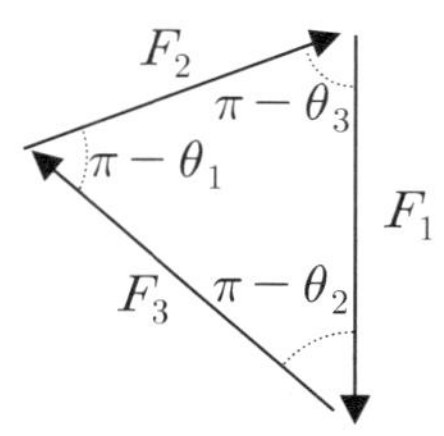

[그림 5-3(b)] 평형을 이루는 힘의 삼각형

5.2 벡터의 성분 표시

우리는 $x-y$ 좌표계에서 한 점을 표시할 때 x및 y좌표를 사용하여 (3,2)와 같은 방법을 사용하였다. 벡터역시 이와 동일하게 표시할 수 있다. 그림 5-4에서와 같이 x축과 y축 방향으로 길이가 1인 벡터 $\vec{i}$와 $\vec{j}$를 단위벡터라 한다. $\overrightarrow{OA}$는 단위벡터를 사용하면

$$\overrightarrow{OA} = 3\vec{i} + 2\vec{j} \tag{5-6}$$

로 표시된다. 이때 3과 2를 $\overrightarrow{OA}$의 x성분과 y성분이라 한다. $\overrightarrow{OA}$는 성분을 이용하면

$$\overrightarrow{OA} = (3,2) \tag{5-7}$$

로 나타낼 수 있다. $\overrightarrow{OA}$의 크기는 선분 OA의 길이이므로

$$|\overrightarrow{OA}| = \sqrt{3^2+2^2} = \sqrt{13} \tag{5-8}$$

이 된다. 3차원 공간을 표시하는 $x-y-z$좌표계에서도 벡터를 성분으로 표시할 수 있으며 단위벡터로 $\vec{i}$, $\vec{j}$, $\vec{k}$를 사용한다.

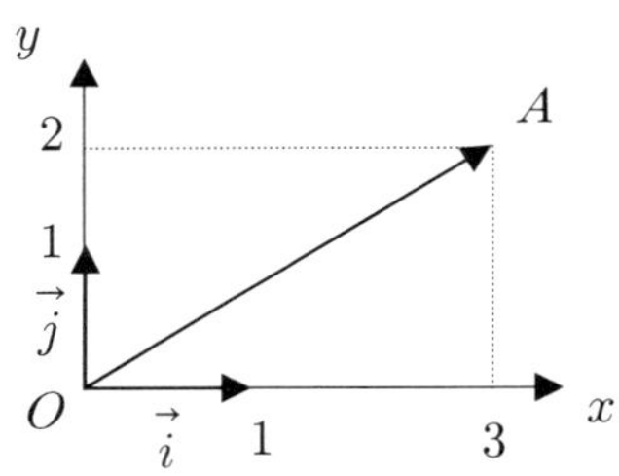

[그림 5-4] 벡터의 성분 표시

[예제 5-3]

성분으로 표시된 두 벡터 $\vec{a}=(2,3)$, $\vec{b}=(3,4)$에 대해 $2\vec{a}+3\vec{b}$와 $3\vec{a}-\vec{b}$를 구하여라. 그리고 단위 벡터로 표시된 두 벡터 $\vec{a}=2\vec{i}+3\vec{j}$, $\vec{b}=3\vec{i}+4\vec{j}$에 대해 $2\vec{a}+3\vec{b}$와 $3\vec{a}-\vec{b}$를 구하여라.

풀이 성분으로 표시된 두 벡터에 대한 풀이는 다음과 같다.

$$2\vec{a}+3\vec{b} = 2(2,3)+3(3,4) = (13,18)$$

$$3\vec{a}-\vec{b}=3(2,3)-(3,4)=(3,5)$$

단위 벡터로 표시된 두 벡터에 대한 풀이는 다음과 같다.

$$2\vec{a}+3\vec{b}=2(2\vec{i}+3\vec{j})+3(3\vec{i}+4\vec{j})=4\vec{i}+6\vec{j}+9\vec{i}+12\vec{j}=13\vec{i}+18\vec{j}$$
$$3\vec{a}-\vec{b}=3(2\vec{i}+3\vec{j})-(3\vec{i}+4\vec{j})=6\vec{i}+9\vec{j}-3\vec{i}-4\vec{j}=3\vec{i}+5\vec{j}$$

[예제 5-4]

좌표평면 위의 두 점 $A(a_1,\ a_2)$와 $B(b_1,\ b_2)$에 대해 $\overrightarrow{AB}$의 성분과 크기를 구하여라.

풀이 원점을 O라 하면 벡터 $\overrightarrow{AB}$는 식 (5-5b)에 의해

$$\overrightarrow{AB}=\overrightarrow{OB}-\overrightarrow{OA}$$

로 표시된다. 벡터 $\overrightarrow{AB}$를 성분으로 나타내면

$$\overrightarrow{AB}=(b_1-a_1,\ b_2-a_2)$$

가 되며, 이 크기는

$$|\overrightarrow{AB}|=\sqrt{(b_1-a_1)^2+(b_2-a_2)^2}$$

이다. 이는 두 점 A와 B사이의 거리와 같다.

5.3 벡터의 내적

두 벡터 $\vec{a}$와 $\vec{b}$에 대해 벡터의 내적(inner product) $\vec{a}\cdot\vec{b}$는

$$\vec{a}\cdot\vec{b}=|\vec{a}||\vec{b}|\cos\theta \tag{5-9}$$

로 정의되고, θ는 그림 5-5와 같이 두 벡터가 이루는 사이의 각을 말한다. 벡터의 내적을 계산한 결과는 스칼라이다. 단위 벡터로 표시된 두 벡터 $\vec{a}$와 $\vec{b}$의 내적 $\vec{a}\cdot\vec{b}$은 분배법칙으로 다음과 같이 계산된다.

$$\begin{aligned}\vec{a}\cdot\vec{b}&=(a_1\vec{i}+a_2\vec{j})\cdot(b_1\vec{i}+b_2\vec{j}) \qquad (5\text{-}10)\\&=a_1b_1\vec{i}\cdot\vec{i}+a_1b_2\vec{i}\cdot\vec{j}+a_2b_1\vec{j}\cdot\vec{i}+a_2b_2\vec{j}\cdot\vec{j}\\&=a_1b_1+a_2b_2\end{aligned}$$

참고로 $\vec{i} \cdot \vec{i} = \vec{j} \cdot \vec{j} = 1$이고 $\vec{i} \cdot \vec{j} = \vec{j} \cdot \vec{i}$는 두 단위 벡터가 이루는 각이 90^o이므로 식 (5-9)에 의해 0이다. 또 성분으로 표시된 두 벡터 $\vec{a} = (a_1, a_2)$ 와 $\vec{b} = (b_1, b_2)$의 내적은 식 (5-10)의 결과와 같다.

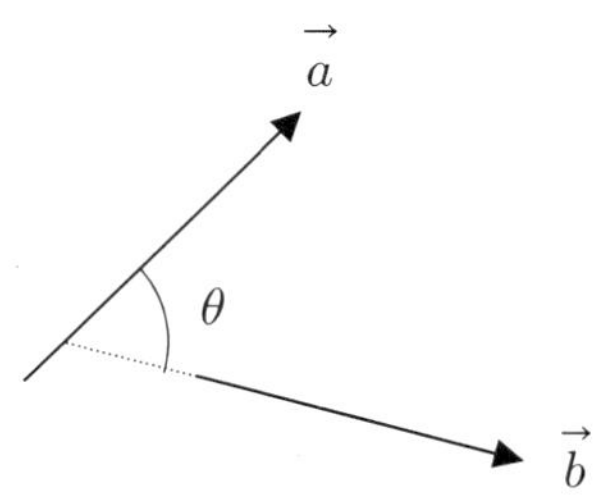

[그림 5-5] 두 벡터의 내적

[예제 5-5]

그림 5-6과 같이 물체는 힘을 받아 오른쪽 수평방향으로 $5m$ 이동하였다. 이 때 이 물체에 가한 일은 얼마인가?

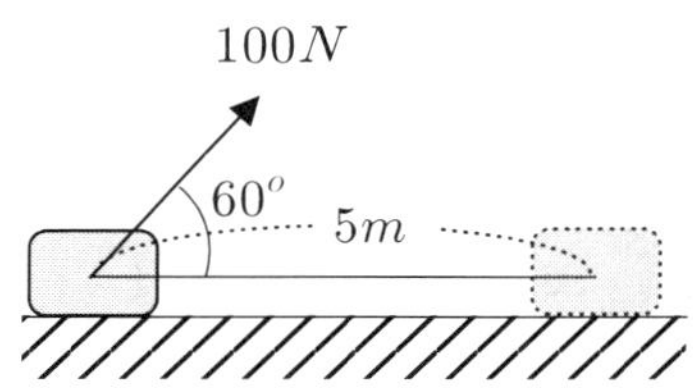

[그림 5-6] 일의 정의

풀이 일은 벡터의 내적으로 정의된다. 힘 $\vec{F}$과 이동거리 $\vec{s}$를 벡터의 성분으로 표시하면 각각

$$\vec{F} = (100\cos 60°,\ 100\sin 60°),\ \vec{s} = (5,\ 0)$$

이다. 벡터의 성분으로 일을 계산하면

$$W = \vec{F} \cdot \vec{s} = 50 \times 5 + 0 = 250\text{J}$$

이다. 또 벡터의 크기를 이용하여 일을 계산하면

$$W = \vec{F} \cdot \vec{s} = |\vec{F}||\vec{s}|\cos\theta = 100 \times 5 \times \cos 60° = 250\text{J}$$

이 된다.

[예제 5-6]

두 벡터 $\vec{a}=(\sqrt{3},\ 1)$와 $\vec{b}=(2, 2\sqrt{3})$이 이루는 각을 구하여라.

풀이 두 벡터의 크기는 각각 $|\vec{a}|=2$와 $|\vec{b}|=4$이다. 두 벡터가 이루는 각은 식 (5-9)에 의해

$$\cos\theta=\frac{\vec{a}\cdot\vec{b}}{|\vec{a}||\vec{b}|}$$

의 관계를 만족하고 여기에 각각의 값을 대입하면

$$\cos\theta=\frac{2\sqrt{3}+2\sqrt{3}}{8}=\frac{\sqrt{3}}{2}$$

가 된다. 따라서 두 벡터가 이루는 각은 $\theta=\frac{\pi}{6}$이다.

[예제 5-7]

그림 5-7과 같은 벡터 $\vec{r}$ 방향의 단위 벡터를 구하여라.

풀이 벡터의 크기와 x축과 이루는 각 θ로 벡터 $\vec{r}$은

$$\vec{r}=|\vec{r}|\cos\theta\vec{i}+|\vec{r}|\sin\theta\vec{j}$$

로 표시된다. 단위 벡터는 크기가 1이므로 벡터 $\vec{r}$ 방향의 단위 벡터를 $\vec{u}$라 하면 원래의 벡터를 크기로 나누어주면 된다. 즉

$$\vec{u}=\vec{r}/|\vec{r}|=\cos\theta\vec{i}+\sin\theta\vec{j}$$

가 된다. 즉 어떤 벡터 방향의 단위 벡터는 x축과 이루는 각도로 표시된다.

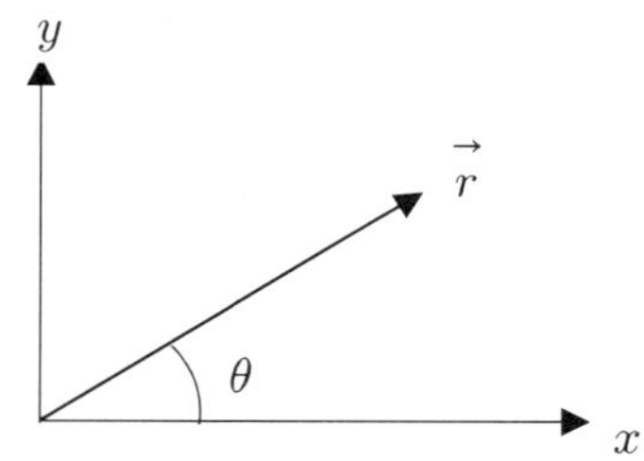

[그림 5-7] 임의의 벡터의 단위 벡터

5.4 벡터의 외적

두 벡터 $\vec{a}$와 $\vec{b}$의 외적(cross product)은 $\vec{a}\times\vec{b}$로 표시하며 이의 계산 결과는 벡터의 내적과 달리 벡터이다. 따라서 외적의 결과를 표시하기 위해서는 크기와 방향이 필요하다. 외적은

$$\vec{a}\times\vec{b}=(|\vec{a}||\vec{b}|\sin\theta)\vec{n} \tag{5-11}$$

로 정의되며, 그 크기 $|\vec{a}||\vec{b}|\sin\theta$는 그림 5-8(a)와 같이 두 벡터 $\vec{a}$와 $\vec{b}$를 변으로 하는 평행사변형의 면적을 뜻한다. $\vec{n}$는 외적의 방향을 나타내는 단위벡터로 두 벡터 $\vec{a}$와 $\vec{b}$가 만드는 평면에 수직인 벡터이다. 그 방향은 오른손 법칙으로 결정되며 그림 5-8(a)의 경우 지면을 나오는 쪽인 독자의 방향이다. 그림 5-8(b)와 같이 단위 벡터가 $\vec{i}$, $\vec{j}$, $\vec{k}$인 $x-y-z$의 공간 좌표계에서 단위 벡터의 외적은 다음과 같이 정의된다.

$$\vec{i}\times\vec{j}=\vec{k},\ \vec{j}\times\vec{k}=\vec{i},\ \vec{k}\times\vec{i}=\vec{j} \tag{5-12a}$$

$$\vec{j}\times\vec{i}=-\vec{k},\ \vec{i}\times\vec{k}=-\vec{j},\ \vec{k}\times\vec{j}=-\vec{i} \tag{5-12b}$$

$$\vec{i}\times\vec{i}=\vec{j}\times\vec{j}=\vec{k}\times\vec{k}=0 \tag{5-12c}$$

식 (5-12)를 쉽게 기억하기 위해서 그림 5-8(c)에서와 같이 외적에 나타나는 벡터의 순서가 시계방향으로 회전할 경우는 양이고 반시계방향으로 회전할 경우는 음이다.

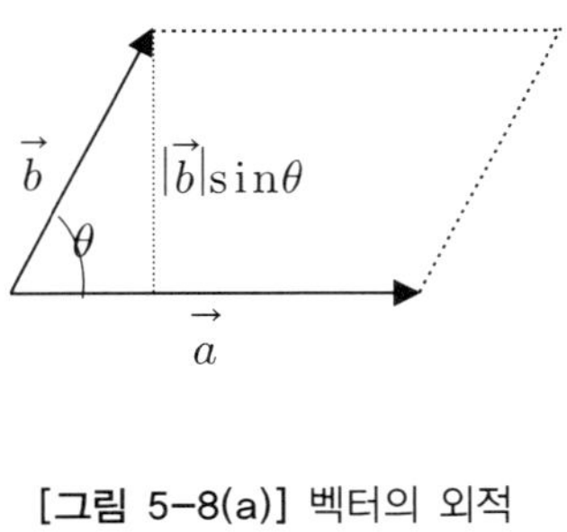

[그림 5-8(a)] 벡터의 외적

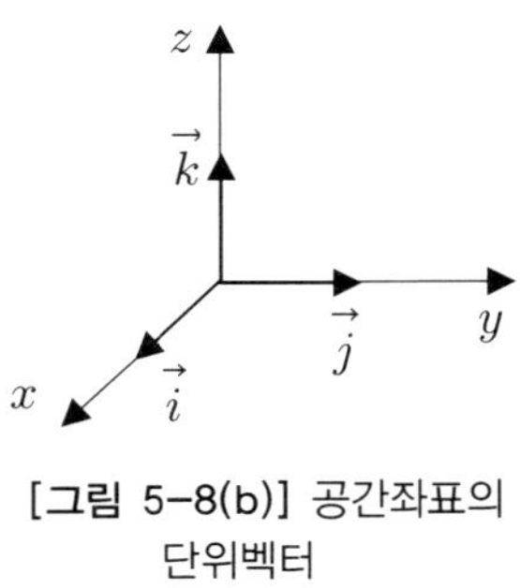

[그림 5-8(b)] 공간좌표의 단위벡터

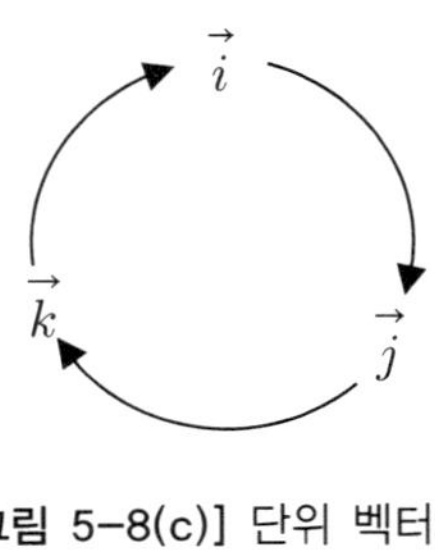

[그림 5-8(c)] 단위 벡터의 외적 부호

[예제 5-8]

두 벡터 $\vec{a}=a_1\vec{i}+a_2\vec{j}+a_3\vec{k}$와 $\vec{b}=b_1\vec{i}+b_2\vec{j}+b_3\vec{k}$의 외적 $\vec{a}\times\vec{b}$을 계산하여라.

풀이 기본적으로 분배법칙을 이용하여 외적을 계산하면 다음과 같다.

$$\vec{a}\times\vec{b}=(a_1\vec{i}+a_2\vec{j}+a_3\vec{k})\times(b_1\vec{i}+b_2\vec{j}+b_3\vec{k})$$

$$=a_1b_1\vec{i}\times\vec{i}+a_1b_2\vec{i}\times\vec{j}+a_1b_3\vec{i}\times\vec{k}$$

$$+a_2b_1\vec{j}\times\vec{i}+a_2b_2\vec{j}\times\vec{j}+a_2b_3\vec{j}\times\vec{k}$$

$$+a_3b_1\vec{k}\times\vec{i}+a_3b_2\vec{k}\times\vec{j}+a_3b_3\vec{k}\times\vec{k}$$

식 (5-12)를 이용하여 정리하면, $\vec{a}\times\vec{b}$는

$$\vec{a}\times\vec{b}=(a_2b_3-a_3b_2)\vec{i}+(a_3b_1-a_1b_3)\vec{j}+(a_1b_2-a_2b_1)\vec{k}$$

이다.

외적 $\vec{a}\times\vec{b}$을 3×3 행렬의 행렬식으로 간단히 계산할 수 있다. 아래 행렬식에서 왼쪽 위에서 오른쪽 아래 방향의 곱은 양으로 취급하고, 오른 쪽 위에서 왼쪽 아래 방향의 결과는 음이다. 실선으로 표시된 것은 $a_2b_3\vec{i}$ 인 양의 결과와 $-a_3b_2\vec{i}$ 인 음의 결과의 두 종류가 있다. 이 방법을 세 종류의 선에 대해 적용하면 다음과 같은 결과를 얻는다.

$\vec{a}\times\vec{b}$ =

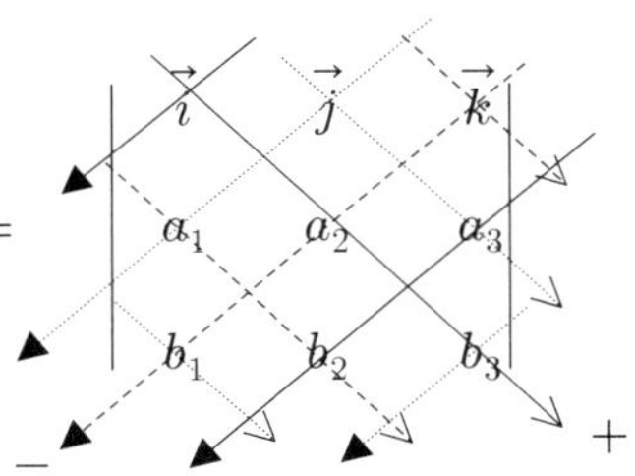

(5-13a)

$$=(a_2b_3-a_3b_2)\vec{i}+(a_3b_1-a_1b_3)\vec{j}+(a_1b_2-a_2b_1)\vec{k} \qquad (5\text{-}13b)$$

5.5 모멘트

기계공학에서 흔히 접하는 모멘트(moment)는 어떤 물체를 회전시키는 능력을 말하는 것으로 일명 토크(torque)라고 부르기도 한다. 그림 5-9와 같이 볼트를 죄기 위해 스패너를 이용하여 힘을 가하면 볼트는 시계방향으로 회전하며 볼트가 회전하는 정도는 당연히 힘의 크기와 스패너의 길이에 비례한다. 이와 같이 물체를 회전시키는 것을 모멘트라 한다. 그림 5-10과 같이 물체에 작용하는 힘 $\vec{F}$가 물체를 O점에 대해 회전시키는 모멘트 $\vec{M}$는

$$\overrightarrow{M} = \vec{r} \times \overrightarrow{F} \tag{5-14}$$

로 벡터의 외적으로 정의된다. $\vec{r}$는 물체의 회전 중심 O점에서 힘이 작용하는 점 A까지의 위치 벡터를 뜻하며 $\overrightarrow{OA}$가 된다. 모멘트를 계산하기 위해 힘과 위치 벡터를 단위 벡터로 나타내면

$$\overrightarrow{F} = F_1 \vec{i} + F_2 \vec{j} \tag{5-15a}$$

$$\vec{r} = r_1 \vec{i} + r_2 \vec{j} \tag{5-15b}$$

이다. 이를 모멘트의 정의에 대입하여 외적을 계산하면 모멘트는

$$\overrightarrow{M} = \vec{r} \times \overrightarrow{F} = \begin{vmatrix} \vec{i} & \vec{j} & \vec{k} \\ r_1 & r_2 & 0 \\ F_1 & F_2 & 0 \end{vmatrix} = (r_1 F_2 - r_2 F_1)\vec{k} \tag{5-16}$$

이 된다. 모멘트의 단위는 모멘트 정의 식 (5-14)에 따르면 거리와 힘의 곱이므로 Nm이다.

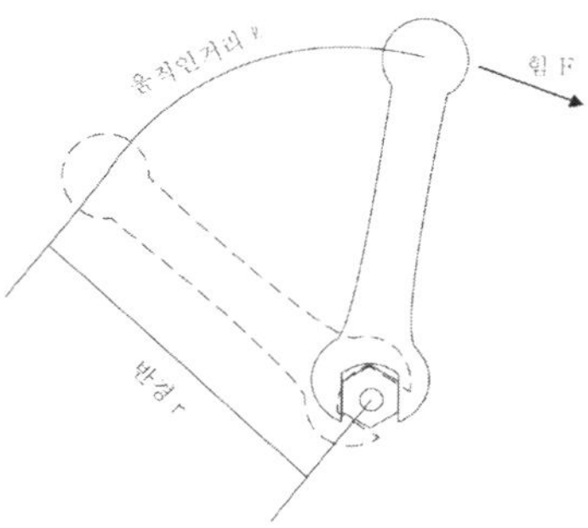

[그림 5-9] 모멘트의 예

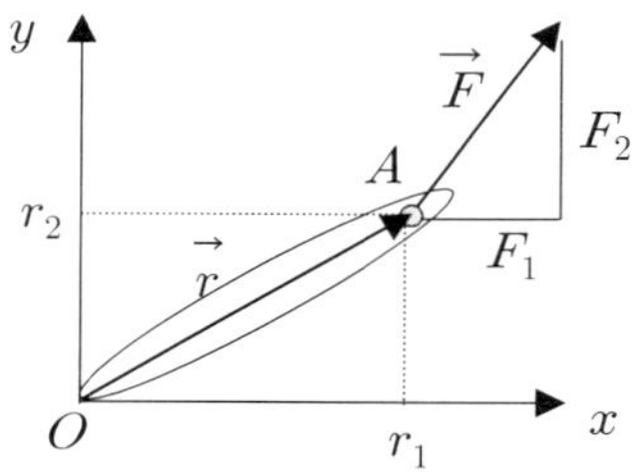

[그림 5-10] 모멘트의 정의

[예제 5-9]

그림 5-11과 같은 막대에 힘이 작용하고 있을 때 점 O에 대한 모멘트를 구하여라.

풀이 먼저 수식을 이용하여 모멘트를 구한다. $\overrightarrow{F}$와 $\vec{r}$는 단위 벡터로 다음과 같이 표현된다.

$$\overrightarrow{F} = 1000\cos 30^\circ \vec{i} + 1000\sin 30^\circ \vec{j} = 500\sqrt{3}\vec{i} + 500\vec{j}$$

$$\vec{r} = 2\vec{i}$$

이를 식 (5-16)에 대입하면 점 O에 대한 모멘트는

$$\overrightarrow{M} = \vec{r} \times \overrightarrow{F} = 1000\vec{k}$$

이다.

다음은 개념을 이용하여 모멘트를 구한다. 힘을 x 및 y방향의 성분으로 분해하면 각각 $500\sqrt{3}N$과 $500N$이고 x방향의 힘 성분의 연장선은 점 O를 지나므로 모멘트를 만들지 못한다. 반면 y방향의 성분은 점 O와 거리가 2m이므로 모멘트를 만들며 이 힘은 물체를 O점을 기준으로 반시계방향으로 회전시키므로 양의 모멘트를 만든다. 따라서 모멘트의 크기는

$$M = 2 \times 500 = 1000Nm$$

가 된다.

마지막으로 힘 $1000N$의 연장선을 긋고 점 O에서 연장선까지의 거리는 그림 5-11에서 보인 것과 같이 $1m$이다. 점 O에서의 모멘트는 물체를 반시계방향으로 회전시키며 그 크기는

$$M = 1 \times 1000 = 1000Nm$$

가 된다. 이와 같이 한 점에 대한 모멘트를 구할 때 여러 가지 방법이 사용가능하며 이 중에서 각자 편리한 방법을 선택하면 된다.

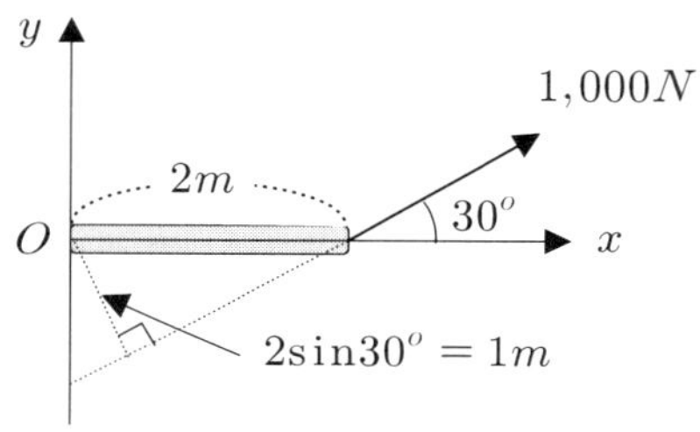

[그림 5-11] 예제 5-9

5.6 행렬의 정의

여러 개의 수 또는 문자를 사각형 모양으로 배열하여 묶어 놓은 것을 행렬이라 하며 행렬을 구성하는 것을 성분이라 한다. 행과 열은 각각 가로의 줄(row)과 세로의 줄(column)을 말한다. 행이 2개이고 열이 3개인 행렬은 다음과 같이 표시되며 2×3 행렬이라 한다.

$$\begin{pmatrix} a_{11} & a_{12} & a_{13} \\ a_{21} & a_{22} & a_{23} \end{pmatrix} \tag{5-17}$$

여기서 성분 a_{23}는 2행 3열의 요소임을 뜻하며 일반적으로 a_{ij}는 i행 j열 요소를 의미한다. 행렬 중 행의 개수와 열의 개수가 같은 행렬을 정사각행렬이라 한다. 벡터와 같이 행렬을 구성하는 각각의 성분이 일치할 때 두 행렬은 같은 행렬이다.

5.7 행렬의 연산

두 행렬이 같은 형태일 때 덧셈과 뺄셈이 가능하며 각각의 성분의 합과 차를 말한다.

[예제 5-10]

두 행렬 A와 B가 다음과 같을 때 다음을 계산하시오.

$$A=\begin{pmatrix}1&2\\3&2\end{pmatrix},\ B=\begin{pmatrix}-1&2\\3&-2\end{pmatrix}$$

1) $2A$ 2) $-3B$ 3) $2A-3B$

풀이

1) $2A=\begin{pmatrix}2&4\\6&4\end{pmatrix}$

2) $-3B=\begin{pmatrix}3&-6\\-9&6\end{pmatrix}$

3) $2A-3B=\begin{pmatrix}2&4\\6&4\end{pmatrix}+\begin{pmatrix}3&-6\\-9&6\end{pmatrix}=\begin{pmatrix}5&-2\\-3&10\end{pmatrix}$

두 행렬 A와 B의 곱은 AB로 나타내고 두 행렬의 곱이 가능하기 위해서는 A의 열의 수와 B의 행의 수가 일치하여야 한다. 즉 2×3 행렬 A와 3×1 행렬 B의 행렬 곱 AB는 계산이 가능하나 BA는 존재하지 않는다. 이와 같이 행렬의 곱셈에 대한 교환법칙은 성립하지 않는다. 일반적으로 $m\times n$ 행렬과 $n\times l$ 행렬의 곱은 새로운 $m\times l$ 행렬이 된다. 행렬의 곱셈은 다음 예제를 통해 학습한다.

[예제 5-11]

두 행렬 $A=\begin{pmatrix}1&2&3\\3&2&4\end{pmatrix}$ 와 $B=\begin{pmatrix}-1\\2\\1\end{pmatrix}$의 행렬 곱 AB를 계산하시오.

풀이

$$AB=\begin{pmatrix}1&2&3\\3&2&4\end{pmatrix}\begin{pmatrix}-1\\2\\1\end{pmatrix}=\begin{pmatrix}1\times(-1)+2\times2+3\times1\\3\times(-1)+2\times2+4\times1\end{pmatrix}=\begin{pmatrix}6\\5\end{pmatrix}$$

위의 결과로부터 행렬 A의 1행과 행렬 B의 1열을 곱한 것이 행렬곱 AB의 1행1열의 성분이 되고 A의 2행과 B의 1열의 곱한 것은 2행1열의 성분이 됨을 알 수 있다. 반면 행렬 B의 열의 수가 1개이고 A의 행의 수가 2개로 서로 같지 않으므로 행렬곱 BA는 존재하지 않는다.

5.8 역행렬과 행렬식

정사각행렬 중 대각선의 성분이 1이고 다른 성분이 모두 0인 행렬을 단위행렬이라 하고 I로 표기한다. 참고로 2×2 행렬과 3×3 행렬의 단위행렬은 다음과 같다.

$$I=\begin{pmatrix}1&0\\0&1\end{pmatrix},\quad I=\begin{pmatrix}1&0&0\\0&1&0\\0&0&1\end{pmatrix} \tag{5-18}$$

수의 곱셈에 대한 항등원은 1이듯이 I 역시 행렬의 곱셈에 대한 항등원이다. 정사각행렬 A와 I의 곱 $AI=IA=A$가 성립한다. 정사각행렬 중 $AX=XA=I$를 만족하는 행렬 X를 A의 역행렬이라 정의하고 이는 수의 곱셈에 대한 역원과 같은 개념이다. A의 역행렬은 A^{-1}로 나타내므로 다음 관계식이 성립한다.

$$AA^{-1}=A^{-1}A=I \tag{5-19}$$

2×2행렬 $A=\begin{pmatrix}a_{11}&a_{12}\\a_{21}&a_{22}\end{pmatrix}$일 때 그 역행렬 A^{-1}는

$$A^{-1}=\frac{1}{\det A}\begin{pmatrix}a_{22}&-a_{12}\\-a_{21}&a_{11}\end{pmatrix} \tag{5-20}$$

로 정의되며 $\det A$를 행렬 A의 행렬식(determinant)이라 한다. 행렬 A의 행렬식은

$$\det A=\begin{vmatrix}a_{11}&a_{12}\\a_{21}&a_{22}\end{vmatrix}=a_{11}a_{22}-a_{12}a_{21} \tag{5-21}$$

로 표기되고 계산되며 이 값이 0일 때 역행렬은 존재하지 않는다. 여기까지는 고등학교 때 공부한 내용이다. 행렬식이 0인 행렬을 특이 행렬(singular matrix)이라 하고, 0이 아닌 행렬을 정칙 행렬(nonsingular matrix)이라 부른다.

3×3행렬까지는 대학의 교육과정에 흔히 나오기 때문에 3×3행렬의 역행렬을 공부한다. 행렬 A가

$$A=\begin{pmatrix}a_{11}&a_{12}&a_{13}\\a_{21}&a_{22}&a_{23}\\a_{31}&a_{32}&a_{33}\end{pmatrix} \tag{5-22}$$

일 때 행렬식은 공간 벡터의 외적인 식 (5-13)과 같이

$$\det A = \begin{vmatrix} a_{11} & a_{12} & a_{13} \\ a_{21} & a_{22} & a_{23} \\ a_{31} & a_{32} & a_{33} \end{vmatrix} \tag{5-23}$$

$$= a_{11}a_{22}a_{33} + a_{12}a_{23}a_{31} + a_{13}a_{32}a_{21}$$

$$- a_{11}a_{32}a_{23} - a_{12}a_{21}a_{33} - a_{13}a_{22}a_{31}$$

로 정의된다. 또는 식 (5-23)의 마지막 두 줄은

$$\det A = a_{11}\begin{vmatrix} a_{22} & a_{23} \\ a_{32} & a_{33} \end{vmatrix} - a_{12}\begin{vmatrix} a_{21} & a_{23} \\ a_{31} & a_{33} \end{vmatrix} + a_{13}\begin{vmatrix} a_{21} & a_{22} \\ a_{31} & a_{32} \end{vmatrix} \tag{5-24}$$

$$= a_{11}\det\widetilde{A}_{11} - a_{12}\det\widetilde{A}_{12} + a_{13}\det\widetilde{A}_{13}$$

로 변형된다. 여기서 $\widetilde{A}_{ij}$는 행렬 A에서 i행과 j열을 삭제한 2×2행렬이며, $\widetilde{A}_{11}$, $\widetilde{A}_{12}$, $\widetilde{A}_{13}$는 다음과 같다.

$$\widetilde{A}_{11} = \begin{pmatrix} a_{22} & a_{23} \\ a_{32} & a_{33} \end{pmatrix},\ \widetilde{A}_{12} = \begin{pmatrix} a_{21} & a_{23} \\ a_{31} & a_{33} \end{pmatrix},\ \widetilde{A}_{13} = \begin{pmatrix} a_{21} & a_{22} \\ a_{31} & a_{32} \end{pmatrix} \tag{5-25}$$

식 (5-24)를 다시 쓰면

$$\det A = a_{11}c_{11} + a_{12}c_{12} + a_{13}c_{13} \tag{5-26}$$

이다. 여기서 c_{ij}를 행렬 A의 행렬식에서 a_{ij}의 여인자(cofactor)라 하며

$$c_{ij} = (-1)^{i+j}\det\widetilde{A}_{ij} \tag{5-27}$$

로 정의된다. 식 (5-26)은 행렬 A의 행렬식을 첫 번째 행에 대해 여인자로 전개한 것이다. 행렬 A의 행렬식은 어떤 행이나 열에 대해서도 여인자를 사용하여 구할 수 있다. 참고로 3열에 대해 계산한 행렬식은

$$\det A = a_{13}c_{13} + a_{23}c_{23} + a_{33}c_{33} \tag{5-28}$$

이며, 이는 식 (5-26)과 동일한 결과를 얻는다.

3×3 이상의 행렬의 역행렬을 구하기 위해서는 다음의 식을 이용한다.

$$A^{-1} = \frac{1}{\det A}\operatorname{adj} A \tag{5-29}$$

여기서 행렬 $\operatorname{adj} A$는 A의 여인자들로 이루어진 다음과 같은 행렬로 정의된다.

$$\operatorname{adj} A = \begin{pmatrix} c_{11} & c_{21} & \cdots & c_{n1} \\ c_{12} & c_{22} & \cdots & c_{n2} \\ \vdots & \vdots & \ddots & \vdots \\ c_{1n} & c_{2n} & \cdots & c_{nn} \end{pmatrix} \tag{5-30}$$

[예제 5-12]

행렬 $A = \begin{pmatrix} 1 & 1 \\ 3 & 4 \end{pmatrix}$일 때 다음을 계산하시오.

1) 행렬 A의 행렬식
2) 역행렬 A^{-1}
3) $A^{-1}A$와 AA^{-1}

풀이 1) 행렬식 $\det A = a_{11}a_{22} - a_{12}a_{21} = 1\times 4 - 1\times 3 = 1 \neq 0$이므로 행렬 A는 역행렬이 존재한다.

2) 역행렬 A^{-1}은 식 (5-20)에 의해

$$A^{-1} = \begin{pmatrix} 4 & -1 \\ -3 & 1 \end{pmatrix}$$

이다.

3) $A^{-1}A = \begin{pmatrix} 4 & -1 \\ -3 & 1 \end{pmatrix}\begin{pmatrix} 1 & 1 \\ 3 & 4 \end{pmatrix} = \begin{pmatrix} 4\times 1 - 1\times 3 & 4\times 1 - 1\times 4 \\ -3\times 1 + 1\times 3 & -3\times 1 + 1\times 4 \end{pmatrix} = \begin{pmatrix} 1 & 0 \\ 0 & 1 \end{pmatrix}$

$AA^{-1} = \begin{pmatrix} 1 & 0 \\ 0 & 1 \end{pmatrix}$

[예제 5-13]

행렬 $A = \begin{pmatrix} 1 & 2 & 3 \\ 4 & 5 & 6 \\ 7 & 8 & 9 \end{pmatrix}$일 때 1행과 3열에 대해 여인자를 이용하여 행렬식을 계산하시오.

풀이 1행에 대해 계산한 행렬식은 식 (5-26)과 같이

$$\det A = a_{11}c_{11} + a_{12}c_{12} + a_{13}c_{13}$$

이므로, 여인자는 각각

$$c_{11} = (-1)^{1+1}(5\times9-6\times8) = -3$$
$$c_{12} = (-1)^{1+2}(4\times9-6\times7) = 6$$
$$c_{13} = (-1)^{1+3}(4\times8-5\times7) = -3$$

이다. 따라서 행렬식은

$$\det A = 1\times(-3)+2\times6+3\times(-3) = 0$$

이다.
3열에 대해 계산한 행렬식은 식 (5-28)과 같이

$$\det A = a_{13}c_{13}+a_{23}c_{23}+a_{33}c_{33}$$

이므로, 여인자는 각각

$$c_{13} = (-1)^{1+3}(4\times8-5\times7) = -3$$
$$c_{23} = (-1)^{2+3}(1\times8-2\times7) = 6$$
$$c_{33} = (-1)^{3+3}(1\times5-2\times4) = -3$$

이다. 따라서 행렬식은

$$\det A = 3\times(-3)+6\times6+9\times(-3) = 0$$

이다. 이와 같이 어떤 행이나 열을 기준으로 계산한 행렬식은 동일하다.

[예제 5-14]

예제 5-13에 주어진 문제를 공간벡터의 외적 공식을 이용하여 행렬 A의 행렬식을 계산하시오.

풀이 식 (5-23)를 이용하여 행렬식을 계산하면 다음과 같다.

$\det A =$

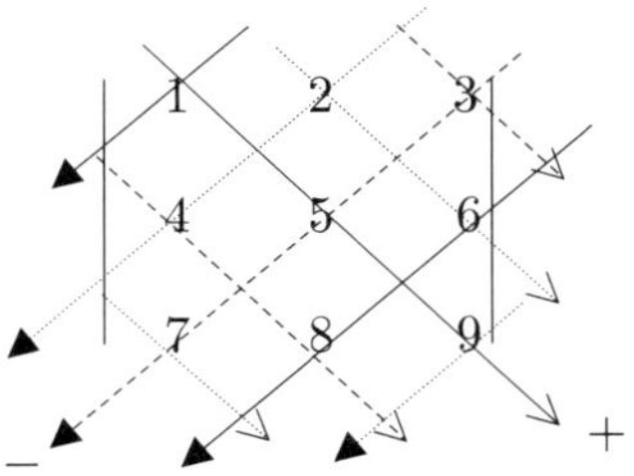

$$= 1\times5\times9+2\times6\times7+3\times4\times8-3\times5\times7-2\times4\times9-1\times6\times8 = 0$$

이와 같이 3×3 행렬의 행렬식 계산은 여인자를 사용하여 계산하는 것보다 여기서 설명한 방법이 간편함을 알 수 있다.

[예제 5-15]

행렬 $A=\begin{pmatrix}1&0&3\\2&1&1\\1&0&1\end{pmatrix}$일 때 역행렬을 계산하시오.

풀이 행렬 A의 행렬식과 여인자는 다음과 같다.

$$\det A=-2$$

$c_{11}=1$, $c_{12}=-1$, $c_{13}=-1$, $c_{21}=0$, $c_{22}=-2$, $c_{23}=0$, $c_{31}=-3$, $c_{32}=5$, $c_{33}=1$

식 (5-30)에 의해

$$\mathrm{adj}\,A=\begin{pmatrix}1&0&-3\\-1&-2&5\\-1&0&1\end{pmatrix}$$

이므로, 식 (5-29)에 의해 행렬 A의 역행렬은

$$A^{-1}=\frac{1}{\det A}\mathrm{adj}\,A=-\frac{1}{2}\begin{pmatrix}1&0&-3\\-1&-2&5\\-1&0&1\end{pmatrix}$$

이다.

5.9 연립일차방정식의 해

행렬 A와 벡터 b가 주어진 경우

$$A\mathrm{x}=\mathrm{b} \tag{5-31}$$

를 만족하는 벡터 x를 구해보자. A의 역행렬이 존재하는 경우만 고려하며 식 (5-31)의 양변에 A의 역행렬 A^{-1}을 곱한다. 이때 행렬의 곱셈에 대한 교환법칙은 성립하지 않기 때문에 A^{-1}를 곱하는 위치가 중요하다. A^{-1}을 양변의 앞에 곱하면

$$A^{-1}A\mathrm{x}=A^{-1}\mathrm{b} \tag{5-32}$$

이 된다. $A^{-1}A$는 단위행렬 I이므로 식 (5-32)는

$$\mathrm{x}=A^{-1}\mathrm{b} \tag{5-33}$$

이 된다. 식 (5-33)을 이용하여 연립일차방정식의 해를 구할 수 있으며 구체적인 적용 방법은 다음의 두 예제를 통해 알 수 있다.

[예제 5-16]

다음 연립일차방정식의 해를 구하고 이를 행렬로 나타내어라.

$$\begin{cases} 2x_1 + x_2 = 3 \\ x_1 + x_2 = 2 \end{cases}$$

풀이 연립방정식의 해는 $x = y = 1$이고, 연립방정식을 행렬로 표시하면

$$\begin{pmatrix} 2 & 1 \\ 1 & 1 \end{pmatrix}\begin{pmatrix} x_1 \\ x_2 \end{pmatrix} = \begin{pmatrix} 3 \\ 2 \end{pmatrix}$$

이다.

[예제 5-17]

예제 5-16을 역행렬을 이용하여 해를 구하시오.

풀이 먼저 연립방정식을 행렬로 표시된 결과에서 각각의 행렬을 다음과 같이 정의한다.

$$A = \begin{pmatrix} 2 & 1 \\ 1 & 1 \end{pmatrix},\ \mathrm{x} = \begin{pmatrix} x_1 \\ x_2 \end{pmatrix},\ \mathrm{b} = \begin{pmatrix} 3 \\ 2 \end{pmatrix}$$

여기서 A, x, b는 각각 2×2, 2×1, 2×1 행렬이고, x, b는 하나의 열(column)만 존재하므로 열벡터라고 한다. 행렬을 나타내는 문자로 연립방정식을 표시하면

$$A\mathrm{x} = \mathrm{b}$$

이고 연립방정식의 해 X는

$$\mathrm{x} = A^{-1}\mathrm{b}$$

이다. A의 역행렬 A^{-1}은

$$A^{-1} = \begin{pmatrix} 1 & -1 \\ -1 & 2 \end{pmatrix}$$

이므로

$$\mathrm{x} = A^{-1}\mathrm{b} = \begin{pmatrix} 1 & -1 \\ -1 & 2 \end{pmatrix}\begin{pmatrix} 3 \\ 2 \end{pmatrix} = \begin{pmatrix} 1 \\ 1 \end{pmatrix}$$

이다. 따라서 연립방정식의 해는 $x_1 = x_2 = 1$이 된다.

위의 예제로부터 우리는 연립방정식의 해를 구하기 위해서는 반드시 역행렬이 필요함을 깨달았다. 2×2 행렬의 역행렬을 구하는 것은 우리는 공식처럼 외우고 있다. 하지만 3×3 이상의 행렬에서 역행렬을 구하는 것은 그리 간단하지 않다. 공학 문제에서 3×3 행렬을

이용한 연립방정식은 종종 접할 수 있는 문제로 이때 역행렬을 구하지 않고 행렬식을 사용하여 연립방정식의 해를 구하는 방법으로 크레이머(Cramer)의 공식이 사용된다. 먼저 2×2 행렬에 적용되는 크레이머의 공식은 다음과 같다. 연립방정식이

$$\begin{cases} a_{11}x_1 + a_{12}x_2 = b_1 \\ a_{21}x_1 + a_{22}x_2 = b_2 \end{cases} \text{ 또는 } \begin{pmatrix} a_{11} & a_{12} \\ a_{21} & a_{22} \end{pmatrix}\begin{pmatrix} x_1 \\ x_2 \end{pmatrix} = \begin{pmatrix} b_1 \\ b_2 \end{pmatrix} \text{ 또는 } A\mathbf{x} = \mathbf{b} \tag{5-34}$$

의 형태로 주어지면, 그 해 x_1과 x_2는

$$x_1 = \frac{\begin{vmatrix} b_1 & a_{12} \\ b_2 & a_{22} \end{vmatrix}}{\det A} = \frac{b_1a_{22} - b_2a_{12}}{a_{11}a_{22} - a_{12}a_{21}} \tag{5-35a}$$

$$x_2 = \frac{\begin{vmatrix} a_{11} & b_1 \\ a_{12} & b_2 \end{vmatrix}}{\det A} = \frac{a_{11}b_2 - a_{12}b_1}{a_{11}a_{22} - a_{12}a_{21}} \tag{5-35b}$$

이다. 여기서 x_1과 x_2를 구할 때 분자의 행렬식 계산에 각각 행렬 A의 1열과 2열에 열벡터 b를 대입한다. 또 다음과 같은 연립방정식이 주어진 경우

$$\begin{cases} a_{11}x_1 + a_{12}x_2 + a_{13}x_3 = b_1 \\ a_{21}x_1 + a_{22}x_2 + a_{23}x_3 = b_2 \\ a_{31}x_1 + a_{32}x_2 + a_{33}x_3 = b_3 \end{cases} \text{ 또는 } \begin{pmatrix} a_{11} & a_{12} & a_{13} \\ a_{21} & a_{22} & a_{23} \\ a_{31} & a_{32} & a_{33} \end{pmatrix}\begin{pmatrix} x_1 \\ x_2 \\ x_3 \end{pmatrix} = \begin{pmatrix} b_1 \\ b_2 \\ b_3 \end{pmatrix} \text{ 또는 } A\mathbf{x} = \mathbf{b} \tag{5-36}$$

, 3×3 행렬에 적용되는 크레이머의 공식은

$$x_1 = \frac{\begin{vmatrix} b_1 & a_{12} & a_{13} \\ b_2 & a_{22} & a_{23} \\ b_3 & a_{32} & a_{33} \end{vmatrix}}{\det A}, \quad x_2 = \frac{\begin{vmatrix} a_{11} & b_1 & a_{13} \\ a_{21} & b_2 & a_{23} \\ a_{31} & b_3 & a_{33} \end{vmatrix}}{\det A}, \quad x_2 = \frac{\begin{vmatrix} a_{11} & a_{12} & b_1 \\ a_{21} & a_{22} & b_2 \\ a_{31} & a_{32} & b_3 \end{vmatrix}}{\det A} \tag{5-37}$$

이다. x_1, x_2, x_3를 구할 때 분자의 행렬식 계산에 각각 행렬 A의 1열, 2열, 3열에 열벡터 b를 대입한다. 이를 $n\times n$ 행렬에 대해 확장하면 해 x_k는

$$x_k = \frac{\det M_k}{\det A} \tag{5-38}$$

로 나타낸다. 여기서 행렬 M_k는 행렬 A의 k번째 열벡터를 열벡터 b로 치환하여 얻는 것이다.

[예제 5-18]

예제 5-16을 크레이머의 공식을 이용하여 해를 구하시오.

풀이

$$A=\begin{pmatrix}2 & 1\\1 & 1\end{pmatrix},\ \mathbf{x}=\begin{pmatrix}x_1\\x_2\end{pmatrix},\ \mathbf{b}=\begin{pmatrix}3\\2\end{pmatrix}$$

이므로, 크레이머의 공식에 대입하면

$$x_1=\frac{\begin{vmatrix}3 & 1\\2 & 1\end{vmatrix}}{\det A}=\frac{3\times1-1\times2}{2\times1-1\times1}=1$$

$$x_2=\frac{\begin{vmatrix}2 & 3\\1 & 2\end{vmatrix}}{\det A}=\frac{2\times2-3\times1}{1}=1$$

인 해를 얻는다.

[예제 5-19]

크레이머의 공식을 이용하여 다음 연립방정식의 해를 구하시오.

$$\begin{cases}x_1+2x_2+3x_3=2\\2x_1+x_2+x_3=3\\x_1+3x_2+x_3=1\end{cases}$$

풀이

$$A=\begin{pmatrix}1 & 2 & 3\\2 & 1 & 1\\1 & 3 & 1\end{pmatrix},\ \mathbf{x}=\begin{pmatrix}x_1\\x_2\\x_3\end{pmatrix},\ \mathbf{b}=\begin{pmatrix}2\\3\\1\end{pmatrix}$$

이므로, 크레이머의 공식에 대입하면

$$\det A=\begin{vmatrix}1 & 2 & 3\\2 & 1 & 1\\1 & 3 & 1\end{vmatrix}=11$$

$$x_1=\frac{\begin{vmatrix}2 & 2 & 3\\3 & 1 & 1\\1 & 3 & 1\end{vmatrix}}{\det A}=\frac{16}{11},\ x_2=\frac{\begin{vmatrix}1 & 2 & 3\\2 & 3 & 1\\1 & 1 & 1\end{vmatrix}}{\det A}=-\frac{3}{11},\ x_3=\frac{\begin{vmatrix}1 & 2 & 2\\2 & 1 & 3\\1 & 3 & 1\end{vmatrix}}{\det A}=\frac{4}{11}$$

인 해를 얻는다.

[예제 5-20]

그림과 같은 전기회로에 흐르는 전류 i_1, i_2, i_3를 구하시오.

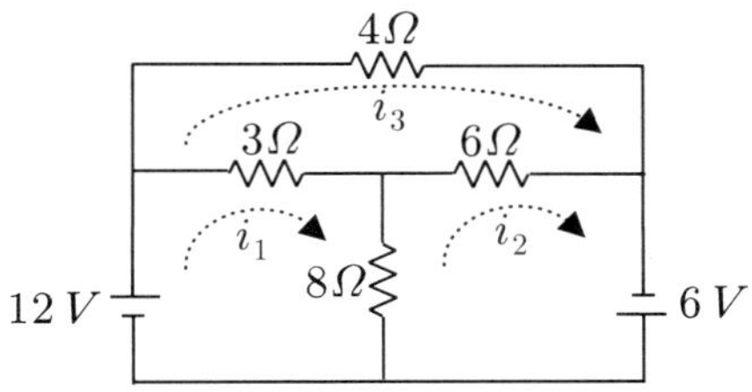

[그림 5-12] 예제 5-20

풀이 전류가 흐르는 루프(loop) 1, 2, 3에 대해 KVL(Kirchhoff's Voltage Law)을 적용하면 다음의 세 식을 얻는다.

$$-12+3(i_1-i_3)+8(i_1-i_2)=0$$
$$6(i-2-i_3)+8(i_2-i_1)-6=0$$
$$4i_3+6(i_3-i_2)+3(i_3-i_1)=0$$

위의 세 식을 정리하여 행렬로 표시하면

$$\begin{pmatrix} 11 & -8 & -3 \\ -8 & 14 & -6 \\ -3 & -6 & 13 \end{pmatrix}\begin{pmatrix} i_1 \\ i_2 \\ i_3 \end{pmatrix}=\begin{pmatrix} 12 \\ 6 \\ 0 \end{pmatrix}$$

이 된다. 위 식의 좌변의 3×3행렬을 A라 하고, 크레이머의 공식을 이용하면 전류 i_1, i_2, i_3는

$$i_1=\frac{\begin{vmatrix} 12 & -8 & -3 \\ 6 & 14 & -6 \\ 0 & -6 & 13 \end{vmatrix}}{\det A}=\frac{2484}{360}=6.9A,\ i_2=6.3A,\ i_3=4.5A$$

가 된다.

[예제 5-21]

행렬 $A=\begin{pmatrix} 1 & 2 & 3 \\ 2 & 5 & 6 \\ 3 & 6 & 7 \end{pmatrix}$의 전치행렬(transpose) A^T를 구하시오.

풀이 이 예제는 전치행렬의 정의를 설명하는 문제로 행렬 A의 전치행렬 A^T는 행렬 A의 i행이 i렬이 된다. 즉 A의 1행이 A^T의 1열이 되고, A의 2행이 A^T의 2열이 된다. 따라서 A^T는

$$A^T=\begin{pmatrix} 1 & 2 & 3 \\ 2 & 5 & 6 \\ 3 & 6 & 7 \end{pmatrix}$$

이 된다. 여기서 $A = A^T$인 관계가 성립하며 이러한 행렬 A를 대칭행렬(symmetric matrix)이라 한다.

5.10 고유값 및 고유벡터

$x-y$좌표 평면위의 점(1, 2)는 행렬 $A = \begin{pmatrix} 1 & 0 \\ 0 & -1 \end{pmatrix}$에 의해 어디로 옮겨질까? 이 점을 위치벡터 $\mathbf{x}$로 나타내면 행렬 A에 의해 이 점은

$$A\mathbf{x} = \begin{pmatrix} 1 & 0 \\ 0 & -1 \end{pmatrix}\begin{pmatrix} 1 \\ 2 \end{pmatrix} = \begin{pmatrix} 1 \\ -2 \end{pmatrix} \tag{5-39}$$

로 옮겨진다. 즉 이 변환(transformation)에 의해 원래의 점은 x축에 대해 대칭인 위치로 이동한다. 또 점 $\mathbf{x}_1 = (2,\ 0)$과 $\mathbf{x}_2 = (0,\ 2)$는 이 변환에 의해 각각 점 $(2,\ 0)$과 $(0,\ -2)$로 이동한다. 이를 변환 식으로 나타내면

$$A\mathbf{x}_1 = \mathbf{x}_1 \tag{5-40a}$$

$$A\mathbf{x}_2 = -\mathbf{x}_2 \tag{5-40b}$$

가 된다. 이와 같이 어떤 행렬 A에 의해 벡터 $\mathbf{x}$가 변환될 때 변환된 벡터가 원래 벡터의 방향에 존재하는 특정한 벡터(고유벡터, eigenvector)가 존재하며 또한 특정한 크기(고유값, eigenvalue)로 변환된다. 식 (5-40)을 일반화하여 나타내면

$$A\mathbf{x} = \lambda\mathbf{x} \tag{5-41}$$

이며, 스칼라인 λ를 행렬 A의 고유값(eigenvalue), 0이 아닌 벡터 $\mathbf{x}$를 행렬 A의 고유벡터(eigenvector)라 부른다. 식(5-41)를 변형하면

$$(A - \lambda I)\mathbf{x} = 0 \tag{5-42}$$

가 되며 $\mathbf{x} \neq 0$인 벡터가 존재하기 위해서는

$$\det(A - \lambda I) = 0 \tag{5-43}$$

을 만족해야한다. 식 (5-43)는 λ에 대한 다항식으로 전개되며 이를 A의 특성방정식(characteristic equation)이라 하며, 이 방정식의 근이 바로 행렬 A의 고유값이다. 각 고유값에 대해 식(5-42)를 만족하는 $\mathbf{x} \neq 0$이 아닌 해 $\mathbf{x}$가 λ에 대한 고유벡터이다. 이러한

고유값과 고유벡터의 개념은 고체역학, 진동학, 자동제어 등의 교과목에서 등장하며 이의 풀이 과정은 다음의 예제를 통해 익힌다.

[예제 5-22]

행렬 A가 다음과 같을 때 고유값과 고유벡터를 구하시오.

$$A = \begin{pmatrix} 110 & 40 \\ 40 & 50 \end{pmatrix}$$

풀이 먼저 행렬 A의 고유값 λ를 구하기 위해 식 (5-43)을 적용하면

$$\begin{vmatrix} 110-\lambda & 40 \\ 40 & 50-\lambda \end{vmatrix} = 0$$

이 되고, 이를 전개하면

$$\lambda^2 - 160\lambda + 3900 = (\lambda - 30)(\lambda - 130) = 0$$

의 결과 식을 얻는다. 이 다항식의 근이 고유값으로

$$\lambda = 30, 130$$

이다. 고유벡터는 각각의 고유값에 대해 정의되므로 먼저 $\lambda = 30$일 때 이 값을 식 (5-42)에 대입하면

$$\begin{pmatrix} 110-30 & 40 \\ 40 & 50-30 \end{pmatrix}\begin{pmatrix} x_1 \\ x_2 \end{pmatrix} = \begin{pmatrix} 80 & 40 \\ 40 & 20 \end{pmatrix}\begin{pmatrix} x_1 \\ x_2 \end{pmatrix} = 0$$

을 얻는다. 이 식으로부터

$$2x_1 + x_2 = 0$$

의 관계식을 얻고, x_1이나 x_2에 0이 아닌 간단한 값을 대입한다. 여기서는 $x_1 = 1$을 대입하면 $x_2 = -2$를 얻는다. 따라서 고유값 $\lambda = 30$일 때의 고유벡터 $\mathbf{x}_1$는

$$\mathbf{x}_1 = \begin{pmatrix} 1 \\ -2 \end{pmatrix}$$

이 된다. 동일한 방법으로 $\lambda = 130$일 때는

$$-x_1 + 2x_2 = 0$$

의 관계식을 얻고, $x_2 = 1$을 대입하면 $x_1 = 2$가 된다. 따라서 고유값 $\lambda = 130$일 때의 고유벡터 $\mathbf{x}_2$는

$$\mathbf{x}_2 = \begin{pmatrix} 2 \\ 1 \end{pmatrix}$$

이다. 참고로 이 예제는 고체역학에서 주응력(주변형률)과 주응력(주변형률)의 방향을 결정하는 모어 원(Mohr circle)과 관련된 것임을 고체역학을 공부하면서 확인할 수 있다.

여기서 고유값은 주응력을 고유벡터는 주응력의 방향을 나타낸다.

[참고]

$x-y$좌표계를 x축에 대해 반시계 방향으로 θ만큼 회전한 $x'-y'$좌표계가 그림 5-13과 같이 정의되어 있다. 그림에 표시된 점 A의 좌표는 좌표계에 따라 그 값이 다르다. 즉 $x-y$좌표계에서 A의 좌표는 $(x,\ y)$이고, $x'-y'$좌표계에서 A의 좌표는 $(x',\ y')$이다. 두 좌표계로 표시된 좌표의 관계는

$$\begin{pmatrix} x' \\ y' \end{pmatrix} = \begin{pmatrix} \cos\theta & \sin\theta \\ -\sin\theta & \cos\theta \end{pmatrix} \begin{pmatrix} x \\ y \end{pmatrix}$$

이다. 예제 5-22에서 고유벡터 $\mathbf{x}_2$는

$$\mathbf{x}_2 = \begin{pmatrix} 2 \\ 1 \end{pmatrix}$$

이므로 이 방향은 x축을 $\cos\theta = 2/\sqrt{5}$, $\sin\theta = 1/\sqrt{5}$ 만큼 반시계방향으로 회전한 것이다. 따라서 이 축을 기준으로 행렬의 값은

$$A' = \begin{pmatrix} \cos\theta & \sin\theta \\ -\sin\theta & \cos\theta \end{pmatrix} A \begin{pmatrix} \cos\theta & -\sin\theta \\ \sin\theta & \cos\theta \end{pmatrix}$$

로 정의되며, 그 값은

$$A' = \frac{1}{\sqrt{5}} \begin{pmatrix} 2 & 1 \\ -1 & 2 \end{pmatrix} \begin{pmatrix} 110 & 40 \\ 40 & 50 \end{pmatrix} \frac{1}{\sqrt{5}} \begin{pmatrix} 2 & -1 \\ 1 & 2 \end{pmatrix} = \begin{pmatrix} 130 & 0 \\ 0 & 30 \end{pmatrix}$$

이다. 이는 주응력이 130과 30임을 의미한다.

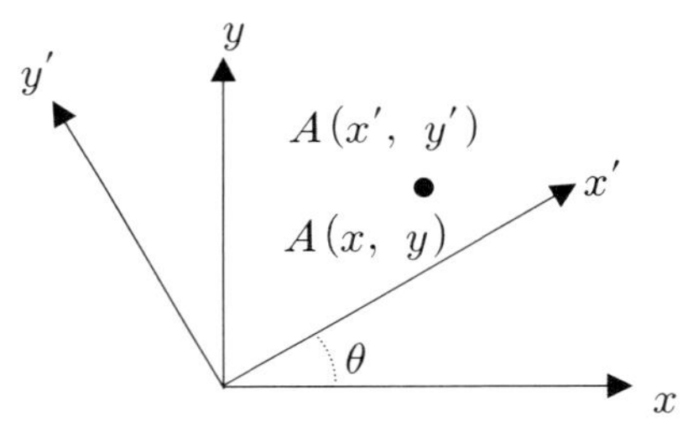

[그림 5-13] 좌표계 회전

[예제 5-23]

행렬 A가 다음과 같을 때 고유값과 고유벡터를 구하시오.

$$A = \begin{pmatrix} 30 & 10 & -10 \\ -10 & 10 & 10 \\ 0 & 10 & 20 \end{pmatrix}$$

풀이 먼저 행렬 A의 고유값 λ를 구하기 위해 식 (5-43)을 적용하면

$$A=\begin{vmatrix} 30-\lambda & 10 & -10 \\ -10 & 10-\lambda & 10 \\ 0 & 10 & 20-\lambda \end{vmatrix}=(30-\lambda)(10-\lambda)(20-\lambda)=0$$

의 결과 식을 얻는다. 이 다항식의 근이 고유값으로

$$\lambda=10,\ 20,\ 30$$

이다. 고유벡터는 각각의 고유값에 대해 정의되므로 먼저 $\lambda=10$일 때 이 값을 식 (5-42)에 대입하면

$$\begin{pmatrix} 30-10 & 10 & -10 \\ -10 & 10-10 & 10 \\ 0 & 10 & 20-10 \end{pmatrix}\begin{pmatrix} x_1 \\ x_2 \\ x_3 \end{pmatrix}=\begin{pmatrix} 20 & 10 & -10 \\ -10 & 0 & 10 \\ 0 & 10 & 10 \end{pmatrix}\begin{pmatrix} x_1 \\ x_2 \\ x_3 \end{pmatrix}=0$$

을 얻는다. 이 식으로부터

$$x_1=x_3,\ x_2=-x_3$$

의 관계식을 얻고, $x_3=1$을 대입하면 $x_1=1,\ x_2=-1$을 얻는다. 따라서 고유값 $\lambda=10$일 때의 고유벡터 $\mathbf{x}_1$는

$$\mathbf{x}_1=\begin{pmatrix} 1 \\ -1 \\ 1 \end{pmatrix}$$

이 된다. 동일한 방법으로 $\lambda=20$과 $\lambda=30$일 때의 고유벡터 $\mathbf{x}_2$와 $\mathbf{x}_3$는

$$\mathbf{x}_2=\begin{pmatrix} 1 \\ 0 \\ 1 \end{pmatrix},\ \mathbf{x}_3=\begin{pmatrix} -1 \\ 1 \\ 1 \end{pmatrix}$$

이 된다.

[예제 5-24]

행렬 A가 다음과 같을 때 고유값과 고유벡터를 구하시오.

$$A=\begin{pmatrix} 4 & 1 \\ -1 & 2 \end{pmatrix}$$

풀이 먼저 행렬 A의 고유값 λ를 구하기 위해 식 (5-43)을 적용하면

$$\begin{vmatrix} 4-\lambda & 1 \\ -1 & 2-\lambda \end{vmatrix}=0$$

이 되고, 이를 전개하면

$$\lambda^2-6\lambda+9=(\lambda-3)^2=0$$

의 결과 식을 얻는다. 이 다항식의 근이 고유값으로

$$\lambda=3$$

인 중근의 고유값이다. $\lambda=3$일 때 이 값을 식 (5-42)에 대입하면

$$\begin{pmatrix} 1 & 1 \\ -1 & -1 \end{pmatrix}\begin{pmatrix} x_1 \\ x_2 \end{pmatrix}=0$$

을 얻는다. 이 식으로부터

$$x_1+x_2=0$$

x_1이나 x_2에 0이 아닌 간단한 값을 대입한다. 여기서는 $x_1=1$을 대입하면 $x_2=-1$를 얻는다. 따라서 고유벡터는

$$\mathbf{x}=\begin{pmatrix} 1 \\ -1 \end{pmatrix}$$

뿐이다.

[예제 5-25]

행렬 A가 다음과 같을 때 고유값과 고유벡터를 구하시오.

$$A=\begin{pmatrix} 3 & 0 & -2 \\ -1 & 1 & 1 \\ 1 & 0 & 0 \end{pmatrix}$$

풀이 먼저 행렬 A의 고유값 λ를 구하기 위해 식 (5-43)을 적용하면

$$\begin{vmatrix} 3-\lambda & 0 & -2 \\ -1 & 1-\lambda & 1 \\ 1 & 0 & -\lambda \end{vmatrix}=0$$

이 되고, 이를 전개하면

$$(\lambda-1)^2(\lambda-2)=0$$

의 결과 식을 얻는다. 이 다항식의 근이 고유값으로 그 값은

$$\lambda_{1.2}=1,\ \lambda_3=2$$

이다. $\lambda_3=2$일 때 이 값을 식 (5-42)에 대입하면

$$\begin{pmatrix} 1 & 0 & -2 \\ -1 & -1 & 1 \\ 1 & 0 & -2 \end{pmatrix}\begin{pmatrix} x_1 \\ x_2 \\ x_3 \end{pmatrix}=0$$

이 되고, 이로부터 $x_1=2x_3$와 $x_2=-x_1+x_3$를 얻는다. $x_3=1$을 대입하면 고유벡터는

$$\mathbf{x}_3 = \begin{pmatrix} 2 \\ -1 \\ 1 \end{pmatrix}$$

이다. 고유값 $\lambda_{1,2} = 1$일 때 이 값을 식 (5-42)에 대입하면

$$\begin{pmatrix} 2 & 0 & -2 \\ -1 & 0 & 1 \\ 1 & 0 & -1 \end{pmatrix} \begin{pmatrix} x_1 \\ x_2 \\ x_3 \end{pmatrix} = 0$$

이 되고, 이로부터 $x_1 = x_3$를 얻는다. 따라서 고유벡터는

$$\mathbf{x}_1 = \begin{pmatrix} 1 \\ 0 \\ 1 \end{pmatrix} \text{와 } \mathbf{x}_2 = \begin{pmatrix} 0 \\ 1 \\ 0 \end{pmatrix}$$

를 얻는다.

제5장 연습문제

01 다음과 같은 두 벡터가 주어져있다. $\vec{a}=2\vec{i}+2\vec{j}$, $\vec{b}=4\vec{i}+6\vec{j}$

1) $\vec{a}$와 $\vec{b}$의 크기와 두 벡터 사이의 각도를 구하시오.

2) $\vec{a}\times\vec{b}$를 계산하시오.

02 다음 세 벡터가 주어져있다. $\vec{u}=2\vec{i}+3\vec{j}+4\vec{k}$, $\vec{v}=4\vec{i}+5\vec{j}+6\vec{k}$, $\vec{w}=6\vec{i}+7\vec{j}+8\vec{k}$

1) $\vec{u}$와 $\vec{v}$의 크기를 계산하시오.

2) $\vec{u}\cdot\vec{v}$를 계산하시오.

3) $\vec{u}$와 $\vec{v}$가 이루는 각을 계산하시오.

4) $\vec{v}\times\vec{w}$를 계산하시오.

5) $(\vec{v}\times\vec{w})\cdot\vec{v}$를 계산하시오.

6) $\vec{u}\cdot(\vec{v}+\vec{w})$를 계산하시오.

03 행렬 $A=\begin{pmatrix}4 & 1\\ 7 & 2\end{pmatrix}$와 $B=\begin{pmatrix}1 & 2\\ 3 & 4\end{pmatrix}$에 대하여

1) $A+B$와 $A-2B$를 계산하시오.

2) A^{-1}를 구하시오.

3) $A^{-1}B$를 계산하시오.

4) BA^{-1}를 계산하시오.

04 행렬 $A=\begin{pmatrix}-3 & 1\\ 1 & -3\end{pmatrix}$, $\mathbf{x}=\begin{pmatrix}x_1\\ x_2\end{pmatrix}$, $\mathbf{b}=\begin{pmatrix}3\\ 2\end{pmatrix}$에 대하여

1) A의 행렬식을 계산하시오.

2) A의 고유값과 고유벡터를 구하시오.

3) $A\mathbf{x}=\mathbf{b}$의 해를 크레이머 공식으로 구하시오.

제 6 장

1계 상미분방정식

제 6 장 1계 상미분방정식
(Ordinary Differential Equation)

일반적으로 자연현상 또는 물리적 현상을 이해하기 위해서는 이를 수식으로 표현하며 이 과정을 모델링이라 한다. 이 결과 대부분의 수식은 미분을 포함하는 방정식의 형태로 표현되며 이를 미분방정식이라 부른다. 미분방정식의 해를 구함으로써 미분방정식에 포함된 중요한 변수들이 물리적 현상에 끼치는 영향을 파악할 수 있게 된다. 공학에서 사용되는 일련의 과정을 그림 6-1에 나타내었다. 수학적으로 하나 또는 그 이상의 종속변수와 하나 또는 그 이상의 독립변수에 관한 도함수를 포함하는 방정식을 미분방정식이라 부른다.

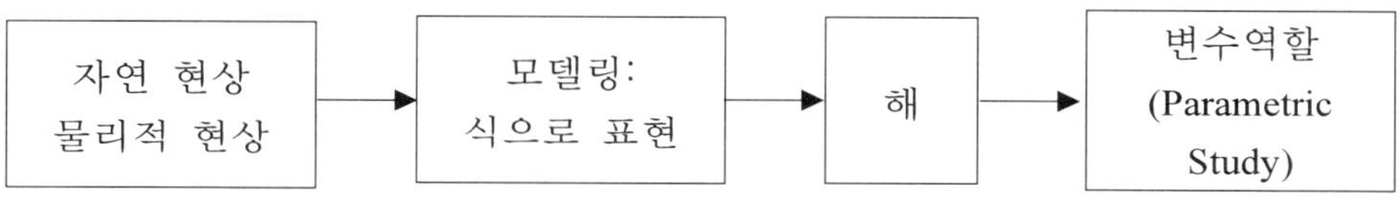

[그림 6-1] 공학문제의 해석 방법

6.1 미분방정식의 분류

상미분(ordinary differential)의 경우는 우리가 지금까지 일반적으로 다루어 온 함수로부터 미분한 것이 상미분이다. 어떤 물체의 위치 x가 시간 t의 함수로 표시된 경우를 생각하자. 즉 $x=x(t)$로 주어지면 속도 v와 가속도 a는 위치를 미분하여

$$v=\frac{dx}{dt},\ a=\frac{dv}{dt}=\frac{d^2x}{dt^2} \tag{6-1}$$

로 정의된다. 이와 같이 독립변수는 t 하나인 경우로 위치, 속도 그리고 가속도는 이 변수로 표시되며 독립변수 t에 종속되기에 종속변수라 한다. 하나의 독립변수로 미분하는 경우를 상미분이라 하고 기호 d로 나타낸다.

반면 그림 6-2와 같이 산의 높이를 나타내는 경우 한 점의 높이 H는 x와 y의 좌표에 의해 결정된다. 이를 식으로 표시하면

$$H=H(x,y) \tag{6-2}$$

이다. 여기서 x와 y는 독립변수이고 H는 종속변수이다. 이 경우는 앞의 경우와 달리 독립변수가 2개인 경우이다. 상미분과 달리 한 점에서의 기울기는 x와 y의 2 방향으로 정의가 가능하다. 점 (x_o, y_o)에서 x와 y 방향으로의 산의 기울기는 각각

$$\lim_{h \to 0} \frac{H(x_o + h, y_o) - H(x_o, y_o)}{h} \tag{6-3a}$$

$$\lim_{h \to 0} \frac{H(x_o, y_o + h) - H(x_o, y_o)}{h} \tag{6-3b}$$

로 정의된다. x와 y 방향의 기울기를 구할 때 각각 y와 x 값은 고정된다. 이와 같이 독립변수가 2개 이상의 미분을 표시할 때는 상미분에 사용한 기호 d 대신

$$\frac{\partial H}{\partial x} \text{와 } \frac{\partial H}{\partial y} \quad \text{또는 } H_x(x,y) \text{와 } H_y(x,y) \tag{6-4}$$

를 사용하며 이를 각각 x와 y에 대한 편미분(partial differential)이라 한다. 상미분을 수행하는 방법은 이미 많이 공부하였으므로 편미분을 하는 방법은 다음 예제를 통해 공부한다.

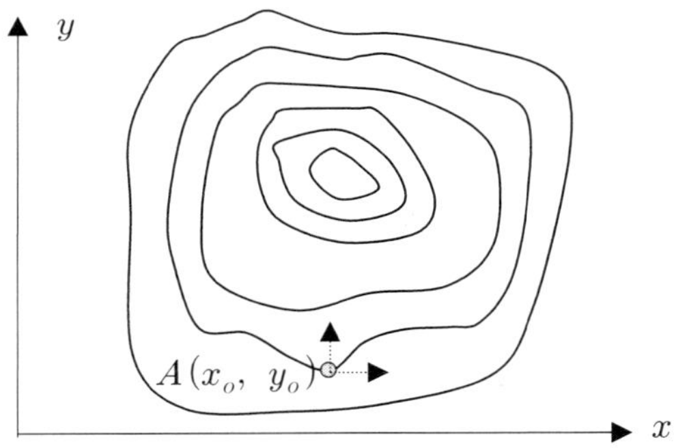

[그림 6-2] 등고선

[예제 6-1]

$H = x^2 + 2xy + 2y^2$의 x와 y에 대한 H의 편미분을 구하시오.

풀이 x에 대한 편미분을 할 때 y는 상수로 취급하고 미분을 수행한다. 즉

$$\frac{\partial H}{\partial x} = 2x + 2y$$

이다. 또 y에 대한 편미분을 할 때 x는 상수로 취급하며 그 결과는

$$\frac{\partial H}{\partial y} = 2x + 4y$$

이다.

표 6-1과 같이 상미분이 포함된 미분방정식을 상미분방정식(ODE, ordinary differential equation), 편미분이 포함된 미분방정식을 편미분방정식(PDE, partial differential equation)이라 한다. 상미분이 포함된 상미분방정식의 형태에 따른 분류를 표 6-2에 정리하였다.

[표 6-1] 상미분 및 편미분 방정식

	상미분방정식	편미분방정식
예	$\frac{dy}{dx} + 5y = e^x$ $\frac{dx}{dt} + \frac{dy}{dt} = 2x + y$ $\frac{d^2y}{dx^2} - \frac{dy}{dx} + 6y = 0$	$\frac{\partial^2 u}{\partial x^2} = \frac{\partial^2 u}{\partial t^2} - 2\frac{\partial u}{\partial t}$

[표 6-2] 상미분방정식의 상세 분류

구분	예	특 징
선형미분방정식	$y'' - 2y' + y = 0$ $y''' + 3xy' - 5y = e^x$ $(y - x)dx + 4xdy = 0$	계수: 상수 또는 독립변수만의 함수 y'', y', y: 모두 1차식
비선형미분방정식	$(1 - y)y' + 2y = e^x$ $y''' + y^2 = 0$	y'', y', y: 1차식이 아니고 곱이 존재
n계 미분방정식	1계: $4xy' + y = x$ 2계: $y'' - 2y' + y = 0$ 3계: $y''' + y^2 = 0$	미분방정식에 나타난 최고계 도함수의 차수
연립미분방정식	$\frac{dx}{dt} = f(t,x,y)$ $\frac{dy}{dt} = g(t,x,y)$	한 개의 독립변수 t, 두 개의 종속변수 x와 y 로 구성된 2개의 미분방정식

[참고] $(y-x)dx+4xdy=0$와 같이 표현된 것 역시 미분방정식임을 기억하자. 위의 식에서 양변을 dx로 나누면

$$(y-x)+4x\frac{dy}{dx}=0$$

이고, 이를 정리하면

$$4xy'+y=x$$

이다. 따라서 원식은 1계 선형미분방정식임을 알 수 있다.

6.2 미분방정식의 해

미분방정식의 해는 일반해(general solution)와 특수해(particular solution)로 구분된다. 간단한 미분방정식

$$y'=\cos x \tag{6-5}$$

의 해는

$$y=\sin x+c \tag{6-6}$$

이다. 일반해는 식(6-6)과 같이 임의의 상수 c가 포함된 것을 말한다. 또 $y(\pi/2)=1$인 조건을 만족하는 식(6-5)의 해는 식(6-6)에서 $c=1$인 경우이다. 이 경우 해는

$$y=\sin x+1 \tag{6-7}$$

이 되며, 이와 같이 임의의 상수가 특정한 값으로 나타내어 진 경우 특수해라 한다.

1계 미분방정식의 해는

- 변수 분리형
- 완전미분방정식
- 적분인자
- 1계 선형미분방정식

의 원리를 이용하여 구한다.

6.3 변수 분리형 미분방정식

6.3.1 적용 경우

1계 미분방정식

$$F(x,y,y')=0 \text{ 또는 } y'=h(x,y) \tag{6-8}$$

이

$$g(y)y'=f(x) \tag{6-9}$$

의 형태로 변환될 경우 변수 분리형 미분방정식이라 부른다. 즉, 우변은 x의 함수이고 좌변은 y의 함수와 1계 도함수 y'가 곱해진 형태이다.

6.3.2 풀이 방법

식 (6-8)이 식 (6-9)의 형태로 변수가 분리되면 식 (6-9)는

$$g(y)\frac{dy}{dx}=f(x) \tag{6-10}$$

로 표현된다. 양변에 dx를 곱한 후 적분하면

$$\int g(y)dy=\int f(x)dx+c \tag{6-11}$$

이며, c는 적분상수이다. 식 (6-11)의 적분을 수행한 후 y를 구하면 이것이 바로 미분방정식의 해이다.

[예제 6-2]

다음 미분방정식의 해를 구하시오.

1) $y'=3(y+1)$

2) $y'=(\cos x)(\tan y)$

3) $L\frac{di}{dt}+Ri=0,\ i(0)=i_0$

4) $(x^2+1)^{1/2}y'=xy^3,\ y(0)=2$

풀이 1) 변수를 분리하여 정리하면

$$\frac{1}{y+1}dy=3dx$$

이 되고, 양변을 적분하면

$$\ln(y+1) = 3x + c'$$

이다. 자연로그를 없애면

$$y+1 = e^{3x+c'} = e^{c'}e^{3x} = ce^{3x}$$

이고, 마지막으로 해를 정리하면

$$y = ce^{3x} - 1$$

이다. 이는 미분방정식의 일반해이다.

2) 변수를 분리하여 정리하면

$$\frac{1}{\tan y}dy = \cos x dx$$

이고, 양변을 적분하면

$$\int \frac{1}{\tan y}dy = \int \cos x dx + c$$

$$\ln|\sin y| = \sin x + c$$

이다. 마지막으로 해를 정리하면

$$y = \sin^{-1}(c' e^{\sin x})$$

이 되고 이는 미분방정식의 일반해이다.

3) 변수를 분리하여 정리하면

$$\frac{1}{i}di = -\frac{R}{L}dt$$

이고, 양변을 적분하면

$$\ln i = -\frac{R}{L}t + c'$$

$$i = e^{-\frac{R}{L}t + c'}$$

마지막으로 해를 정리하면

$$i = ce^{-\frac{R}{L}t}$$

이 되고 이는 미분방정식의 일반해이다. 문제에 주어진 초기조건 $i(0) = i_0$를 대입하면 특수해를 구할 수 있다. 위의 식에서 $t=0$를 대입하면 $i = i_0$이므로 $c = i_0$이다. 그러므로 특수해는

$$i = i_0 e^{-\frac{R}{L}t}$$

이다.

4) 변수를 분리하여 정리하면

$$y^{-3}dy = x(x^2+1)^{-1/2}dx$$

이고, 양변을 적분하면

$$-\frac{1}{2}y^{-2} = (x^2+1)^{1/2}+c$$

마지막으로 해를 정리하면

$$y^2 = \left[-2(x^2+1)^{1/2}-2c\right]^{-1}$$

이 되고 이는 미분방정식의 일반해이다. 문제에 주어진 초기조건 $y(0)=2$를 대입하면 특수해를 구할 수 있다. 위의 식에서 $x=0$를 대입하면 $y=2$이므로 $2c=-2.25$이다. 그러므로 특수해는

$$y^2 = \left[-2(x^2+1)^{1/2}+2.25\right]^{-1}$$

이다.

6.3.3 변수 분리형으로 변환될 수 있는 미분방정식

1계 미분방정식이

$$y' = g\left(\frac{y}{x}\right) \tag{6-12}$$

의 형태로 표시될 경우 변수 분리형 미분방정식의 해법을 이용하여 해를 구할 수 있다. 먼저 해를 구하기에 앞서

$$\frac{y}{x} = u \tag{6-13}$$

로 치환한다. $y=ux$이므로 이를 x에 대해 미분하면

$$y' = u + x\frac{du}{dx} \tag{6-14}$$

이다. 식 (6-14)를 식 (6-12)에 대입하여 정리하면

$$x\frac{du}{dx} = g(u) - u \tag{6-15}$$

이 되고 변수를 분리한 후 적분한다.

$$\int \frac{1}{g(u)-u}du = \int \frac{1}{x}dx + c \tag{6-16}$$

식(14)를 적분을 한 후 u 대신에 $\frac{y}{x}$를 대입 후 정리하여 구한 y가 미분방정식의 해이다.

[예제 6-3]

다음 미분방정식의 해를 구하시오.

$$xy' = x + y,\ y(1) = -7.4$$

풀이 먼저 양변을 x로 나누면 y'는

$$y' = 1 + \frac{y}{x} = g\left(\frac{y}{x}\right)$$

로 y/x의 함수가 된다. 식 (6-14)의 결과를 위의 식에 대입하면

$$u + x\frac{du}{dx} = 1 + u$$

인 식을 얻고 정리하면

$$x\frac{du}{dx} = 1$$

로 식 (6-10)과 같이 변수를 분리할 수 있다. 변수를 분리한 후 양변을 적분하면

$$\int du = \int \frac{1}{x}dx + c$$

의 형태가 되며 적분을 수행하면

$$u = \ln x + c$$

이 된다. u 대신 y/x를 대입하여 정리하면 일반해 y는

$$y = x\ln x + cx$$

이며, 주어진 조건 $y(1) = -7.4$을 만족하는 c를 다음과 같이 구한다.

$$y(1) = 1 \times \ln 1 + c \times 1 = -7.4$$
$$c = -7.4$$

따라서 주어진 미분방정식의 특수해는

$$y = x\ln x - 7.4x$$

이다.

[예제 6-4]

다음 미분방정식의 해를 구하시오.

$$yy' = x + \frac{y^2}{x}, \; y(2) = 6$$

풀이 먼저 양변을 x로 나누면 y'는

$$y' = \frac{x}{y} + \frac{y}{x}$$

로 y/x의 함수가 된다. 식 (6-14)의 결과를 위의 식에 대입하면

$$u + x\frac{du}{dx} = \frac{1}{u} + u$$

인 식을 얻고 정리하면

$$x\frac{du}{dx} = \frac{1}{u}$$

로 식 (6-10)과 같이 변수를 분리할 수 있다. 변수를 분리한 후 양변을 적분하면

$$\int udu = \int \frac{1}{x}dx + c$$

의 형태가 되며 적분을 수행하면

$$\frac{1}{2}u^2 = \ln x + c$$

이 된다. u 대신 y/x를 대입하여 정리하면 일반해 y는

$$y^2 = 2x^2(\ln x + c)$$

이며, 주어진 조건 $y(2) = 6$을 만족하는 c는

$$c = 3.81$$

따라서 주어진 미분방정식의 특수해는

$$y^2 = 2x^2(\ln x + 3.81)$$

이다.

6.4 완전미분방정식

6.4.1 정의

함수 $u=u(x,y)$의 완전미분 (total or exact differential)은

$$du=\frac{\partial u}{\partial x}dx+\frac{\partial u}{\partial y}dy \tag{6-17}$$

로 정의하고, $u=u(x,y)=c$(상수)일 때 식 (6-17)은

$$du=\frac{\partial u}{\partial x}dx+\frac{\partial u}{\partial y}dy=0 \tag{6-18}$$

이고, 식 (6-18)을 완전미분방정식이라 한다. 식 (6-18)의 일반해는 $u(x,y)=c$이다. 예제 6-5와 같은 편미분의 성질에 의해 식 (6-18)의 완전미분방정식은

$$\frac{\partial^2 u}{\partial y\partial x}=\frac{\partial^2 u}{\partial x\partial y} \tag{6-19}$$

의 관계가 항상 성립한다.

다음과 같이 주어진 미분방정식을 생각하자.

$$M(x,y)dx+N(x,y)dy=0 \tag{6-20}$$

식 (6-20)이 완전미분방정식이기 위해서는 식 (6-18)과 식 (6-20)으로부터

$$M=\frac{\partial u}{\partial x},\quad N=\frac{\partial u}{\partial y} \tag{6-21}$$

의 관계를 갖고, 식 (6-19)와 식 (6-21)로부터

$$\frac{\partial M}{\partial y}=\frac{\partial N}{\partial x} \tag{6-22}$$

의 관계를 갖는다. 식 (6-22)는 식 (6-20)의 미분방정식이 완전미분방정식인지 아닌지 판단하기 위해 사용되는 조건으로 식 (6-22)가 성립하면 식 (6-20)은 완전미분방정식이다. 식 (6-18)의 일반해는 $u(x,y)=c$이므로 식 (6-20)의 일반해는 식 (6-21)을 적분하여 구하는 u이다.

[예제 6-5]

$u = x^2 + 2xy + 2y^2$의 $\dfrac{\partial^2 u}{\partial x \partial y}$와 $\dfrac{\partial^2 u}{\partial y \partial x}$를 구하시오.

풀이 주어진 문제의 편미분은 다음과 같은 것이다.

$$\frac{\partial^2 u}{\partial x \partial y} = \frac{\partial}{\partial x}\left(\frac{\partial u}{\partial y}\right), \quad \frac{\partial^2 u}{\partial y \partial x} = \frac{\partial}{\partial y}\left(\frac{\partial u}{\partial x}\right)$$

첫 번째의 것은 $\partial u/\partial y$를 x에 대해 편미분한 것이고, 뒤의 것은 $\partial u/\partial x$를 y에 대해 편미분한 것이다. 예제 6-1의 결과를 이용하면

$$\frac{\partial^2 u}{\partial x \partial y} = \frac{\partial^2 u}{\partial y \partial x} = 2$$

인 결과를 얻는다. 즉 편미분의 순서를 달리하여도 같은 결과를 얻는다.

[예제 6-6]

미분방정식 $(y^3 + 2x)dx + (3xy^2 + 1)dy = 0$의 해를 구하시오.

풀이 원 식을 계속 정리하면 다음과 같다.

$$(y^3 dx + 3xy^2 dy) + 2x dx + dy = 0$$
$$d(xy^3) + d(x^2) + dy = 0$$
$$d(xy^3 + x^2 + y) = 0$$

마지막 식으로부터 다음의 일반해를 얻는다.

$$xy^3 + x^2 + y = c$$

이 문제는 간단하기 때문에 단순히 적분하여 해를 구할 수 있다.

[예제 6-7]

함수 $xy^3 + x^2 + y = c$의 완전미분을 구하시오.

풀이 $u = xy^3 + x^2 + y$라 하면,

$$\frac{\partial u}{\partial x} = y^3 + 2x, \quad \frac{\partial u}{\partial y} = 3xy^2 + 1$$

이므로 이를 식 (6-18)에 대입하면

$$(y^3 + 2x)dx + (3xy^2 + 1)dy = 0$$

이 된다. 우변의 0는 상수 c를 미분한 결과이다. 최종 결과는 완전미분방정식이다.

[예제 6-8]

미분방정식 $(y^3+2x)dx+(3xy^2+1)dy=0$이 완전미분방정식인지 판별하시오.

풀이 미분방정식의 표준형인 식 (6-20)과 비교하면 M과 N은

$$M=y^3+2x,\ \ N=3xy^2+1$$

이다. 이를 편미분한 결과는

$$\frac{\partial M}{\partial y}=3y^2,\ \ \frac{\partial N}{\partial x}=3y^2$$

이므로 완전미분방정식 판별 조건인 식 (6-22)를 만족한다. 따라서 주어진 미분방정식은 완전미분방정식이다.

6.4.2 완전미분방정식의 풀이 방법

1계미분방정식 $M(x,y)dx+N(x,y)dy=0$이 완전미분방정식일 때의 일반적인 풀이 방법은 문제에 주어진 M과 N으로부터 식 (6-21)을 사용하여 u를 구하는 것이다. $M=\partial u/\partial x$로부터 양변을 x에 대해 적분하면

$$u=\int Mdx+k(y) \tag{6-23}$$

가 되며, 적분상수는 x에 대해 편미분한 것을 적분하므로 단순한 상수가 아닌 y의 함수인 $k(y)$이다. 또 M을 적분할 때 y는 상수로 취급하고 x에 대해 적분한다. 식 (6-23)에서 구한 u를

$$N=\frac{\partial u}{\partial y} \tag{6-24}$$

의 관계식에 대입하여 $k(y)$를 구한다. 여기서 좌변의 N은 문제에 주어져있다. 식 (6-24)에서 구한 $k(y)$를 식 (6-23)에 대입함으로써 완전미분방정식의 일반해는

$$u=c \tag{6-25}$$

가 되며, c는 임의의 상수이다.

식 (6-23)~(6-25)의 방법과 달리 $N=\partial u/\partial y$로부터 양변을 y에 대해 적분하면

$$u=\int Ndy+l(x) \tag{6-26}$$

가 되며, 적분상수는 x의 함수인 $l(x)$이다. N을 적분할 때 x는 상수로 취급하고 y에 대해 적분한다. 식 (6-26)에서 구한 u를

$$M = \frac{\partial u}{\partial x} \tag{6-27}$$

의 관계식에 대입하여 $l(x)$를 구한다. 여기서 좌변의 M은 문제에 주어져있다. 식 (6-27)에서 구한 $l(x)$를 식 (6-26)에 대입함으로써 완전미분방정식의 일반해는

$$u = c \tag{6-28}$$

가 되며, c는 임의의 상수이다.

[예제 6-9]

완전미분방정식 $(y^3 + 2x)dx + (3xy^2 + 1)dy = 0$의 해를 구하시오.

풀이 $M = y^3 + 2x$을 식 (6-23)에 대입하여 적분하면

$$u = \int Mdx + k(y) = \int (y^3 + 2x)dx + k(y) = xy^3 + x^2 + k(y)$$

이다. 이 결과를 식 (6-24)에 대입하면

$$N = 3xy^2 + k'(y) = 3xy^2 + 1$$

이고, $k'(y) = 1$이므로 $k(y) = y + c$가 된다. $k(y)$를 식 (6-23)에 대입하면 u는

$$u = xy^3 + x^2 + y + c$$

이므로 식 (6-25)로부터 미분방정식의 일반해는

$$xy^3 + x^2 + y = c'$$

가 되며, c'는 임의의 상수이다.

[예제 6-10]

완전미분방정식 $(y^3 + 2x)dx + (3xy^2 + 1)dy = 0$의 해를 구하시오. 단, 예제 6-9와 달리 먼저 N을 이용하여 u를 구하시오.

풀이 $N = 3xy^2 + 1$을 식 (6-26)에 대입하여 적분하면

$$u = \int Ndy + l(x) = \int (3xy^2 + 1)dy + l(x) = xy^3 + y + l(x)$$

이며, 이 결과를 식 (6-27)에 대입하면

$$M = y^3 + l'(x) = y^3 + 2x$$

이고, $l'(x) = 2x$이므로 $l(x) = x^2 + c$가 된다. $l(x)$를 식 (6-26)에 대입하면 u는

$$u = xy^3 + x^2 + y + c$$

이므로 식 (6-28)로부터 미분방정식의 일반해는

$$xy^3 + x^2 + y = c'$$

가 되며, c'는 임의의 상수이다.

[예제 6-11]

미분방정식 $y^3dx + 3xy^2dy = 0$이 완전미분방정식인지 조사하고 이의 해를 구하시오.

풀이 미분방정식의 표준형인 식 (6-20)과 비교하면 M과 N은

$$M = y^3,\ \ N = 3xy^2$$

이다. 이를 편미분한 결과는

$$\frac{\partial M}{\partial y} = 3y^2,\ \ \frac{\partial N}{\partial x} = 3y^2$$

이므로 완전미분방정식 판별 조건인 식 (6-22)를 만족한다. 따라서 주어진 미분방정식은 완전미분방정식이다.

$d(xy^3) = 0$이므로 미분방정식의 해는

$$xy^3 = c$$

이다.

6.5 적분인자

예제 6-11에서 양변을 y^2으로 나누면 원래의 식은

$$ydx + 3xdy = 0 \tag{6-29}$$

이 된다. 이 방정식은 과연 완전미분방정식일까? 식 (6-20)과 (6-29)를 비교하면 $M = y$, $N = 3x$이고 이를 완전미분의 판별조건인 식 (6-22)에 대입하면

$$\frac{\partial M}{\partial y} = 1 \neq \frac{\partial N}{\partial x} = 3 \tag{6-30}$$

이므로 완전미분방정식이 아니다. 하지만 식 (6-29)의 양변에 y^2을 곱하면 예제 6-11에 주어진 문제로 완전미분방정식이 됨을 알 수 있다. 이와 같이 완전미분방정식이 아닌 미분방정식에 적절한 함수를 곱하여 완전미분방정식으로 변환하여 해를 구할 수 있다. 여기서 적절한 함수가 바로 적분인자(integrating factor)이다. 적분인자는 다음의 과정으로부터 결정된다.

완전미분방정식이 아닌 1계미분방정식이

$$P(x,y)dx + Q(x,y)dy = 0 \tag{6-31}$$

일 경우 양변에 적절한 함수 $F(x,y)$를 곱하면

$$FPdx + FQdy = 0 \tag{6-32}$$

이며, 이는 완전미분방정식이 되고 이때 $F(x,y)$를 적분인자라 한다. 식 (6-32)는 완전미분방정식이므로

$$\frac{\partial FP}{\partial y} = \frac{\partial FQ}{\partial x} \tag{6-33}$$

가 성립한다. 식 (6-33)을 전개하면

$$P\frac{\partial F}{\partial y} + F\frac{\partial P}{\partial y} = Q\frac{\partial F}{\partial x} + F\frac{\partial Q}{\partial x} \tag{6-34}$$

이 된다. 그러나, 식 (6-34)로부터 적분인자 $F(x,y)$를 구하기는 쉽지 않으므로 보다 단순한 경우에 대해 생각한다.

1) $F = F(x)$인 경우

적분인자는 x만의 함수이므로 y로 편미분하면 0이 되므로 식 (6-34)는

$$F\frac{\partial P}{\partial y} = Q\frac{dF}{dx} + F\frac{\partial Q}{\partial x} \tag{6-35}$$

로 간략화 된다. 식 (6-35)는

$$\frac{1}{F}\frac{dF}{dx} = \frac{1}{Q}\left(\frac{\partial P}{\partial y} - \frac{\partial Q}{\partial x}\right) \tag{6-36}$$

로 정리되고, 좌변이 x만의 함수이므로 우변이 x만의 함수이면 적분인자 F가 존재한다. 식 (6-36)을 x에 대해 적분하면

$$\ln F = \int \frac{1}{Q}\left(\frac{\partial P}{\partial y} - \frac{\partial Q}{\partial x}\right)dx \tag{6-37}$$

이 되며, 마지막으로 구하려는 적분인자 $F(x)$는

$$F(x) = \exp\left[\int \frac{1}{Q}\left(\frac{\partial P}{\partial y} - \frac{\partial Q}{\partial x}\right)dx\right] \tag{6-38}$$

이다.

2) $F = F(y)$인 경우

적분인자는 y만의 함수이므로 x로 편미분하면 0이 되므로 식 (6-34)는

$$P\frac{dF}{dy} + F\frac{\partial P}{\partial y} = F\frac{\partial Q}{\partial x} \tag{6-39}$$

로 간략화 된다. 식 (6-39)는

$$\frac{1}{F}\frac{dF}{dy} = \frac{1}{P}\left(\frac{\partial Q}{\partial x} - \frac{\partial P}{\partial y}\right) \tag{6-40}$$

로 정리되고, 좌변이 y만의 함수이므로 우변이 y만의 함수이면 적분인자 F가 존재한다. 식 (6-40)을 y에 대해 적분하면 구하는 적분인자 $F(y)$는

$$F(y) = \exp\left[\int \frac{1}{P}\left(\frac{\partial Q}{\partial x} - \frac{\partial P}{\partial y}\right)dx\right] \tag{6-41}$$

이 된다. 식 (6-38) 또는 식 (6-41)의 적분인자가 결정되면 원래의 문제인 식 (6-31)의 양변에 곱한 후 6-4-2의 완전미분방정식 풀이 방법으로 해를 구한다.

[예제 6-12]

미분방정식 $ydx + 3xdy = 0$의 적분인자를 구하시오.

풀이 1) 먼저 x만의 함수인 적분인자 $F(x)$를 구한다. 식 (6-29)와 (6-30)으로부터 주어진 미분방정식은 완전미분방정식이 아님을 알고 있다. 식 (6-31)로부터

$$P = y,\ \ Q = 3x$$

이며,

$$\frac{\partial P}{\partial y} = 1,\ \ \frac{\partial Q}{\partial x} = 3$$

이다. 이를 식 (6-38)에 대입하면 적분인자는

$$F(x) = \exp\left[\int -\frac{2}{3x}dx\right] = \exp\left(-\frac{2}{3}lnx\right) = x^{-\frac{2}{3}}$$

이다.

2) 다음 y만의 함수인 적분인자 $F(y)$를 구한다. 식 (6-29)와 (6-30)으로부터 주어진 미분방정식은 완전미분방정식이 아님을 알고 있다. 식 (6-31)로부터

$$P = y,\ \ Q = 3x$$

이며,

$$\frac{\partial P}{\partial y} = 1,\ \ \frac{\partial Q}{\partial x} = 3$$

이다. 이를 식 (6-41)에 대입하면 적분인자는

$$F(y) = \exp\left[\int \frac{2}{y}dx\right] = \exp(2\ln y) = y^2$$

이다.

[예제 6-13]

미분방정식 $ydx + 3xdy = 0$의 적분인자를 사용하여 미분방정식의 해를 구하시오.

풀이 예제 6-12.에서 적분인자를 2가지 경우에 대해 구하였다. 각 경우에 대한 풀이법을 설명한다.

1) 적분인자 $F(x) = x^{-\frac{2}{3}}$를 사용한 미분방정식의 해
주어진 미분방정식의 양변에 적분인자를 곱하면

$$x^{-2/3}ydx + 3x^{1/3}dy = 0$$

이며, 이 식은 완전미분방정식이다. 완전미분방정식의 해를 구하기 위해 식 (6-20)과 비교하면

$$M = x^{-2/3}y,\ \ N = 3x^{1/3}$$

이다. 주어진 M과 N으로부터 u를 구한다.

$$u = \int Ndy = \int 3x^{1/3}dy = 3x^{1/3}y + l(x)$$

이고,

$$M = \frac{\partial u}{\partial x} = x^{-2/3}y + l'(x) = x^{-2/3}y$$

이므로 $l(x) = c$이다. 따라서 미분방정식의 해는

$$y = cx^{1/3}$$

이다.

2) 적분인자 $F(y) = y^2$을 사용한 미분방정식의 해

주어진 미분방정식의 양변에 적분인자를 곱하면

$$y^3 dx + 3xy^2 dy = 0$$

이며, 이 식은 완전미분방정식이다. 완전미분방정식의 해를 구하기 위해 식 (6-20)과 비교하면

$$M = y^3, \quad N = 3xy^2$$

이다. 주어진 M과 N으로부터 u를 구한다.

$$u = \int N dy = \int 3xy^2 dy = xy^3 + l(x)$$

이고,

$$M = \frac{\partial u}{\partial x} = y^3 + l'(x) = y^3$$

이므로 $l(x) = c$이다. 따라서 미분방정식의 해는

$$y = cx^{1/3}$$

이다.

[예제 6-14]

미분방정식 $y\cos x dx + 3\sin x dy = 0$의 적분인자를 사용하여 미분방정식의 해를 구하시오.

풀이 식 (6-31)로부터

$$P = y\cos x, \quad Q = 3\sin x$$

이며,

$$\frac{\partial P}{\partial y} = \cos x, \quad \frac{\partial Q}{\partial x} = 3\cos x$$

이다. 이를 식 (6-38)에 대입하면 적분인자는

$$F(x) = \exp\left[\int \frac{-2\cos x}{3\sin x} dx\right] = \exp\left(-\frac{2}{3} ln \sin x\right) = \sin^{-2/3} x$$

이다. 주어진 식의 양변에 적분인자를 곱하면 원래의 미분방정식은

$$y\cos x \sin^{-2/3} x dx + 3\sin^{1/3} x dy = 0$$

이 되며, 이는 완전미분방정식이다. 식 (6-20)으로부터

$$M = y\cos x\sin^{-2/3}x,\quad N = 3\sin^{1/3}x$$

이므로, u는

$$u = 3(\sin^{1/3}x)y + l(x)$$

이다. 이를 식 (6-21)에 대입하면

$$M = (\sin^{-2/3}x)(\cos x)y + l'(x)$$

이므로 $l(x) = c'$(상수)이다. 따라서 미분방정식의 해는

$$y^3\sin^{1/3}x = c$$

이다.

6.6 1계 선형미분방정식

1계 선형미분방정식

$$y' + p(x)y = r(x) \tag{6-42}$$

이 주어진 경우 미분방정식의 해를 구하는 방법에 대해 공부한다. 먼저 식 (6-42)에서 y'를 dy/dx로 바꾼 후 양변에 dx를 곱하여 식을 정리하면

$$(py - r)dx + dy = 0 \tag{6-43}$$

이 된다. 식 (6-20)과 비교하면, 식 (6-43)의 M과 N은

$$\frac{\partial M}{\partial y} = p \neq \frac{\partial N}{\partial x} = 0 \tag{6-44}$$

의 관계를 가지므로 완전미분방정식이 아니다. 식 (6-43)의 x만의 함수인 적분인자 $F(x)$를 식 (6-36)에 의해

$$\frac{1}{F}\frac{dF}{dx} = \frac{1}{Q}\left(\frac{\partial P}{\partial y} - \frac{\partial Q}{\partial x}\right) = p \tag{6-45}$$

로 간단히 나타낼 수 있다. 식 (6-45)의 양변을 적분하면 적분인자는

$$F = \exp\left(\int p\,dx\right) \tag{6-46}$$

이 된다.

완전미분방정식이 아닌 식 (6-43)의 해를 구하기 위해 원래의 식에 적분인자를 곱하면

$$F(py-r)dx + Fdy = 0 \tag{6-47}$$

이 되고 이는 완전미분방정식이다. 완전미분방정식의 해법인 식 (6-26)으로부터 u는

$$u = \int Fdy + l(x) = Fy + l(x) \tag{6-48}$$

이며, 여기서 적분인자 F는 x만의 함수이기에 y로 적분할 때 상수로 취급된다. 미지의 함수 $l(x)$를 찾기 위해 식 (6-47)에서 구한 함수 u를 식 (6-27)에 대입하면

$$M = \frac{\partial u}{\partial x} = F'y + l'(x) = F(py-r) \tag{6-49}$$

이 된다. 식 (6-49)로부터 $l'(x)$는

$$l'(x) = F(py-r) - F'y \tag{6-50}$$

로 정리된다. 식 (6-46)의 적분인자를 x에 대해 미분하면

$$F' = \exp\left(\int pdx\right)p = Fp \tag{6-51}$$

의 관계식을 얻는다. 식 (6-51)을 식 (6-50)에 대입하면 식 (6-50)은

$$l'(x) = -rF \tag{6-52}$$

로 간단히 변형된다. 식 (6-52)를 적분하면 $l(x)$는

$$l(x) = -\int rFdx + c' \tag{6-53}$$

이 된다. 식 (6-53)을 식 (6-48)에 대입하면 식 (6-42)의 해 u는

$$u = Fy - \int rFdx + c' = c'' \tag{6-54}$$

이 되므로, 1계 선형미분방정식의 해는 식 (6-54)를 변형하여 더욱 간단히

$$y = \frac{1}{F}\left[\int rFdx + c\right] \tag{6-55}$$

로 표현된다. 이는 1계 선형미분방정식의 가장 간단한 풀이방법이다.

[예제 6-15]

미분방정식 $y' + 2xy = 0$의 해를 구하시오.

풀이 문제는 식 (6-42)와 같은 1계 선형미분방정식으로 $p = 2x$이므로 적분인자 F는

$$F = \exp\left(\int 2x dx\right) = e^{x^2}$$

이다. $r = 0$이므로 식 (6-55)에 대입하면 미분방정식의 해는

$$y = ce^{-x^2}$$

이다.

[예제 6-16]

미분방정식 $y' - 4y = 2$의 해를 구하시오.

풀이 $p = -4$, $r = 2$이므로 적분인자는

$$F = \exp\left(\int -4dx\right) = e^{-4x}$$

이다. 식 (6-55)에 대입하면 미분방정식의 해는

$$y = e^{4x}\left[\int 2e^{-4x}dx + c\right] = e^{4x}\left[-\frac{1}{2}e^{-4x} + c\right] = -\frac{1}{2} + ce^{4x}$$

이다.

[예제 6-17]

미분방정식 $y' - 4y = \sin x$의 해를 구하시오.

풀이 $p = -4$, $r = \sin x$이므로 적분인자는

$$F = \exp\left(\int -4dx\right) = e^{-4x}$$

이다. 식 (6-55)에 대입하면 미분방정식의 해는

$$y = e^{4x}\left[\int e^{-4x}\sin x dx + c\right]$$

이다. 여기서 적분은 부분적분을 2번 반복하여 구하며 그 결과는 다음과 같다.

$$\int e^{-4x}\sin x dx = -\frac{e^{-4x}}{17}(\cos x + 4\sin x)$$

따라서 주어진 미분방정식의 해는

$$y = -\frac{1}{17}(\cos x + 4\sin x) + ce^{4x}$$

이다.

[예제 6-18] Skydiver

공중에서 정지상태의 스카이다이버가 지상으로 낙하한 후 어느 순간 낙하산이 펼쳐진다. 이 순간 스카이다이버의 속도 $v(0) = v_0 = 10\text{m/sec}$이다. 스카이다이버에 작용하는 힘은 중력과 공기저항에 의한 힘이다. 공기저항력 F_d는 $F_d = bv^2$로 표시되고 $b = 40\text{kg/m}$이다. 스카이다이버와 낙하산 전체의 질량 m은 $m = 100\text{kg}$이다. 임의의 시간 t에서의 스카이다이버의 속도 $v(t)$를 구하여라. $v(t)$가 무한정 증가할 것인가?

풀이 1) 1단계: 모델링

물리적 현상을 수식으로 표현하는 모델링을 한다. 낙하산을 타고 있는 사람에게 작용하는 힘은 중력과 공기에 의한 저항력이다. 중력은 아래 방향으로 작용하고 공기 저항력은 운동을 방해하는 방향으로 작용한다. 뉴턴의 제2법칙을 스카이다이버에 적용하면

$$\Sigma F = mg - bv^2 = ma = m\frac{dv}{dt}$$

인 관계식을 얻는다. 이를 정리하면

$$\frac{dv}{dt} = -\frac{b}{m}\left(v^2 - \frac{mg}{b}\right)$$

인 1계 비선형미분방정식을 얻는다.

2) 2단계: 미분방정식의 해

$\alpha^2 = \frac{mg}{b}$ 1단계에서 구한 미분방정식을 간단히 하기 위해 $\alpha^2 = \frac{mg}{b}$라 치환한 후 미분방정식의 변수를 분리하면

$$\frac{1}{(v^2 - \alpha^2)}dv = -\frac{b}{m}dt$$

이 되다. 좌변을 부분분수로 표시한 후 양변을 적분하면

$$\frac{1}{2\alpha}\int\left(\frac{1}{v-\alpha} - \frac{1}{v+\alpha}\right)dv = -\frac{b}{m}t + c''$$

와

$$\ln\frac{v-\alpha}{v+\alpha} = -2\alpha\frac{b}{m}t + c'$$

을 얻는다. 마지막 식에서 속도 $v(t)$는 다음 과정을 거쳐 구한다.

$$\frac{v-\alpha}{v+\alpha}=\exp\left(-2\alpha\frac{b}{m}t+c'\right)=c\exp\left(-2\sqrt{\frac{bg}{m}}\,t\right)$$

$$v=\alpha\frac{1+ce^{-2\sqrt{\frac{bg}{m}}t}}{1-ce^{-2\sqrt{\frac{bg}{m}}t}}$$

다음으로 문자대신 주어진 값을 대입하기 위해 다음의 값을 계산한다.

$$\alpha=\sqrt{\frac{mg}{b}}=\sqrt{\frac{100\times 9.81}{30}}=5.72(m/\mathrm{sec})$$

$$\sqrt{\frac{bg}{m}}=\sqrt{\frac{30\times 9.81}{100}}=2.943$$

이 값을 속도 $v(t)$의 식에 대입하면

$$v=5.72\frac{1+ce^{-5.886t}}{1-ce^{-5.886t}}$$

의 결과를 얻는다. 마지막으로 미지의 상수 c는 $v(0)=10$인 조건을 사용하여 구한다.

$$v(0)=5.72\frac{1+c}{1-c}=10$$

이므로 $c=0.272$의 결과를 얻는다. 이를 $v(t)$ 식에 대입하면

$$v=5.72\frac{1+0.272e^{-5.886t}}{1-0.272e^{-5.886t}}$$

의 최종 결과를 얻는다.

3) 3단계: 해의 해석

스카이다이버가 지면에 도달할 때의 속도가 너무 빠르면 스카이다이버가 부상을 당할 것이고 너무 느리면 내려오는 동안 적에게 공격을 당할 것이다. 즉, 스카이다이버가 부상을 당하지 않는 범위에서 최대한 빨리 낙하하는 것이 중요하다. 낙하산을 펼친 후 30초 후에 지면에 도달한다고 가정할 때 스카이다이버의 속도는

$$v\cong 5.72\mathrm{m/sec}$$

이다. 스카이다이버가 지면에 도달하는 속도는 α의 값에 의해 결정되고 이는 스카이다이버의 질량과 낙하산의 공기저항계수에 의해 결정된다. 따라서 낙하산의 공기저항을 어떻게 설계하느냐에 따라 달라짐을 알 수 있다.

[예제 6-19]

T_o[℃]로 가열된 반지름 r인 구를 T_w[℃]의 물이 담겨진 매우 큰 용기에 넣는다. 구의 온도는 최종적으로 물의 온도와 같아지게 될 것이며, 물의 온도는 항상 T_w를

유지한다. 구의 온도는 매 순간 구 전체에 걸쳐 동일하다고 가정한다. 구의 온도가 시간에 따라 어떻게 변하는지에 관심이 있으며, 구의 온도는 다음 미분 방정식으로 결정된다.

$$q = hA(T - T_w) = -\rho c_p V \frac{dT}{dt}$$

q: 단위시간당 열전달량	h: 대류 열전달 계수	A: 구의 표면적
ρ: 구의 밀도	c_p: 정압비열	V: 구의 체적
T: 구의 온도	T_w: 물의 온도	r: 구의 반지름

1) 주어진 미분방정식을 표면적 A와 체적 V 대신에 구리구의 반지름 r을 사용하여 1계미분방정식의 표준형으로 나타낸 후 미분방정식의 해를 구하시오.
2) 구리구의 반지름이 증가할 때, 구리구가 빨리 식는지 또는 느리게 식는지 설명하여라.

풀이 1) 반지름 r을 사용하여 구의 체적과 표면적은 각각

$$V = 4\pi r^3/3,\ \ A = 4\pi r^2$$

이다. 이를 대입한 후 미분방정식을 변수분리하면

$$\frac{1}{T - T_w} dT = -\frac{3h}{\rho c_p r} dt$$

이며, 양변을 적분하면

$$\ln(T - T_w) = -\frac{3h}{\rho c_p r} t + c'$$

이 된다. 이 결과를 정리하면 구의 온도 T는

$$T - T_w = c \exp\left(-\frac{3h}{\rho c_p r} t\right)$$

이며, 초기조건 $T(0) = T_o$을 적용하여 구한 c는

$$c = T_o - T_w$$

이다. 따라서 구의 온도는

$$T = T_w + (T_o - T_w) \exp\left(-\frac{3h}{\rho c_p r} t\right)$$

이다.

2) 마지막 식에서 알 수 있듯이 구의 반지름이 증가할수록 천천히 식는다. 결과 식에 따르면 h와 t가 증가할수록 빨리 식고 ρ, c_p 그리고 r이 작을수록 빨리 식는다.

[예제 6-20] 뉴턴의 냉각법칙

구를 100℃로 가열한 후 50℃로 유지되고 있는 물에 구를 넣는다. 3분후에 구의 온도는 70℃가 되었다. 구의 온도가 51℃에 도달하는 시간을 구하여라. 단, 구의 온도 T의 시간에 대한 변화율 $\frac{dT}{dt}$은 구 온도 T와 주위 매체의 온도차에 비례하며 물은 항상 50℃로 유지됨을 이용하여 미분방정식을 구하고 이의 해를 구한다.

풀이 구의 온도 변화율은 온도 차이에 비례하므로

$$\frac{dT}{dt} = k(T - T_w)$$

인 관계식을 얻고, k는 미지의 비례상수이다. 식 (6-42)와 같은 1계 선형미분방정식의 표준형으로 나타내면

$$\frac{dT}{dt} - kT = -kT_w$$

이다. 식 (6-46)의 적분인자 F는

$$F = e^{-kt}$$

이고, 식 (6-55)을 이용하면 미분방정식의 해는

$$T = e^{kt}\left[\int (-kT_w)e^{-kt}dt + c\right] = ce^{kt} + T_w$$

이 된다. 미지수 k와 c는 주어진 조건 $T(0) = 100$℃와 $T(3) = 51$℃로 결정되며 그 값은

$$k = -0.3054/\text{min}, \quad c = 50℃$$

이므로, 구의 온도 T는

$$T = 50 + 50e^{-0.3054t}$$

이다. 구의 온도가 51℃에 도달하는 시간은

$$t = -\frac{1}{0.3054} ln \frac{1}{50} = 12.8\text{min}$$

이다.

[예제 6-21]

$t=0$에서 정지한 상태의 반지름 r_o인 빗방울이 구름에서 떨어지면서 증발하기 시작한다. 떨어지는 동안 빗방울의 형태는 구로 가정하고 증발되는 비율은 빗방울의 표면적에 비례한다. 또, 이때 빗방울의 밀도는 일정한 값을 유지한다.

1) 떨어지는 동안 빗방울의 반지름의 변화를 나타내는 미분방정식을 구하여라.
2) 1)에서 구한 미분 방정식을 풀어 빗방울의 반지름을 시간의 함수로 표시하여라.
3) 빗방울이 떨어지는 속도를 계산하기 위한 미분 방정식을 구하여라. 단, 공기의 저항은 무시하고 빗방울의 질량이 매 순간 변하기 때문에 문제를 풀기위한 뉴턴의 법칙은 다음과 같다. $F=\dfrac{d(mv)}{dt}$
4) 3)에서 구한 미분 방정식을 해, 빗방울의 낙하속도를 구하여라. [4점]

풀이 1) 빗방울의 증발비율은 표면적에 비례하므로

$$\frac{dV}{dt}=kS$$

의 관계식을 얻고, k는 비례상수이다. $V=4\pi r^3/3$와 $S=4\pi r^2$을 대입한 후 정리하면

$$\frac{dr}{dt}=k$$

인 미분방정식을 얻는다.

2) 마지막 식을 시간에 대해 적분하면 빗방울의 반지름 r은

$$r=kt+c$$

이고, 초기조건 $r(0)=r_o$을 이용하여 $c=r_o$을 구한다. 따라서 빗방울의 반지름은

$$r=kt+r_o$$

이다.

3) 공기저항을 무시하면 빗방울에 작용하는 힘은 중력뿐이다. 이를 뉴턴법칙에 적용하면

$$F=\frac{d(mv)}{dt}=mg$$

인 결과를 얻고, m은 빗방울의 질량으로 매순간 변한다. 이를 정리하면

$$\frac{dm}{dt}v+m\frac{dv}{dt}=mg$$

이고, 빗방울의 질량 $m=4\pi r^3\rho/3$을 대입하면 다음 미분방정식을 얻는다.

$$3\frac{dr}{dt}+r\frac{dv}{dt}=rg$$

1)에서 구한 결과 $\dfrac{dr}{dt}=k$를 대입하면 빗방울의 속도에 대한 미분방정식

$$\frac{dv}{dt}=g-\frac{3k}{kt+r_o}$$

을 얻는다.

4) 3)에서 구한 미분방정식을 시간 t에 대해 적분하면

$$v = gt - 3\ln(kt + r_o) + c$$

의 결과를 얻는다. 초기조건 $v(0) = 0$를 대입하면 $c = 3\ln r_o$을 얻는다. 따라서 빗방울의 속도는

$$v = gt + 3\ln\left(\frac{r_o}{kt + r_o}\right)$$

이다.

[예제 6-22]

평지에서 시속 100km로 정속주행중인 자동차에 갑자기 엔진의 동력이 차단되었다. 이 순간부터 자동차는 감속되어 최후에는 정지하게 될 것이다. 감속이 되는 원리는 공기저항과 타이어에서의 마찰저항에 의해서만 감속이 된다고 가정하자. 공기저항력(F_d)은 $F_d = C_d A \rho v^2/2$로 표현되며, C_d, A, ρ, v는 각각 공기저항계수, 차량의 전면투영면적, 공기의 밀도, 차량의 속도를 나타낸다. 마찰 저항력(F_μ)은 $F_\mu = \mu mg$로 표현되며, μ, m, g는 각각 타이어의 마찰계수, 차량질량, 중력가속도를 나타낸다. 각각의 값은 $C_d = 0.3$, $A = 3\text{m}^2$, $\rho = 1.18\text{kg/m}^3$, $\mu = 0.015$, $m = 1500\text{kg}$이다. 다음에 주어진 문제에 답하시오.

1) 자동차의 속도를 표시하는 미분 방정식을 문자만으로 나타내시오. 참고로 자동차에 작용하는 모든 힘을 뉴턴의 법칙에 대입하여 정리한다. 답은 $\dfrac{dv}{dt} = \alpha(v^2 + \beta)$와 같은 형태로 간단히 표현 가능하다.

2) 1)에서 구한 미분 방정식을 풀어 자동차의 속도 v를 문자로 나타내시오. 참고로 1)에서 구한 미분 방정식은 1계비선형비제차 미분방정식으로 이를 풀 때 다음 적분을 참고하시오.

$$\int \frac{dx}{x^2 + \beta} = \frac{1}{\sqrt{\beta}} arctan\left(\frac{1}{\sqrt{\beta}}x\right)$$

3) 2)에서 구한 해를 이용하여 자동차가 정지할 때까지 걸리는 시간을 계산하시오.

4) 원래의 문제에서 엔진 동력을 차단하는 순간 브레이크로 제동을 하면 정지할 때까지 걸리는 시간을 구하시오. 단, 자동차에 가해지는 제동력 F_b는 $0.3mg$이다.

5) 3)과 4)의 경우 정지할 때까지 주행하는 거리를 구하시오.

풀이 1) 자동차에 작용하는 힘으로 운동방정식을 유도하면

$$\Sigma F = ma = mv' = -F_d - F_\mu = -C_d A\rho v^2/2 - \mu mg$$

이 되며, 주어진 형태로 변환하면

$$\frac{dv}{dt} = -\alpha(v^2 + \beta)$$

이 된다. α와 β는 다음과 같다.

$$\alpha = \frac{C_d A\rho}{2m} = 3.552\times 10^{-4},\quad \beta = \frac{2\mu mg}{C_d A\rho} = 415.7$$

2) 1)에서 구한 미분방정식을 변수 분리한 후 적분한다.

$$\int \frac{dv}{v^2+\beta} = -\int \alpha dt$$

$$\frac{1}{\sqrt{\beta}} arctan\left(\frac{1}{\sqrt{\beta}}v\right) = -\alpha t + c'$$

따라서 자동차의 속도는 다음과 같이 구해진다.

$$v = \sqrt{\beta}\tan(-\alpha\sqrt{\beta}\ t + c)$$

3) 초기조건 $v(0) = 27.8m/s$를 이용하여 $c = 0.9377$를 구한다. 2)에서 구한 결과 식에 각각의 값을 대입하면 자동차의 속도는

$$v = 20.4\tan(-0.0072\,t + 0.9377)$$

이다. 자동차가 정지할 때의 시간은

$$t = 130\text{sec}$$

이다.

4) 1)의 풀이에서 $\mu = 0.315$를 대입하면 제동에 의한 힘과 타이어 마찰에 의한 힘이 모두 포함된다. 이 경우 α와 β의 값은

$$\alpha = 3.552\times 10^{-4},\quad \beta = 8720$$

이며, 이를 대입한 후 자동차의 속도는

$$v = 93.4\tan(-0.033\,t + c)$$

이다. 초기조건 $v(0) = 27.8m/s$를 이용하여 $c = 0.29$를 구한다. 따라서 자동차의 속도는

$$v = 93.4\tan(-0.033\,t + 0.29)$$

이므로, 자동차는

$$t = 8.77\text{sec}$$

에 정지한다.

5) 2)에서 구한 자동차 속도의 형태는

$$v = a\tan(bt+c)$$

이므로, 이동거리 x는 다음의 적분으로 구한다.

$$\int dx = a\int \tan(bt+c)dt$$

$$x = -\frac{a}{b} ln|\cos(bt+c)| + d$$

$x(0)=0$인 초기조건을 사용하여 결정되는 적분상수 d는

$$d = \frac{a}{b} ln(\cos c)$$

이다. 따라서 적분상수를 대입하면 이동한 거리의 일반식은

$$x = -\frac{a}{b}\ln\left|\frac{\cos(bt+c)}{\cos c}\right|$$

이며, 자동차의 속도가 0인 경우는 $bt+c=0$인 경우로 이를 바로 위의 식에 대입하면 자동차가 정지할 때까지 이동한 거리로

$$x = -\frac{a}{b}\ln(\cos c)$$

가 된다. 3)과 4)의 경우에 각각의 값을 대입하면 정지할 때까지의 거리는 각각 다음과 같다.

$$x = -\frac{20.4}{-0.0072}\ln[\cos(0.9377)] = 1487m$$

$$x = -\frac{93.4}{-0.033}\ln[\cos(0.29)] = 120.7m$$

이와 같이 자동차의 제동장치는 정지할 때까지의 거리를 대폭 줄이는 것임을 알 수 있다.

[예제 6-23]

2015년 우리나라에 중동호흡기증후군 메르스가 확산되고 있었다. 미분방정식을 이용하여 메르스가 우리 국민에게 전파되는 것을 확인하고자한다. 임의의 시간에 메르스에 걸린 사람의 수를 x, 걸리지 않은 사람의 수를 y라 하고 우리 국민의 수는 p명이다.

1) 메르스가 확산되는 확산율(dx/dt)은 x와 y의 곱에 비례하고, 그 비례상수는 k이다. 확산율에 대한 미분 방정식을 구하시오.
2) 시간에 따른 걸린 사람의 수를 구하시오. 즉, 1)에서 구한 미분방정식의 해를 구하는 것입니다.

3) 2)의 해에는 상수가 두 개 존재합니다. $x(0)=1$명, $x(1)=5$명의 조건을 사용하여 백만 명이 걸리는데 필요한 날짜를 계산하시오. $p=5\times 10^7$명이다.

풀이 1) 문제에 제시된 내용에 의해 확산율은

$$\frac{dx}{dt}=kxy$$

로 표시되고, $x+y=p$이므로 미분방정식은

$$\frac{dx}{dt}=kx(p-x)$$

이다.

2) 1)에서 구한 미분방정식은 변수를 분리함으로써 해를 구할 수 있다. 변수 분리와 적분 과정은 다음과 같다.

$$\frac{dx}{x(p-x)}=kdt$$

$$\frac{1}{p}\left(\frac{1}{p-x}+\frac{1}{x}\right)=kdt$$

$$\frac{1}{p}ln\left(\frac{x}{p-x}\right)=kt+c'$$

$$\ln\left(\frac{x}{p-x}\right)=pkt+c''$$

$$\frac{x}{p-x}=ce^{pkt}$$

적분 상수 c는 위의 결과에서 $t=0$를 대입하여 구하며 그 결과는

$$c=\frac{x_o}{p-x_o}$$

이며, $x_o=x(0)$이다. 이 값을 c에 대입하면 시간에 따라 메르스에 걸린 사람의 수는

$$x=\frac{px_oe^{pkt}}{p-x_o+x_oe^{pkt}}$$

이다.

3) 주어진 조건 $x(0)=1$과 $x(1)=5$을 이용하여 비례상수 k 값을 결정하며 그 값은

$$k=\frac{1}{p}ln\frac{5(p-1)}{p-5}=3.2\times 10^{-8}$$

이다. 이 값을 대입하여 t를 x의 함수로 표시하면

$$t=\frac{1}{pk}ln\frac{x(p-1)}{p-x}$$

이다. 따라서 백만 명이 걸리는 데 필요한 날짜는

$$t=\frac{1}{pk}ln\frac{10^6(p-1)}{p-10^6}=8.6$$

이고, 오백만 명이 걸리는 데 필요한 날짜는

$$t=\frac{1}{pk}ln\frac{5\times10^6(p-1)}{p-5\times10^6}=9.71$$

이다. 이와 같이 환자를 격리하지 않으면 약 10일후에는 약 오백만 명의 환자가 발생한다.

[예제 6-24]

그림 6-3과 같이 기둥과 줄 사이의 마찰계수가 0.3이고 줄을 5바퀴를 감았다. 줄의 한쪽 끝에 사람이 200N의 힘을 가하고 있을 때 줄의 다른 끝은 얼마의 힘 T_f을 지탱할 수 있을까?

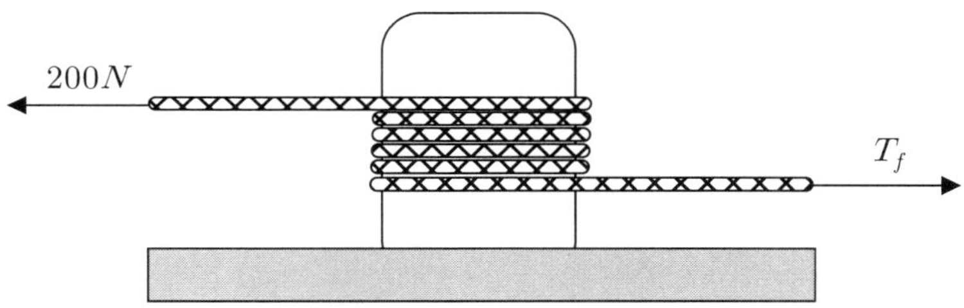

[그림 6-3] 예제 6-24

풀이 그림 6-4에 기둥에 감긴 줄의 일부에 대한 자유물체도를 나타내었다. T는 줄의 장력, ΔN은 수직력, $f\Delta N$은 마찰력을 나타낸다. 그림 6-4의 접선 방향의 힘 평형으로부터

$$\Sigma F=(T+\Delta T)\cos(\Delta\theta/2)-T\cos(\Delta\theta/2)-\mu\Delta N=0$$

의 식을 얻고, 이를 계산하면

$$\Delta T=\mu\Delta N$$

인 관계식을 얻는다. 또 반지름 방향으로 힘 평형으로부터

$$\Sigma F=-(T+\Delta T)\sin(\Delta\theta/2)-T\sin(\Delta\theta/2)+\Delta N=0$$

의 식을 얻고, 이를 계산하면

$$\Delta N=T\Delta\theta$$

인 관계식을 얻는다. 위에서 구한 ΔT와 ΔN의 두 식으로부터

$$\frac{\Delta T}{\Delta\theta}=\mu T$$

가 유도되며, $\Delta\theta$가 0에 가까워지면

$$\frac{dT}{d\theta}=\mu T$$

인 미분방정식을 얻는다. 이 해는

$$T=ce^{\mu\theta}$$

이며, 적분상수 c는 $T(0)=c=200N$이다. 따라서 줄에 작용하는 장력은 θ의 함수로

$$T=200e^{\mu\theta}$$

이다. 줄을 5바퀴 감았을 때 지탱할 수 있는 장력은 $\theta=10\pi$를 대입한 것이므로

$$T_f=200e^{0.3\times5\times2\pi}=2.47MN$$

이다. 줄을 5바퀴 감음으로써 힘을 12,350배 키울 수 있다.

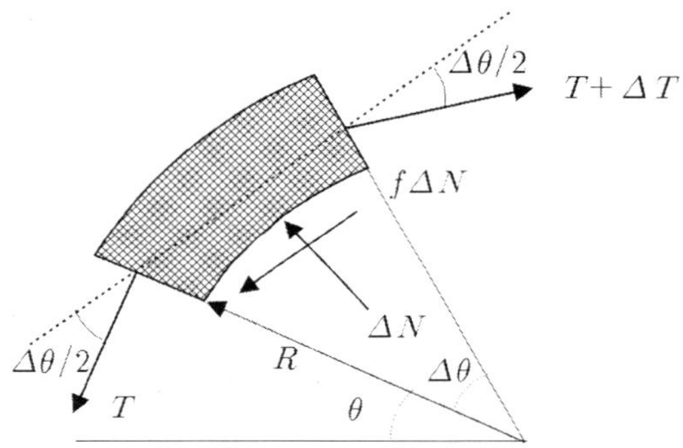

[그림 6-4] 줄의 자유물체도

[예제 6-25]

지구에서 고도에 따른 대기의 압력을 알고자 한다. 11km까지 대기의 온도는 고도에 따라 변하며, 그 관계는 $T=T_o-kz$이며, T, T_o, k, z는 각각 임의의 높이에서의 대기온도, 해수면에서의 대기온도, 비례상수, 높이를 뜻하며, 그 값은 $k=0.0065℃/\mathrm{m}$, $T_o=15℃$이다. 공기는 기체상태방정식 $p=\rho RT$을 따르고 기체상수 $R=287\mathrm{KJ/KgK}$이다. 대기의 압력과 높이 사이의 미분방정식을 구하고 이의 해를 구하시오.

풀이 그림 6-5와 같이 높이 z에 위치하는 작은 체적의 공기를 생각하자. 이 공기에는 압력에 의한 힘과 중력이 작용하여 평형을 유지한다. 그림 6-5의 자유물체도로부터 평형방정식을 적용하면

$$(p+dp)A+Adz\rho g=pA$$

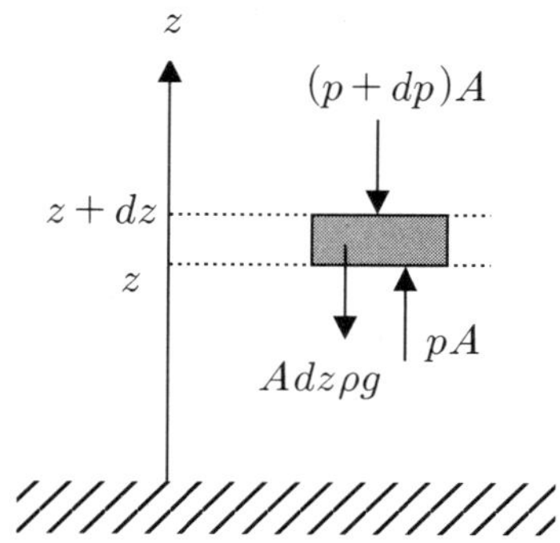

[그림 6-5] 공기의 자유물체도

이며, 정리하면 미분방정식

$$\frac{dp}{dz} = -\rho g$$

을 얻는다. 여기에 $p=\rho RT$와 $T=T_o-kz$을 대입하면

$$\frac{dp}{dz} = -\frac{pg}{R(T_o-kz)}$$

의 관계식을 얻고, 이를 변수분리하면

$$\frac{dp}{p} = -\frac{g}{R(T_o-kz)}dz$$

이 된다. 위의 식을 적분하면 다음과 같다.

$$\ln p = \frac{g}{kR} ln(T_o-kz)+c'$$

$$p = c(T_o-kz)^{\frac{g}{kR}}$$

$$p = c\left(1-\frac{kz}{T_o}\right)^{\frac{g}{kR}}$$

적분상수 c는 주어진 조건 $p(0)=c=p_o=1atm$으로부터 구한다. 또 $\frac{g}{kR}=5.26$이다. 이 값을 위 식에 대입하면 높이에 따른 대기의 압력은

$$p = \left(1-\frac{0.0065z}{288.15}\right)^{5.26}$$

이며, 288.15는 해수면에서 대기의 절대온도이다.
참고로 남한에서 제일 높은 한라산 정상에서의 압력은

$$p(1950m) = 0.789atm = 80KPa$$

이고, 세계에서 제일 높은 에베레스트산 정상에서의 압력은

$$p(8848m) = 0.31atm = 31.4KPa$$

이다.

[예제 6-26]

그림과 같이 저항 R, 축전기 C, 전원 $v(t)$로 구성된 회로에 흐르는 전류 i를 구하기 위한 미분방정식을 구성하시오.

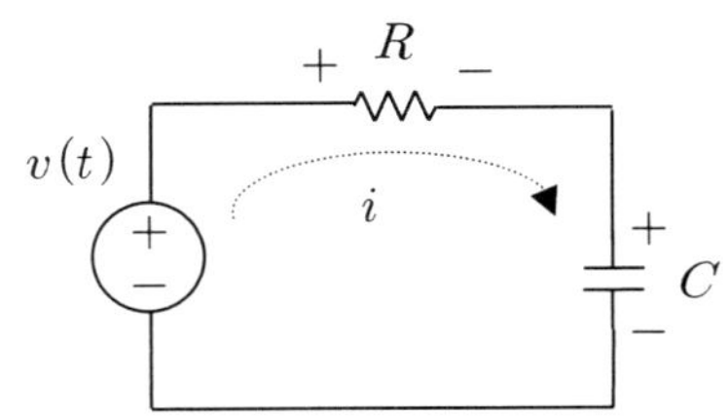

[그림 6-6] 예제 6-26

풀이 저항과 축전기에 걸리는 전압은 각각 Ri와 q/C이므로

$$Ri + \frac{q}{C} = v(t)$$

가 성립한다. 양변을 시간에 대해 미분하면

$$i' + \frac{i}{RC} = \frac{1}{R}v'(t)$$

인 1계미분방정식을 얻는다. 여기서 $i = dq/dt$인 관계식이 사용되었다.

[예제 6-27]

그림과 같이 저항 R, 코일 L, 전원 $v(t)$로 구성된 회로에 흐르는 전류 i를 구하기 위한 미분방정식을 구성하시오.

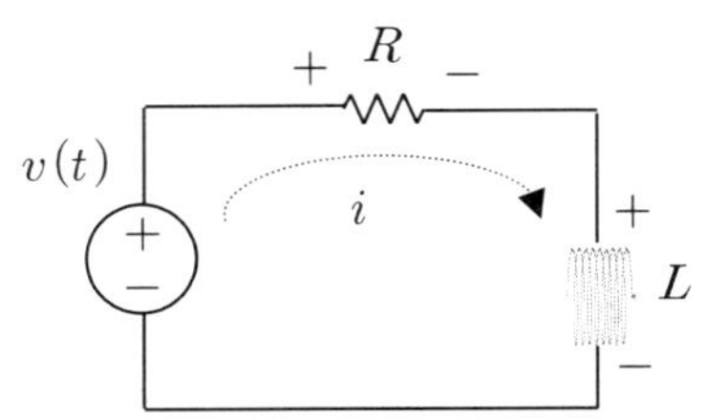

[그림 6-7] 예제 6-27

풀이 저항과 코일에 걸리는 전압은 각각 Ri와 Ldi/dt이므로

$$Ri+L\frac{di}{dt}=v(t)$$

가 성립한다. 이를 정리하면

$$i'+\frac{R}{L}i=\frac{1}{L}v(t)$$

인 1계미분방정식을 얻는다.

[예제 6-28]

그림과 같이 저항 R, 코일 L, 전원 E로 구성된 회로에서 $t=0$인 순간 스위치가 닫힌다. 회로에 흐르는 전류 i를 구하시오. 단, $i(0)=0A$인 초기조건을 사용한다.

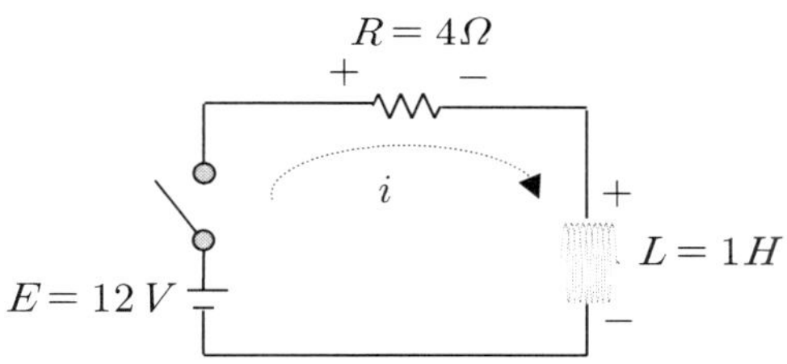

[그림 6-8] 예제 6-28

풀이 예제 6-27에서 구한 식에 문자 대신 주어진 값을 대입하면

$$i'+4i=12$$

인 식을 얻는다. 식 (6-55)를 이용하면 전류 i는

$$i=ce^{-4t}+3$$

이며, c는 결정될 상수이다. 초기조건이 $i(0)=0A$이므로 바로 위의 식에 $t=0$를 대입하면

$$c=-3$$

을 얻는다. 따라서 회로에 흐르는 전류는

$$i=3-3e^{-4t}$$

이 된다.

[예제 6-29]

그림과 같이 저항 $R=10\Omega$, 축전기 $C=1F$ 인 회로에서 $t=0$인 순간에 스위치를 닫는다. 축전지에 저장된 $2C$의 전하는 회로를 따라 방전된다. 이 때 회로에 흐르는 전류와 축전지의 전압 및 전하량을 구하시오.

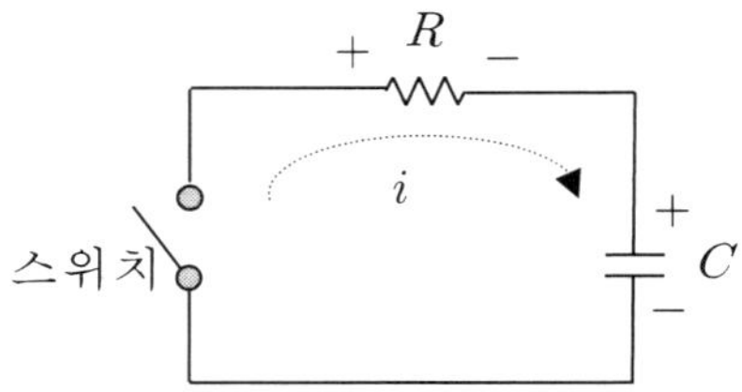

[그림 6-9] 예제 6-29

풀이 예제 6-26에서 구한 결과에 값을 대입하면

$$i' + \frac{i}{10} = 0$$

인 방정식을 얻고, 해는

$$i = ce^{-t/10}$$

이다. 초기조건은 $q = Cv$로부터 $v(0) = 2V$이므로

$$v = iR = 10ce^{-t/10}$$

로부터 $c = 0.2$를 얻는다. 따라서 구하는 답은

$$i = 0.2e^{-t/10},\ v = 2e^{-t/10},\ q = 2e^{-t/10}$$

이다.

제6장 ▸▸▸ 연습문제

01 다음에 주어진 함수를 일반해로 갖는 완전미분방정식을 구하시오.

1) $x^2 - 5xy + y^3 = c$

2) $\sin xy = c$

3) $xy = c$

4) $xy^3 = c$

02 다음 미분방정식의 일반해를 구하시오.

1) $(2x - 5y)dx + (-5x + 3y^2)dy = 0$

2) $\cos\pi x\cos 2\pi y dx - 2\sin\pi x\sin 2\pi y dy = 0$

3) $y^3 dx + 3xy^2 dy = 0$

4) $y' = x/y$

5) $x(y-1)dx + y(x+1)dy = 0$

6) $(y-1) + (x-1)y' = 0$

7) $y = (x^2-1)y'$

8) $2ydx + xdy = 0$

9) $(x^2 + 2y)dx + (2x - 4y + 1)dy = 0$

10) $(2x + y + 1)dx + (2y + x - 1)dy = 0$

11) $(x^2 - 2y)dx + (y^2 - 2x)dy = 0$

12) $(y + xy^2)dx + (x + x^2 y)dy = 0$

13) $(y + e^x\cos y)dx + (x - e^x\sin y)dy = 0$

14) $(y\ln x - x)dx + (y + x\ln x - x)dy = 0$

15) $(2x^2 - xy)dx - x^2 dy = 0$

16) $(2xy^2 - ye^x)dx + e^x dy = 0$

17) $2x^2 y' = x^2 + y^2$

18) $(x^2+y^2)dx+xydy=0$

19) $(y+xy+\sin y)dx+(x+\cos y)dy=0$

20) $(y-x)dy+ydx=0$

21) $y'-2y=x^2e^x$

22) $y'+\dfrac{y}{x}=\dfrac{y^2\ln x}{x}$

23) $y'-(2/x)y=x^3$

24) $y'-xy=0$

25) $y'-xy=x$

26) $y'-2y=0$

27) $y'-2y=x$

28) $y'-2y=\sin x$

29) $y'=y-y^2$

30) $(3x^2y+e^y)dx+(x^3+xe^y-2y)dy=0$

31) $y(x+y+1)dx+(x+2y)dy=0$

32) $x^2y'-2xy=0$

33) $x^2y'-2xy=3x^4$, $y(1)=1/2$

제 7 장

2계 상미분방정식

제 7 장 2계 상미분방정식

2계 미분방정식의 해를 구하기위한 일반적인 해법은 없기 때문에 여기서는 선형의 미분방정식에 대한 해를 구하는 방법에 대해서 설명한다. 즉 2계 선형미분방정식은 기계공학의 진동 문제나 전기공학의 전기회로 문제에서 나오는 대표적인 것이다. 이의 기본 형태는

$$y'' + p(x)y' + q(x)y = r(x) \tag{7-1}$$

와 같고 $r(x) = 0$인 경우 제차(homogeneous)방정식, $r(x) \neq 0$인 경우 비제차(non-homogeneous)방정식이라 한다.

2계 선형제차미분방정식을 만족하는 두 개의 해 y_1과 y_2가 존재하며 이를 기본계(basis)라 하고 이들의 일차결합(상수를 곱하여 더한 것)이 미분방정식의 일반해가 된다. 2계 선형제차미분방정식의 일반해 y 또는 y_h는

$$y = y_h = c_1 y_1 + c_2 y_2 \tag{7-2}$$

로 표현되고, c_1과 c_2는 임의의 상수이다.

반면 2계 선형비제차미분방정식의 일반해는 제차방정식의 일반해 y_h와 비제차방정식의 특수해 y_p를 더한 것으로

$$y = y_h + y_p \tag{7-3}$$

이다. 따라서 식 (7-1)의 형태로 주어지는 2계미분방정식을 푼다는 것은 바로 식 (7-2)와 (7-3)에 존재하는 y_1과 y_2 그리고 y_p를 구하는 것이며, 마지막으로 문제에 조건(초기 조건 또는 경계 조건)이 주어지는 경우 미지의 상수 c_1과 c_2를 결정하는 것이다.

7.1 제차미분방정식

상수계수를 갖는 2계 제차선형미분방정식의 일반형은

$$y'' + ay' + by = 0 \tag{7-4}$$

이며, a와 b는 상수이다. 식 (7-4)의 해를

$$y = e^{\lambda x} \tag{7-5}$$

라 가정하고, 식 (7−4)에 대입하면

$$e^{\lambda x}(\lambda^2 + a\lambda + b) = 0 \tag{7-6}$$

를 얻는다. $e^{\lambda x} \neq 0$이므로 식 (7−6)에서 $e^{\lambda x}$로 양변을 나누면

$$\lambda^2 + a\lambda + b = 0 \tag{7-7}$$

인 λ에 대한 2차 방정식을 얻고 이를 식 (7−4)의 특성방정식(characteristic equation)이라 한다. 이 방정식의 근은 근의 공식으로부터

$$\lambda_{1,2} = \frac{-a \pm \sqrt{a^2 - 4b}}{2} \tag{7-8}$$

인 2개의 근을 구할 수 있다. 이 근은 식 (7−7)의 판별식 $D = a^2 - 4b$에 따라 두 개의 서로 다른 실근, 실수인 중근, 두 개의 복소수 근을 갖는다.

7.1.1 $D = a^2 - 4b > 0$인 경우

식 (7−7)은 두 개의 서로 다른 실근 λ_1과 λ_2를 갖는다. 식 (7−5)로부터 다음의 y_1과 y_2는 미분방정식의 해이며

$$y_1 = e^{\lambda_1 x}, \; y_2 = e^{\lambda_2 x} \tag{7-9}$$

이를 해의 기본계(basis)라 한다. 식 (7−4)의 일반해는 두 개의 기본계의 일차결합으로 다음과 같다.

$$y = c_1 y_1 + c_2 y_2 = c_1 e^{\lambda_1 x} + c_2 e^{\lambda_2 x} \tag{7-10}$$

여기서 c_1과 c_2는 임의의 상수이다.

7.1.2 $D = a^2 - 4b = 0$ 인 경우

식 (7−7)은 실수인 중근

$$\lambda = \lambda_1 = \lambda_2 = -\frac{a}{2} \tag{7-11}$$

을 갖고, 식 (7-11)에 의한 해의 기본계는

$$y_1 = e^{-\frac{a}{2}x} \tag{7-12}$$

이다. 2계 미분방정식의 기본계는 2개이므로 식 (7-12)에서 구한 기본계 외에 다른 하나의 기본계 y_2는 계수 감소법(reduction of order)을 이용하여 구한다. y_2는 y_1을 사용하여 다음과 같이 가정되며 $y_2{}'$와 $y_2{}''$를 계산한다.

$$y_2 = u(x)y_1 \tag{7-13a}$$

$$y_2{}' = u'y_1 + uy_1{}' \tag{7-13b}$$

$$y_2{}'' = u''y_1 + 2u'y_1{}' + uy_1{}'' \tag{7-13c}$$

y_2 역시 식 (7-4)의 해이므로 식 (7-13)을 식 (7-4)에 대입하면

$$u''y_1 + u'(2y_1{}' + ay_1) + u(y_1{}'' + ay_1{}' + by_1) = 0 \tag{7-14}$$

로 간략히 정리된다. 기본계인 y_1은 원래의 미분방정식의 해이므로 y_1을 식 (7-4)에 대입하면

$$y_1{}'' + ay_1{}' + by_1 = 0 \tag{7-15}$$

의 관계식을 얻는다. 또 식 (7-12)에 주어진 y_1을 미분하여 다음 관계를 얻는다.

$$y_1{}' = -\frac{a}{2}e^{-\frac{a}{2}x} = -\frac{a}{2}y_1 \tag{7-16a}$$

$$2y_1{}' + ay_1 = 0 \tag{7-16b}$$

식 (7-14)에 식 (7-15)와 식(7-16b)를 대입하면

$$u''y_1 = 0 \tag{7-17}$$

인 결과를 얻고 $y_1 \neq 0$이므로 양변을 y_1으로 나누면

$$u'' = 0 \tag{7-18}$$

를 얻는다. 식 (7-18)을 적분하면 함수 u는

$$u = k_1 x + k_2 \tag{7-19}$$

인 x에 대한 일차식으로 k_1과 k_2는 임의의 상수이다. 따라서 해의 기본계 y_2는 식(7-13a)와 식 (7-19)으로부터

$$y_2 = (k_1 x + k_2) y_1 = k_1 x y_1 + k_2 y_1 \tag{7-20}$$

이다. 두 개의 기본계를 이용하여 식(1)의 일반해는

$$y = c_1 y_1 + c_2 y_2 = c_1 y_1 + c_2 k_1 x y_1 + c_2 k_2 y_1 \tag{7-21}$$

이 된다. 식 (7-21)을 간단히 정리하면

$$y = A y_1 + B x y_1 \tag{7-22}$$

이며 A와 B는 임의의 상수이다. 식 (7-22)로부터 특성방정식의 근이 중근일 경우 기본계는 y_1과 xy_1임을 알 수 있다.

7.1.3 $D = a^2 - 4b < 0$인 경우

판별식 $D < 0$인 경우 서로 다른 두 개의 복소수 근

$$\lambda_{1,2} = \frac{-a \pm \sqrt{a^2 - 4b}}{2} = p \pm iq \tag{7-23}$$

을 갖는다. 해의 두 기본계 y_1과 y_2는

$$y_1 = e^{(p+iq)x}, \quad y_2 = e^{(p-iq)x} \tag{7-24}$$

이며, 오일러 공식

$$e^{i\theta} = \cos\theta + i\sin\theta \tag{7-25}$$

을 이용하면 미분방정식의 일반해는

$$\begin{aligned} y &= c_1' y_1 + c_2' y_2 \qquad (7\text{-}26) \\ &= c_1' e^{px}(\cos qx + i\sin qx) + c_2' e^{px}(\cos qx - i\sin qx) \\ &= (c_1' + c_2') e^{px} \cos qx + i(c_1' - c_2') e^{px} \sin qx \end{aligned}$$

이다. 우리가 원하는 해는 실수이므로 식 (7-26)의 $c_1{}' + c_2{}'$는 실수이고 $c_1{}' - c_2{}'$는 순허수여야 하므로 이 조건을 만족하는 $c_1{}'$와 $c_2{}'$는 서로 켤레 복소수이다. $c_1{}'$와 $c_2{}'$를

$$c_1{}' = r + i\omega,\ \ c_2{}' = r - i\omega \tag{7-27}$$

로 놓으면,

$$c_1{}' + c_2{}' = 2r,\ \ c_1{}' - c_2{}' = 2i\,\omega \tag{7-28}$$

가 된다. 식 (7-28)을 식 (7-26)에 대입하면 일반해는

$$y = 2re^{px}\cos qx - 2\omega e^{px}\sin qx \tag{7-29}$$

이 된다. $2r = c_1$ 그리고 $-2\omega = c_2$라 하면 식 (7-29)의 일반해는

$$y = c_1 e^{px}\cos qx + c_2 e^{px}\sin qx \tag{7-30}$$

로 간략하게 된다. 따라서 해의 두 기본계는

$$y_1 = e^{px}\cos qx\ ,\ \ y_2 = e^{px}\sin qx \tag{7-31}$$

이다.

[예제 7-1]

$y'' + 3y' + 2y = 0$의 해를 구하시오.

풀이 미분방정식의 특성방정식은

$$\lambda^2 + 3\lambda + 2 = (\lambda + 1)(\lambda + 2) = 0$$

이므로 이 방정식의 근은

$$\lambda_{1,2} = -1,\ -2$$

이다. 서로 다른 두 실근을 가지므로 식 (7-9)에 의해 해의 두 기본계는

$$y_1 = e^{-x},\ \ y_2 = e^{-2x}$$

이다. 따라서 미분방정식의 일반해는

$$y = c_1 e^{-x} + c_2 e^{-2x}$$

이다.

[예제 7-2]

$y'' + 10y' + 25y = 0$의 해를 구하시오.

풀이 미분방정식의 특성방정식은

$$(\lambda + 5)^2 = 0$$

이므로 이 방정식의 근은

$$\lambda_{1,2} = -5$$

이다. 중근을 가지므로 식 (7-22)에 의해 해의 기본계는

$$y_1 = e^{-5x}, \ y_2 = xe^{-2x}$$

이다. 따라서 미분방정식의 일반해는

$$y = c_1 e^{-5x} + c_2 x e^{-5x}$$

이다.

[예제 7-3]

$y'' + 2y' + 10y = 0$의 일반해를 구하시오.

풀이 미분방정식의 특성방정식은

$$\lambda^2 + 2\lambda + 10 = 0$$

이므로 이 방정식의 근은

$$\lambda_{1,2} = -1 \pm \sqrt{1^2 - 10} = -1 \pm i3$$

이다. 복소수의 근을 가지므로 식 (7-31)에 의해 해의 두 기본계는

$$y_1 = e^{-x}\cos 3x, \ y_2 = e^{-x}\sin 3x$$

이다. 따라서 미분방정식의 일반해는

$$y = c_1 e^{-x}\cos 3x + c_2 e^{-x}\sin 3x$$

이다.

[예제 7-4]

그림 7-1과 같이 스프링과 물체로 구성된 시스템에서 스프링 상수는 k이고 질량은 m이다. 왼쪽의 그림은 스프링의 힘과 중력에 의해 평형상태의 모습이다. 물체를 아래로 임의의 위치만큼 이동시킨 후 물체를 놓으면 물체는 상하 진동을 계속한다. 중간 그림은 물체가 임의의 위치 y에 왔을 때이며, 이 때 물체에 작용하는 힘을 오른쪽에 표시하였다. 물체의 운동을 이해하기 위한 운동방정식(미분방정식)을 구하고 해를 구하시오.

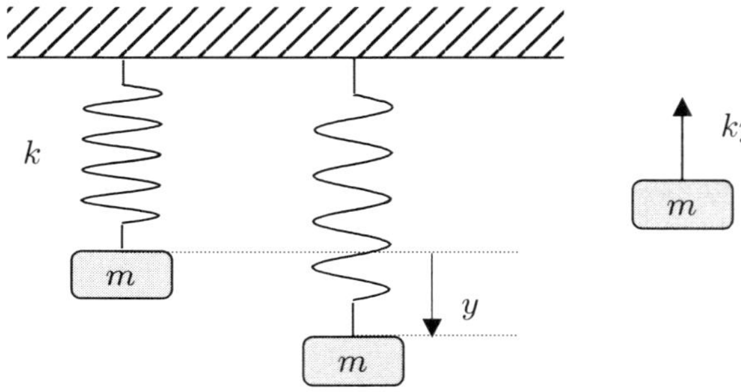

[그림 7-1] 스프링과 질량으로 구성된 진동계

풀이 질량 m인 물체에 작용하는 힘은 그림 7-1의 자유물체도(free body diagram)에 나타내었고, 뉴턴의 제2법칙인 가속도의 법칙을 이용하면

$$\Sigma F = my'' = -ky \tag{7-32}$$

이다. 이를 정리하면

$$my'' + ky = 0 \tag{7-33}$$

이고 양변을 질량 m으로 나누면

$$y'' + \frac{k}{m}y = 0 \tag{7-34}$$

로 물체의 운동방정식은 2계 선형미분방정식이다. 식 (7-34)의 해를 구하기 위한 특성방정식은

$$\lambda^2 + \frac{k}{m} = 0 \tag{7-35}$$

이며, 근은

$$\lambda = \pm\sqrt{\frac{k}{m}}\,i \tag{7-36}$$

로 복소수의 근을 갖는다. 따라서 미분방정식 (7-34)의 일반해는

$$y = A\sin\sqrt{\frac{k}{m}}\,t + B\cos\sqrt{\frac{k}{m}}\,t \tag{7-37}$$
$$= C\cos\left(\sqrt{\frac{k}{m}}\,t - \delta\right)\}$$

이다. 여기서

$$C = \sqrt{A^2 + B^2}, \quad \tan\delta = \frac{A}{B} \tag{7-38}$$

이다. 식 (7-37)로부터 질량 m인 물체는 계속하여 진동하고 운동의 주기 T와 고유 진동수(natural frequency) f는 다음과 같다.

$$T = \frac{2\pi}{\sqrt{k/m}}, \quad f = \frac{\sqrt{k/m}}{2\pi} \tag{7-39}$$

고유 진동수는 시스템의 운동에너지와 탄성에너지가 서로 교환되는 속도를 나타낸다. 식 (7-37)에서 알 수 있듯이 운동은 무한히 지속되므로 비감쇠 진동계라 한다.

[예제 7-5]

예제 7-4에서와 달리 물체의 운동방정식(미분방정식)을 위치에너지, 운동에너지 그리고 탄성에너지를 이용하여 구하시오. 그림 7-2의 중간 그림은 물체를 스프링에 매달았을 때 평형상태의 모습이고, 오른쪽 그림은 물체가 운동하고 있을 때 임의의 위치에 물체가 있는 경우이다.

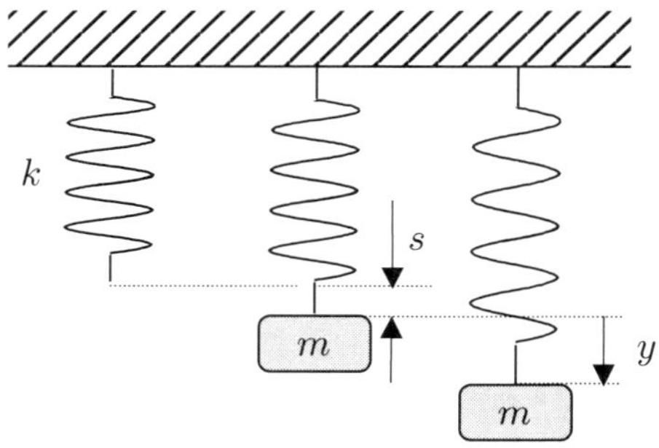

[그림 7-2] 스프링과 질량으로 구성된 진동계

풀이 물체가 임의의 위치에 있을 때 위치에너지(PE), 운동에너지(KE) 그리고 탄성에너지(EE)의 합은 항상 일정하다. 물체의 각각의 에너지는 다음과 같다.

$$PE = -mgy \tag{7-40}$$
$$KE = \frac{1}{2}m(y')^2$$
$$EE = \frac{1}{2}k(y+s)^2$$

식 (7-40)의 합은 일정하기에 시간에 대해 미분하면 0이므로

$$-mgy'+my'y''+k(y+s)y'=0 \tag{7-41}$$

의 결과를 얻는다. 그림 7-2의 중간 그림과 같이 물체를 스프링에 매달았을 때 스프링은 s만큼 늘어나 평형을 유지하므로

$$mg=ks \tag{7-42}$$

인 관계가 성립한다. 식 (7-42)를 식 (7-41)에 대입하면 물체의 운동방정식은 다음과 같은 2계 미분방정식을 얻을 수 있으며 식 (7-33)과 같다.

$$my''+ky=0 \tag{7-43}$$

[예제 7-6]

그림 7-3과 같은 단진자가 운동할 때 주기와 주파수를 구하시오. 이를 위해서는 단진자의 운동방정식(미분방정식)을 유도해야한다.

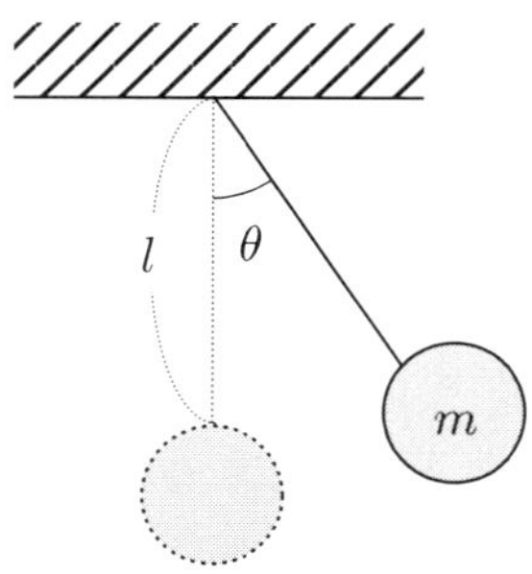

[그림 7-3] 단진자의 운동

풀이 예제 7-5에 사용된 에너지 방법을 이용한다. 질량 m이 운동 중 임의의 위치인 θ에 존재할 때 위치에너지(PE)와 운동에너지(KE)는 다음과 같다.

$$PE=mgl(1-\cos\theta) \tag{7-44}$$

$$KE=\frac{1}{2}m(l\theta')^2$$

식 (7-44)의 두 에너지의 합은 항상 일정하므로 이를 시간에 대해 미분하면

$$mgl sin\theta\,\theta'+ml^2\theta'\theta''=0 \tag{7-45}$$

인 결과를 얻는다. θ가 아주 작은 값일 때 $\sin\theta \cong \theta$이므로 식 (7-45)는

$$\theta''+\frac{g}{l}\theta=0 \tag{7-46}$$

로 간단히 정리된다. 미분방정식 (7-46)의 특성방정식은 복소수의 근 $\lambda=\pm\sqrt{g/l}\,i$를 갖는다. 따라서 단진자의 주기 T와 고유 진동수(natural frequency) f는 다음과 같다.

$$T=2\pi\sqrt{\frac{l}{g}},\quad f=\frac{1}{2\pi}\sqrt{\frac{g}{l}} \tag{7-47}$$

[예제 7-7]

예제 7-4의 문제에서 댐퍼(shock absorber)가 추가된 경우 운동방정식을 구하고 이의 해를 구하시오. 댐퍼에 작용하는 힘은 속도에 비례하고 운동을 방해하는 방향으로 작용한다. 이 문제는 자동차의 현가장치를 이해할 때 기본이 되는 것이다.

풀이

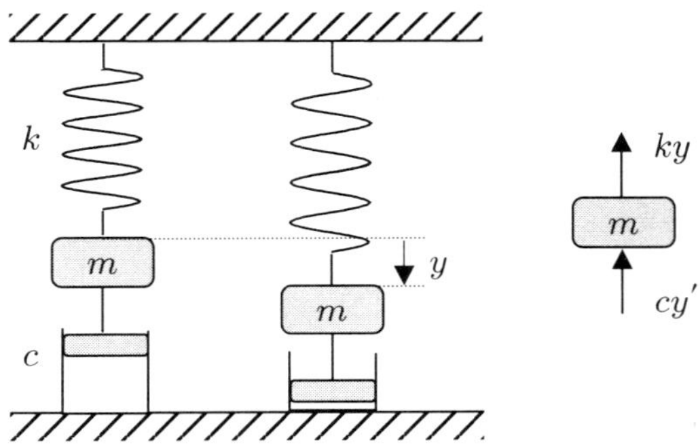

[그림 7-4] 예제 7-7

질량 m인 물체의 자유물체도에 뉴턴의 제2법칙을 적용하면

$$-ky-cy'=my'' \tag{7-48}$$

이며, 이를 정리하면 다음과 같은 2계 선형미분방정식이 된다.

$$my''+cy'+ky=0 \tag{7-49}$$

여기서 c는 댐퍼의 댐핑계수이다. 식 (7-49)의 특성방정식은

$$\lambda^2+\frac{c}{m}\lambda+\frac{k}{m}=0 \tag{7-50}$$

이고, 이의 두 근은

$$\lambda_{1,2}=-\frac{c}{2m}\pm\frac{1}{2m}\sqrt{c^2-4mk} \tag{7-51}$$

이다. 식 (7-51)은 m, c, k의 값에 따라 근이 달라진다.

1) 과감쇠 진동(over-damped vibration)

$c^2>4mk$인 경우 식 (7-50)은 서로 다른 두 실근을 갖고 두 근 모두 음이다. 식 (7-49)의 해는 식 (7-10)과 같이

$$y = c_1 e^{\lambda_1 t} + c_2 e^{\lambda_2 t} \tag{7-52}$$

이다. λ_1과 λ_2가 음수이므로 시간이 지날수록 일반해는 0으로 수렴한다. 이는 평형 위치로 복귀함을 의미한다.

2) 임계 진동(critically damped vibration)

$c^2 = 4mk$인 경우 식 (7-50)은 실수인 중근을 갖고 그 근은 음이다. 식 (7-49)의 해는 식 (7-20)과 같이

$$y = c_1 e^{\lambda_1 t} + c_2 t e^{\lambda_1 t} \tag{7-53}$$

이다. λ_1이 음수이므로 시간이 지날수록 과감쇠 진동과 비슷하게 일반해는 0으로 수렴하므로 물체는 평형 위치로 복귀한다.

3) 저감쇠 진동(under-damped vibration)

$c^2 < 4mk$인 경우 식 (7-50)은 허수인 2개의 근

$$\lambda_{1,2} = -\frac{c}{2m} \pm i\frac{1}{2m}\sqrt{4mk - c^2} = -\alpha \pm i\omega_d \tag{7-54}$$

를 갖고, 근의 실수부는 음수이다. 식 (7-49)의 해는 식 (7-30)과 같이

$$y = e^{-\alpha t}(p_1 \sin\omega_d t + p_2 \cos\omega_d t) \tag{7-55}$$

$$= pe^{-\alpha t}\cos(\omega_d t - \delta)$$

이다. 여기서 $p = \sqrt{p_1^2 + p_2^2}$, $\tan\delta = p_2/p_1$이다. 식 (7-55)의 거동은 시간이 지남에 따라 점진적으로 감소하면서 진동을 한 후 결국 평형위치로 복귀한다. 식 (7-55)의 주기와 주파수는 각각

$$T = \frac{2\pi}{\omega_d},\ f = \frac{\omega_d}{2\pi} \tag{7-56}$$

이고, 식 (7-54)에서 댐퍼의 댐핑 계수가 낮을수록 ω_d가 높아져 진동의 주파수가 높다.

[예제 7-8] 헬름홀츠 공명기의 공진 주파수

헬름홀츠 공명기(Helmholtz resonator)는 자동차의 소음기에 사용되어 소음을 줄이는 장치이다. 이는 그림 7-5와 같이 체적 V인 공동(cavity)과 길이 및 단면적이 각각 l과 S인 목(neck)으로 이루어져 있으며 주 배기통로와 연결되어 있다. 이 요소에 의해 공진 주파수에 해당하는 음은 상쇄된다. 헬름홀츠 공명기의 공진 주파수를 구하시오.

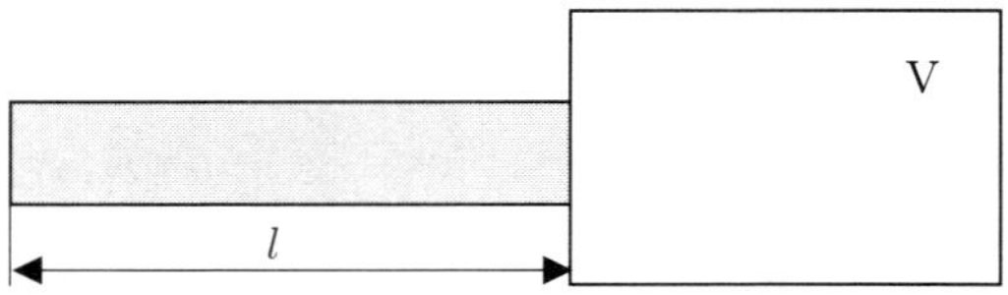

[그림 7-5] 헬름홀츠 공명기

풀이 목을 채우고 있는 기체의 덩어리는 고체처럼 운동한다고 가정하고 그림 7-6처럼 이것이 x만큼 공동 속으로 움직였다고 생각하자.

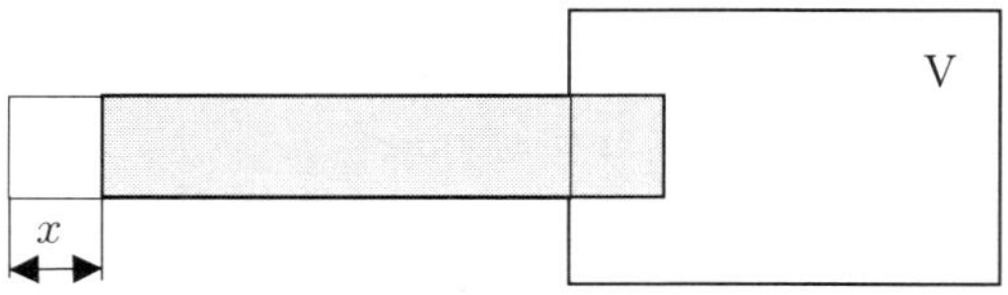

[그림 7-6] 기체가 공동 속으로 x만큼 이동

이때 기체 덩어리에 작용하는 힘은 압력에 의한 것으로 그림 7-7과 같고 이 합력이 기체 덩어리의 운동을 일으킨다.

[그림 7-7] 기체 덩어리에 작용하는 힘

뉴턴의 운동법칙을 적용하면

$$\sum F = m\ddot{x} = (p_a - p)S \tag{7-57}$$

이다. 용기내의 압력은 기체 덩어리가 이동하는 정도에 따라 압력이 변하며, 용기내의 기체는 등엔트로피(가역단열)과정으로 압축되는 것으로 가정한다. 이 과정은 압력과 부피 그리고 비열비 γ사이에 다음 관계식이 성립한다.

$$pV^{\gamma} = const. \tag{7-58}$$

이 관계식을 이용하면 기체 덩어리가 운동하기 전과 x만큼 운동한 후의 관계는 다음과 같다.

$$p_a V_c^{\gamma} = p(V_c - Sx)^{\gamma} \tag{7-59}$$

식 (7-59)를 정리하면

$$\frac{p}{p_a} = \left(\frac{V}{V - Sx}\right)^{\gamma} = \left(1 - \frac{Sx}{V}\right)^{-\gamma} \tag{7-60}$$

이 되고, 식 (7-60)을 선형화를 하면

$$\frac{p}{p_a} = 1 + \gamma\frac{S}{V}x \tag{7-61}$$

이 된다. 식 (7-61)을 식 (7-57)에 대입하면

$$m\ddot{x}+\frac{\gamma S^2 p_a}{V}x=0 \tag{7-62}$$

이 되고, 기체의 질량은

$$m=\rho S\ l \tag{7-63}$$

이다. 식 (7-62)와 (7-63)으로부터 다음과 같은 2계 상미분방정식이 유도된다.

$$\ddot{x}+\frac{\gamma S p_a}{\rho l\ V}x=0 \tag{7-64}$$

2차 상미분 방정식의 일반해는

$$x=c_1 \sin\left(\sqrt{\frac{\gamma S p_a}{\rho l\ V}}\ t+c_2\right) \tag{7-65}$$

이고 c_1와 c_2는 상수이다. 따라서 기체 덩어리가 운동하는 주파수는 공진 주파수(f_n)로

$$f_n=\frac{1}{2\pi}\sqrt{\frac{\gamma S p_a}{\rho l\ V}} \tag{7-66}$$

이며, 음속 c는

$$c=\sqrt{\gamma R T} \tag{7-67}$$

이다. 식 (7-66)에 식 (7-67)과 $p_a=\rho RT$를 대입하면 공명기의 공진 주파수는 다음과 같다.

$$f_n=\frac{c}{2\pi}\sqrt{\frac{S}{l_{eff}V}} \tag{7-68}$$

여기서 l_{eff}는 다음 식으로 주어진다.

$$l_{eff}=l+0.8\sqrt{S} \tag{7-69}$$

7.2 2계 비제차 미분방정식

2계 비제차 선형미분방정식의 일반형은

$$y''+p(x)y'+q(x)y=r(x) \tag{7-70}$$

이며, 일반해는 제차미분방정식의 일반해 y_h와 비제차방정식의 특수해 y_p의 합으로 다음과 같이 표시된다.

$$y = y_h + y_p \tag{7-71}$$

제차미분방정식의 일반해 y_h를 구하는 방법은 7-1에서 공부하였다. 여기서는 특수해 y_p를 구하는 방법에 대해 공부한다.

상수계수를 갖는 미분방정식에서 비제차의 항이 다항식, 지수함수, 삼각함수 또는 이들의 합 또는 곱으로 표시될 때 미정계수법을 이용하여 특수해를 구한다.

7.2.1 미정계수법

비제차미분방정식의 특수해 y_p를 구하기 위해 표 7-1의 세 가지 법칙을 적용한다. 먼저 기본법칙은 $r(x)$의 함수의 종류에 따라 표 7-2와 같이 y_p를 가정한다. $r(x)$에 다른 함수의 합이 포함된 경우 표 7-1의 합의 법칙을 적용하여 y_p를 가정한다. 마지막으로 가정된 y_p의 함수에 제차방정식의 해 y_h의 함수와 중복될 경우 표 7-1의 보완법칙을 적용하여 y_p를 수정한다.

[표 7-1] 비제차미분방정식의 특수해 y_p를 정하는 규칙

번호	규칙	y_p 가정
1	기본법칙(basic rule)	표 7-1과 같이 $r(x)$에 따라 가정
2	합의 법칙 (sum rule)	$r(x)$가 표에 있는 함수의 합인 경우 각 함수에 해당하는 y_p의 합으로 y_p를 가정.
3	보완법칙 (modification rule)	가정된 y_p항이 제차방정식의 해라면 가정한 y_p에 x를 곱하며, 이 역시 제차방정식의 해라면 또 x를 곱한다. 이 과정을 계속한다.

표 7-2 기본법칙

번호	함수 $r(x)$	y_p 가정
1	x^n	$k_n x^n + k_{n-1}x^{n-1} + \ldots + k_1 x + k_0$
2	$\cos\omega x$	$k_1\cos\omega x + k_2\sin\omega x$
3	$\sin\omega x$	
4	e^{ax}	ke^{ax}
5	$e^{ax}\cos\omega x$	$e^{ax}(k_1\cos\omega x + k_2\sin\omega x)$
6	$e^{ax}\sin\omega x$	

[예제 7-8]

$y'' - 4y = x^2$의 해를 구하시오.

풀이 제차 미분방정식의 특성방정식은

$$\lambda^2 - 4 = 0$$

이고, 근은 $\lambda_{1,2} = \pm 2$이다. 제차 미분방정식의 해는

$$y_h = c_1 e^{-2x} + c_2 e^{2x}$$

이다. $r(x) = x^2$이므로 표 7-1의 기본법칙과 표 7-2의 첫 번째에 의해 특수해 y_p는

$$y_p = k_2 x^2 + k_1 x + k_0$$

로 가정된다. 표 7-1의 합의 법칙은 $r(x)$가 다항함수 x^2만으로 구성되었기에 적용되지 않으며 보완법칙은 y_p와 y_h가 일치하는 함수가 없기 때문에 적용하지 않는다. y_p를 미분하여 원래의 미분방정식에 대입하면 그 결과는

$$2k_2 - 4(k_2 x^2 + k_1 x + k_0) = x^2$$

이다. 다항함수의 계수를 비교하여 미지수 k_2, k_1, k_0를 결정하며

$$k_2 = -\frac{1}{4},\ k_1 = 0,\ k_0 = -\frac{1}{8}$$

이다. 특수해 y_p는

$$y_p = -\frac{1}{4}x^2 - \frac{1}{8}$$

이므로 주어진 미분방정식의 일반해는 식 (7-58)에 의해

$$y = c_1 e^{-2x} + c_2 e^{2x} - \frac{1}{4}x^2 - \frac{1}{8}$$

이다.

[예제 7-9]

$y'' - y = e^x$의 일반해를 구하시오.

풀이 제차 미분방정식의 특성방정식은

$$\lambda^2 - 1 = 0$$

이고, 근은 $\lambda_{1,2} = \pm 1$이다. 제차 미분방정식의 해는

$$y_h = c_1 e^{-x} + c_2 e^{x}$$

이다. $r(x) = e^x$ 이므로 표 7-1의 기본법칙과 표 7-2의 네 번째에 의해 특수해 y_p는

$$y_p = ke^x$$

로 가정된다. 제차방정식의 일반해 y_h와 y_p를 비교하면 서로 일치하므로 표 7-1의 보완법칙에 의해 y_p에 x를 곱하여 y_p를 수정한다. 즉 수정된 y_p는

$$y_p = kxe^x$$

이고, 미분하여 원래의 미분방정식에 대입하면

$$kxe^x + 2ke^x - kxe^x = e^x$$

이다. 좌우변의 계수를 비교하면

$$k = \frac{1}{2}$$

을 얻으므로 특수해 y_p는

$$y_p = \frac{1}{2}xe^x$$

이다. 따라서 비제차방정식의 일반해는 y_h와 y_p의 합이므로

$$y = c_1 e^{-x} + c_2 e^x + \frac{1}{2}xe^x$$

이다.

[예제 7-10]

$y'' - 2y' + y = e^x$ 의 일반해를 구하시오.

풀이 제차 미분방정식의 특성방정식은

$$(\lambda - 1)^2 = 0$$

이고, 근은 $\lambda_{1,2} = 1$ (중근)이다. 제차 미분방정식의 해는

$$y_h = c_1 e^x + c_2 xe^x$$

이다. $r(x) = e^x$ 이므로 표 7-1의 기본법칙과 표 7-2의 네 번째에 의해 특수해 y_p는

$$y_p = ke^x$$

로 가정된다. 제차방정식의 일반해 y_h와 y_p를 비교하면 서로 일치하므로 표 7-1의 보완법칙에 의해 y_p에 x를 곱하여 y_p를 수정한다. 즉 수정된 y_p는

$$y_p = kxe^x$$

이고, 다시 y_h와 y_p를 비교하면 서로 일치하므로 표 7-1의 보완법칙에 의해 y_p에 x를 곱하여 y_p를 한 번 더 수정한다. 즉 다시 수정된 y_p는

$$y_p = kx^2e^x$$

이며, 미분하여 원래의 미분방정식에 대입하면

$$2ke^x = e^x$$

이다. 좌우변의 계수를 비교하면

$$k = \frac{1}{2}$$

을 얻으므로 특수해 y_p는

$$y_p = \frac{1}{2}x^2e^x$$

이다. 따라서 비제차방정식의 일반해는 y_h와 y_p의 합이므로

$$y = c_1e^x + c_2xe^x + \frac{1}{2}x^2e^x$$

이다.

[예제 7-11]

$y'' - 4y = \sin x$의 일반해를 구하시오.

풀이 제차미분방정식은 예제 7-8과 같으므로 제차미분방정식의 해는

$$y_h = c_1e^{-2x} + c_2e^{2x}$$

이다. $r(x) = \sin x$이므로 표 7-1의 기본법칙과 표 7-2의 세 번째에 의해 특수해 y_p는

$$y_p = k_1\sin x + k_2\cos x$$

로 가정된다. 미분하여 원래의 미분방정식에 대입하면

$$-k_1\sin x - k_2\cos x - 4k_1\sin x - 4k_2\cos x = \sin x$$

이다. 좌우변의 계수를 비교하면

$$k_1 = -\frac{1}{5},\ \ k_2 = 0$$

을 얻으므로 특수해 y_p는

$$y_p = -\frac{1}{5}\sin x$$

이다. 따라서 비제차방정식의 일반해는 y_h와 y_p의 합이므로

$$y = c_1e^{-2x} + c_2e^{2x} - \frac{1}{5}\sin x$$

이다.

[예제 7-12]

$y'' - y = x^2 + \sin x$의 일반해를 구하시오.

풀이 제차미분방정식은 예제 7-9와 같으므로 제차 미분방정식의 일반해는

$$y_h = c_1e^{-x} + c_2e^{x}$$

이다. $r(x)$는 x^2과 $\sin x$의 합이므로 표 7-1의 기본법칙과 합의 법칙 그리고 표 7-2의 첫 번째 및 세 번째에 의해 특수해 y_p는

$$y_p = k_2x^2 + k_1x + k_0 + l\sin x + m\cos x$$

로 가정된다. 미분하여 원래의 미분방정식에 대입하면

$$2k_2 - l\sin x - m\cos x - k_2x^2 - k_1x - k_0 - l\sin x - m\cos x = x^2 + \sin x$$

이다. 좌우변의 계수를 비교하면

$$k_2 = -1,\ k_1 = 0,\ k_0 = -2,\ l = -\frac{1}{2},\ m = 0$$

을 얻으므로 특수해 y_p는

$$y_p = -x^2 - 2 - \frac{1}{2}sinx$$

이다. 따라서 비제차방정식의 일반해는 y_h와 y_p의 합이므로

$$y = c_1e^{-2x} + c_2e^{2x} - x^2 - 2 - \frac{1}{2}sinx$$

이다.

[예제 7-13]

$y'' - y = x\sin x$의 일반해를 구하시오.

풀이 제차미분방정식은 예제 7-9와 같으므로 제차 미분방정식의 일반해는

$$y_h = c_1e^{-x} + c_2e^{x}$$

이다. $r(x)$는 x과 $\sin x$의 곱이므로 표 7-1의 기본법칙과 그리고 표 7-2의 첫 번째 및 세 번째에 의해 가정되는 함수의 곱으로 특수해 y_p는

$$y_p = (k_1x + k_0)\sin x + (l_1x + l_0)\cos x$$

로 가정된다. 미분하여 원래의 미분방정식에 대입하면

$$2k_1\cos x - 2(k_1x + k_0)\sin x - 2l_1\sin x - 2(l_1x + l_0)\cos x = x\sin x$$

이다. 좌우변의 계수를 비교하면

$$k_1 = -\frac{1}{2}, \ k_0 = 0, \ l_1 = 0, \ l_0 = -\frac{1}{2}$$

을 얻으므로 특수해 y_p는

$$y_p = -\frac{1}{2}x\sin x - \frac{1}{2}\cos x$$

이다. 따라서 비제차방정식의 일반해는 y_h와 y_p의 합이므로

$$y = c_1e^{-2x} + c_2e^{2x} - \frac{1}{2}x\sin x - \frac{1}{2}\cos x$$

이다.

[예제 7-14]

예제 7-7의 문제에서 추가적으로 물체에 힘 $F_o\cos\omega t$ 이 작용하는 경우의 운동방정식을 구하고 이의 해를 구하시오. 이 문제 역시 자동차의 현가장치를 이해할 때 기본이 되는 것이다.

풀이

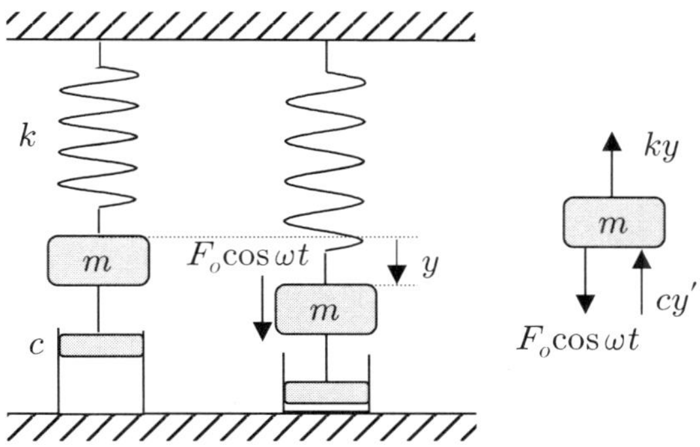

[그림 7-8] 예제 7-14

질량 m인 물체의 자유물체도에 뉴턴의 제2법칙을 적용하면

$$my'' = -ky - cy' + F_o\cos\omega t \tag{7-72}$$

이며, 이를 정리하면 다음과 같은 2계 비제차선형미분방정식이 된다.

$$my'' + cy' + ky = F_o\cos\omega t \tag{7-73}$$

식 (7-73)의 제차미분방정식의 해는 예제 7-7과 같다. $r(x)$는 $\cos\omega t$이므로 표 7-1의 기본법칙과 그리고 표 7-2의 세 번째에 의해 특수해 y_p는

$$y_p = a\cos\omega t + b\sin\omega t \tag{7-74}$$

로 가정된다. 미분하여 원래의 미분방정식에 대입하면

$$m(-\omega^2 a\cos\omega t - \omega^2 b\sin\omega t) \tag{7-75}$$

$$+c(-\omega a\sin\omega t + \omega b\cos\omega t) + k(a\cos\omega t + b\sin\omega t) = F_o\cos\omega t$$

를 얻는다. 좌우변의 계수를 비교하면

$$(-m\omega^2 + k)a + c\omega b = F_o \tag{7-76a}$$

$$-c\omega a + (-m\omega^2 + k)b = 0 \tag{7-76b}$$

의 두 식을 얻는다. 식 (7-76)에서 a와 b는

$$a = F_o\frac{k - m\omega^2}{(k - m\omega^2)^2 + \omega^2 c^2} \tag{7-77a}$$

$$b = F_o\frac{\omega c}{(k - m\omega^2)^2 + \omega^2 c^2} \tag{7-77b}$$

로 계산된다. $\omega_n^2 = k/m$라 놓으면 식 (7-77)은

$$a = F_o\frac{m(\omega_n^2 - \omega^2)}{m^2(\omega_n^2 - \omega^2)^2 + \omega^2 c^2} \tag{7-78a}$$

$$b = F_o\frac{\omega c}{m^2(\omega_n^2 - \omega^2)^2 + \omega^2 c^2} \tag{7-78b}$$

로 변형된다. 식 (7-16)의 일반해는 제차미분방정식의 일반해와 비제차미분방정식의 특수해의 합이므로

$$y = y_h + y_p \tag{7-79}$$

로 표시된다. 감쇠의 정도에 따라 비감쇠의 경우와 감쇠의 경우에 대해 해를 구한다.

1) 비감쇠 진동(undamped-forced vibration)

비감쇠의 경우는 $c = 0$이므로 식 (7-78)에서 a와 b는

$$a = F_o\frac{1}{m(\omega_n^2 - \omega^2)},\quad b = 0 \qquad (7\text{-}80)$$

로 간단히 계산된다. 식 (7-74)에 (7-80)의 결과를 대입하면 특수해 y_p는

$$y_p = \frac{F_o}{m(\omega_n^2 - \omega^2)}\cos\omega t = \frac{F_o}{k\left[1 - (\omega/\omega_n)^2\right]}\cos\omega t \tag{7-81}$$

이 된다. $c = 0$이기 때문에 예제 7-4의 스프링과 물체로 구성된 시스템과 동일하므로

재차방정식의 일반해는 식 (7-37)과 (7-38)로부터

$$y_h = c^* \cos(\omega_n t - \delta) \tag{7-82}$$

이다. 따라서 비제차미분방정식의 일반해는 식 (7-81)과 (7-82)의 합이므로

$$y = c^* \cos(\omega_n t - \delta) + \frac{F_o}{k\left[1-(\omega/\omega_n)^2\right]} \cos \omega t \tag{7-83}$$

이다.

식 (7-83)에서 알 수 있듯이 물체의 최대 진폭은 특수해에 의해 결정되며 특히 가진주파수 ω와 시스템의 고유주파수 ω_n이 가까워질수록 진폭은 점점 커진다. 두 주파수가 일치할 때 무한대인 진폭으로 물체는 진동하며 이 현상을 공명(resonance)이라 한다. 이 경우의 특수해를 구하면 다음과 같다. 식 (7-73)에 $c=0$, $\omega = \omega_n$을 대입하면 운동방정식은

$$y'' + \omega_n^2 y = \frac{F_o}{m} \cos \omega_n t \tag{7-84}$$

이며, 식 (7-84)의 재차방정식의 일반해는

$$y_h = c_1 \cos \omega_n t + c_2 \sin \omega_n t \tag{7-85}$$

이다. 식 (7-84)의 특수해는 식 (7-85)에 t를 곱하여 수정되어

$$y_p = t(d_1 \cos \omega_n t + d_2 \sin \omega_n t) \tag{7-86}$$

이 되며, 이를 식 (7-84)에 대입하면

$$d_1 = 0,\ d_2 = \frac{F_o}{2m\omega_n} \tag{7-87}$$

를 얻는다. 식 (7-84)의 특수해는

$$y_p = \frac{F_o}{2m\omega_n} t \sin \omega_n t \tag{7-88}$$

이다. 따라서 시간이 경과함에 따라 진폭은 무한대로 증가되므로 이 현상이 발생하지 않도록 해야 한다.

2) 감쇠 강제 진동(damped-forced vibration)

예제 7-7의 저감쇠 진동의 경우로 $c^2 < 4mk$를 만족한다. 식 (7-60)의 제차방정식의 해는 식 (7-55)로부터

$$y_h = e^{-\alpha t}(c_1 \cos \omega_d t + c_2 \sin \omega_d t) \tag{7-89}$$

이다. 식 (7-74)와 (7-78)로부터 비제차미분방정식의 특수해는

$$y_p = a \cos \omega t + b \sin \omega t = c^* \cos(\omega t - \eta) \tag{7-90}$$

이며,

$$c^* = \sqrt{a^2+b^2} = \frac{F_o}{\sqrt{m^2(\omega_n^2-\omega^2)^2+\omega^2c^2}} \tag{7-91a}$$

$$\tan\eta = \frac{b}{a} = \frac{\omega c}{m(\omega_n^2-\omega^2)} \tag{7-91b}$$

이다. 식 (7-73)의 일반해는 식 (7-89)와 (7-90)으로부터

$$y = e^{-\alpha t}(c_1\cos\omega_d t + c_2\sin\omega_d t) + c^*\cos(\omega t - \eta) \tag{7-92}$$

이 된다. 식 (7-92)에 의하면 시간이 경과함에 따라 제차미분방정식의 해인 과도해(transient solution)는 사라지고, 정상상태의 해(steady-state solution)에 해당하는 특수해만 존재하고 계속 진동한다.

[예제 7-15] 자동차 현가장치

서스펜션의 기본 역할을 이해하기 위해 다음 두 가지 경우를 생각하자. 하나는 현가장치가 없이 차륜과 차체가 강체로 체결된 경우이고 다른 하나는 스프링과 쇼크 업소버로 차체를 차륜에 장착한 경우이다. 차량이 높낮이가 규칙적으로 변하는 노면을 주행할 때 차체의 상하운동과 차륜의 접지력을 계산하여라. 그림 7-9는 스프링과 쇼크 업소버로 구성된 현가장치를 1륜 모델로 나타낸 것이고 표 7-3은 모델 해석에 필요한 값을 정리한 것이다.

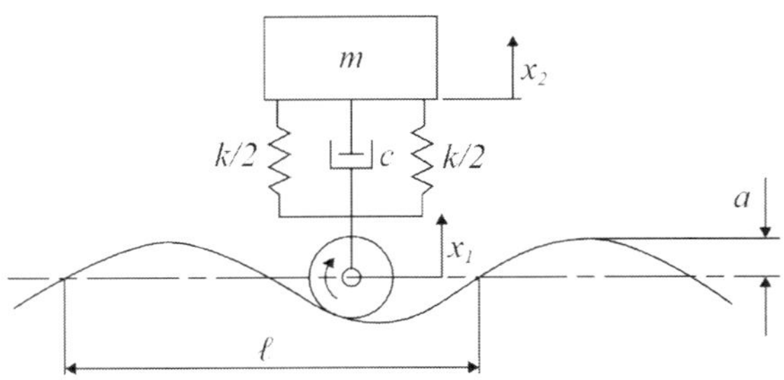

[그림 7-9] 예제 7-15

[표 7-3] 예제 7-15의 해석에 사용된 값

차량 질량	노면 진폭	노면 주기	현가장치	
			스프링 상수	쇼크 업소버 감쇠계수
m	a	l	k	c
350kg	0.02m	10m	20,000N/m	2,000$Nsec/m$

풀이 1) 현가장치가 없는 경우

차체와 차륜을 강체로 연결한 경우로 쇼크 업소버와 스프링이 모두 없는 차량에서 승객이 느끼는 가속도와 타이어와 노면의 접지력은 다음과 같이 계산된다. 그림 7-9에서 차량이 v인 속도로 도로를 주행할 때 차체와 노면의 수직변위는 서로 동일하다. 차체의 수직변위 x_2는

$$x_2 = a\ \sin\omega t \tag{7-93}$$

이며 각속도 ω는 다음 식으로 표현된다.

$$\omega = 2\pi v / l \tag{7-94}$$

차체의 수직방향 속도와 가속도는 각각 변위를 한번 및 두 번 미분하여 구한다. 즉,

$$\begin{aligned} x_2' &= a\omega\cos\omega t \\ x_2'' &= -a\omega^2\sin\omega t \end{aligned} \tag{7-95}$$

이다. 차체의 수직변위의 최댓값은 식 (7-93)과 같이 차속과 관계없이 항상 노면 변위의 최댓값과 같다. 차체가 받는 가속도의 최대 크기는 $a\omega^2$이므로 승객은 차량 주행 속도의 제곱에 비례하는 가속도를 받는다. 차량이 100km/h로 주행할 경우 이 값은 0.62g이다. 타이어와 노면의 접지력은 정지 상태에서 차량의 무게와 같고, 위로 0.62g인 가속도의 경우 1.62g이고 아래로 0.62g인 가속도의 경우 0.38g이다. 차량의 속도가 127km/h일 경우 가속도는 1g가 되어 접지력은 0이 되어 조향과 제동이 불가능하게 된다.

2) 현가장치가 있는 경우

차체를 쇼크 업소버와 스프링을 이용하여 차륜에 고정한 경우 1)의 경우와 달리 차체의 수직변위 x_2는 노면의 수직변위 x_1와 다르다. 노면의 수직변위는 1)과 같이

$$x_1 = a\ \sin\omega t \tag{7-96}$$

로 표시된다. 차체의 운동방정식은

$$m\ddot{x}_2 + c\dot{x}_2 + kx_2 = c\dot{x}_1 + kx_1 \tag{7-97}$$

이다. 식 (7-97)의 미분방정식을 풀면 두 종류의 해가 나오며 하나는 제차방정식의 해이고 하나는 비제차방정식의 해인 특수해이다. 앞의 해는 시간이 지남에 따라 사라지는 것이고 특수해는 정상 상태의 해로 계속 존재한다.

특수해 $x_{2,p}$ 역시 삼각함수

$$x_{2,p} = X_2\sin(\omega t + \psi) \tag{7-98}$$

의 형태를 취한다. 차체의 수직변위의 진폭과 노면의 진폭의 비인 전달함수는

$$\frac{X_2}{a} = \frac{\sqrt{1+(2\zeta r)^2}}{\sqrt{(1-r^2)^2+(2\zeta r)^2}} \tag{7-99}$$

로 구해지며, ψ, ζ와 ω_n은 다음 관계를 갖는다.

$$\psi = \tan^{-1}2\zeta r - \tan^{-1}\frac{2\zeta r}{1-r^2}$$
$$\omega_n^2 = k/m,\ r = \omega/\omega_n,\ c/k = 2\zeta/\omega_n \qquad (7-100)$$

여기서 ζ와 ω_n은 감쇠비와 공진주파수이다. 차체의 속도와 가속도는 차체의 변위를 미분함으로써 계산된다.

$$\dot{x}_2 = \omega X_2 \cos(\omega t + \psi)$$
$$\ddot{x}_2 = -\omega^2 X_2 \sin(\omega t + \psi) \qquad (7-101)$$

그림 7-10의 (a)와 (b)는 현가장치의 유무에 따른 차체의 수직 변위와 가속도를 차속의 변화에 대해 계산한 결과이다. 차체의 변위는 60kph 이하에서는 노면의 최댓값보다 크나 차속이 증가함에 따라 변위는 감소한다. 차체의 최대 가속도는 일부 차속을 제외한 영역에서 현가장치가 없는 경우보다 낮으며 차속이 증가하여 100~150kph의 범위에서도 약 0.3g정도이다. 타이어와 노면의 접지하중은 차체의 가속도(a)에 의해 결정되며 그 값은 $m(g \pm a)$이다. 현가장치가 없는 경우와 달리 차속이 증가해도 접지하중은 0.7mg~1.3mg 사이에 있어 차속에 따른 접지하중의 변화가 작다. 이와 같이 현가장치는 충격을 완화하여 승차감을 향상시킬 뿐만 아니라 타이어와 노면사이의 접지 하중의 변화를 줄여 안정된 주행을 가능하도록 한다.

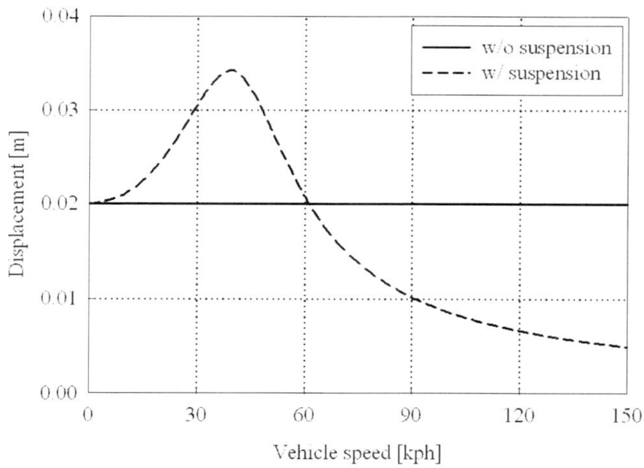

[그림 7-10(a)] 현가장치 유무에 따른 차체의 변위

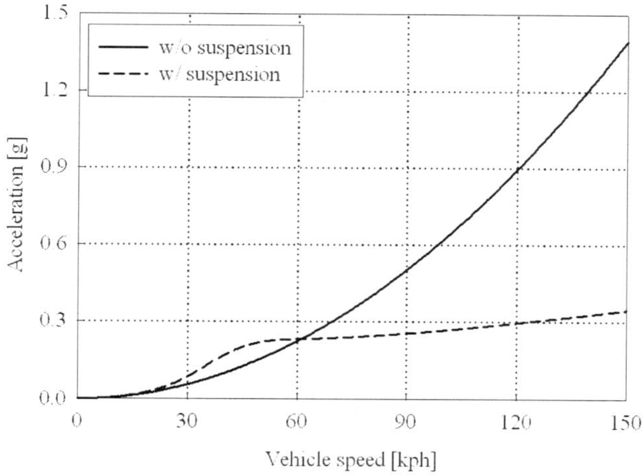

[그림 7-10(b)] 현가장치 유무에 따른 차체의 가속도

7.2.2 변수변화법

7.2.1에서 미정계수법으로 비제차미분방정식의 특수해를 구하는 방법에 대해 설명하였다. 여기서는 특수해를 구하는 보다 일반적인 방법인 변수변화법(method of variation of parameter)에 대해 설명한다. 2계 비제차선형미분방정식의 일반형은 식 (7-70)과 같이

$$y'' + p(x)y' + q(x)y = r(x) \tag{7-102}$$

이며, 식 (7-102)의 제차방정식의 해는 기본계 y_1과 y_2로 표시된다.

$$y_h = c_1 y_1 + c_2 y_2 \tag{7-103}$$

특수해 y_p를 식 (7-103)의 상수대신 x의 함수로 다음과 같이 가정한다.

$$y_p = u(x)y_1 + v(x)y_2 \tag{7-104}$$

가정된 특수해의 1계 도함수는

$$y_p' = u'y_1 + v'y_2 + uy_1' + vy_2' \tag{7-105}$$

이며, 다음 조건을 만족하는 함수 u와 v를 찾는다.

$$u'y_1 + v'y_2 = 0 \tag{7-106}$$

식 (7-105)에 (7-106)을 대입한 후 한 번 더 미분하면

$$y_p'' = u'y_1' + v'y_2' + uy_1'' + vy_2'' \tag{7-107}$$

를 얻는다. 식 (7-104)~(7-107)을 식 (7-102)에 대입하여 정리하면

$$u'y_1' + v'y_2' = r \tag{7-108}$$

의 관계식을 얻는다. 식 (7-106)과 (7-108)을 이용하여 함수 u와 v는

$$u = -\int \frac{y_2 r}{y_1 y_2' - y_1' y_2} dx \tag{7-109a}$$

$$v = \int \frac{y_1 r}{y_1 y_2' - y_1' y_2} dx \tag{7-109b}$$

인 기본계 y_1과 y_2 그리고 r로 구해진다. 식 (7-109)를 식 (7-104)에 대입하여 특수해 y_p

$$y_p = -\int \frac{y_2 r}{y_1 y_2' - y_1' y_2} dx \; y_1 + \int \frac{y_1 r}{y_1 y_2' - y_1' y_2} dx \; y_2 \tag{7-110}$$

를 구한다. 식 (7-110)의 피적분함수의 분모를 Wronskian이라 하며 그 정의는 다음과 같다.

$$W(y_1, y_2) = \begin{vmatrix} y_1 & y_2 \\ y_1' & y_2' \end{vmatrix} = y_1 y_2' - y_1' y_2 \tag{7-111}$$

[예제 7-16]

$y'' - 2y' + y = e^x$ 의 일반해를 구하시오.

풀이 예제 7-10과 같은 문제로 제차미분방정식의 일반해의 기본계는

$$y_1 = e^x, \quad y_2 = xe^x$$

이다. 식 (7-88)에 대입하면 함수 u와 v는 다음과 같이 유도된다.

$$u = -\int \frac{xe^x e^x}{e^x(e^x + xe^x) - e^x xe^x} dx = -\int x dx = -\frac{1}{2}x^2$$

$$v = \int \frac{e^x e^x}{e^{2x}} dx = x$$

함수 u와 v 그리고 기본계 y_1과 y_2로 특수해는

$$y_p = -\frac{1}{2}x^2 e^x + x^2 e^x = \frac{1}{2}x^2 e^x$$

이다. 따라서 주어진 미분방정식의 해는

$$y = c_1 e^x + c_2 x e^x + \frac{1}{2} x^2 e^x$$

이다.

[예제 7-17]

그림 7-11과 같이 저항 R, 코일 L, 축전기 C, 전원 $v(t)$로 구성된 회로에 흐르는 전류 i를 구하기 위한 미분방정식을 구성하시오.

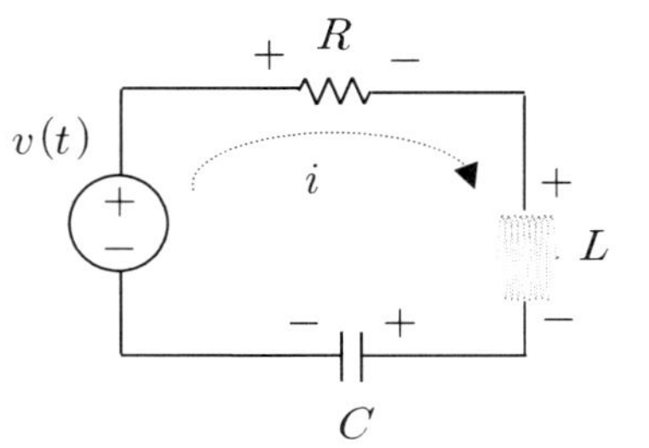

[그림 7-11] 예제 7-17

풀이 저항, 코일, 축전기에 걸리는 전압은 각각 Ri, Ldi/dt q/C이므로

$$Ri + L\frac{di}{dt} + \frac{q}{C} = v(t)$$

가 성립한다. 양변을 시간에 대해 미분한 후 정리하면

$$Li'' + Ri' + \frac{1}{C} i = v'(t)$$

또는

$$i'' + \frac{R}{L} i' + \frac{i}{LC} = \frac{1}{L} v'(t)$$

인 2계미분방정식을 얻고, 여기서 $i = dq/dt$인 관계식이 사용되었다. 식 (7-73)과 비교하면 전기 시스템과 기계 시스템사이에는 표 7-4와 같은 관계가 존재한다.

[표 7-4] 기계시스템과 전기시스템의 유사성

번호	전기계	기계
1	코일 L	질량 m
2	저항 R	감쇠 상수 c
3	콘덴서 $1/C$	스프링 상수 k
4	기전력의 도함수 $v'(t)$	가진력 $F(t) = F_o \cos \omega t$
5	전류 i	변위 y

제7장 연습문제

※ 다음 미분방정식의 해를 구하시오.

1) $y'' - 36y = 0$

2) $y'' - 10y' + 25y = 0$

3) $y'' + 3y = 0$

4) $2y'' - 3y' + 4y = 0$

5) $y'' + y = 0$, $y(\pi/3) = 0$, $y'(\pi/3) = 2$

6) $y'' + 4y = 0$, $y(0) = 0$, $y(\pi/4) = 1$

7) $4y'' - 4y' - 3y = 0$, $y(0) = 1$, $y'(0) = 5$

8) $y'' + y = 0$, $y'(0) = 1$, $y'(\pi/2) = 1$

9) $y'' - 2y' + y = 0$, $y(0) = 5$, $y'(0) = 10$

10) $y'' - 10y' + 25y = 30x + 3$

11) $y'' - 8y' + 20y = 100x^2 - 26xe^x$

12) $y'' - y' = -3$

13) $y'' - 16y = 2e^{4x}$

14) $y'' + y = 2x sinx$

15) $y'' - 2y' + 2y = e^{2x}(\cos x - 3\sin x)$

16) $y'' + 4y = -2$, $y(\frac{\pi}{8}) = \frac{1}{2}$, $y'(\frac{\pi}{8}) = 2$

17) $y'' + 4y' + 4y = (3 + x)e^{-2x}$

18) $y'' + y = \cos^2 x$

19) $y'' - 9y = 9xe^{-3x}$

20) $y'' + 2y' + y = e^{-t}\ln t$

21) $2y'' + y' - y = x + 1$, $y(0) = 1$, $y'(0) = 0$

22) $y''' + 2y'' - 5y' - 6y = 0$

23) $y''' - 6y'' = 3 - \cos x$

제 8 장

라플라스 변환

제 8 장 라플라스 변환

제어하려고하는 시스템을 해석하고 설계하기 위해서는 시스템의 수학적 모델이 필요하며 이는 미분방정식으로 표현된다. 라플라스변환을 미분방정식에 적용하면 시스템의 입력과 출력의 관계를 보여주는 전달함수를 구할 수 있다. 전달함수의 극점과 영점의 위치로 자동제어시스템의 안정성, 과도응답과 정상상태응답의 시간응답, 주파수응답 등을 결정할 수 있다. 또한 연립미분방정식으로 표현된 제어시스템은 라플라스변환을 통해 선형대수방정식의 해를 구하는 문제로 변형이 되므로 아주 편리하게 전달함수를 구할 수 있다. 이외에도 미분방정식의 비제차항이 연속함수가 아닌 경우에도 라플라스변환을 이용하여 쉽게 해를 구할 수 있다.

서론에 조금 더 추가할 것: 미분방정식 해법, 특수한 입력에 대한 미분방정식 해법

8.1 라플라스 변환

$t \geq 0$에 대해 주어진 함수 $f(t)$의 라플라스변환은 $\mathcal{L}\{f(t)\}$, $F(s)$ 또는 F로 표기하고,

$$\mathcal{L}\{f(t)\} = F(s) = \int_0^{\infty} e^{-st} f(t)dt \tag{8-1}$$

로 정의되며 적분을 수행하면 s의 함수이다. 또 라플라스 변환된 함수 $F(s)$가 주어지면 이로부터 원래의 함수 $f(t)$를 구할 수 있다. $F(s)$를 라플라스 역변환을 통해 다음과 같이 함수 $f(t)$를 구한다.

$$f(t) = \mathcal{L}^{-1}\{F(s)\} \tag{8-2}$$

참고로 여러 함수들의 라플라스 변환한 결과는 표 8-1에 요약 정리되어있다.

[표 8-1] 여러 함수의 라플라스 변환

번호	$f(t)$	$\mathcal{L}\{f\}$
1	t^n, n: 자연수	$\dfrac{n!}{s^{n+1}}$
2	e^{at}	$\dfrac{1}{s-a}$
3	$\cos\omega t$	$\dfrac{s}{s^2+\omega^2}$
4	$\sin\omega t$	$\dfrac{\omega}{s^2+\omega^2}$
5	$\cosh at$	$\dfrac{s}{s^2-a^2}$
6	$\sinh at$	$\dfrac{a}{s^2-a^2}$

[예제 8-1]

함수 $f(t)=t^n$ (n: 자연수)의 라플라스변환을 구하시오.

풀이 식 (8-1)에 함수 $f(t)=t^n$를 대입하면

$$\mathcal{L}\{t^n\}=F(s)=\int_0^{\infty} e^{-st}t^n dt$$

$$=\left[-\frac{1}{s}e^{-st}t^n\right]_0^{\infty}+\frac{n}{s}\int_0^{\infty} e^{-st}t^{n-1}dt$$

$$=\frac{n}{s}\mathcal{L}\{t^{n-1}\}$$

인 함수 t^n과 t^{n-1}의 라플라스 변환의 관계식을 얻는다. $f(t)=1$의 라플라스 변환은

$$\mathcal{L}\{1\}=\int_0^{\infty} e^{-st}dt=\left[-\frac{1}{s}e^{-st}\right]_0^{\infty}=\frac{1}{s}$$

이고,

$$\mathcal{L}\{t\}=\frac{1}{s}\mathcal{L}\{1\}=\frac{1}{s^2}$$

$$\mathcal{L}\{t^2\}=\frac{2}{s}\mathcal{L}\{t\}=\frac{1\cdot 2}{s^3}=\frac{2!}{s^3}$$

$$\mathcal{L}\{t^3\}=\frac{3}{s}\mathcal{L}\{t^2\}=\frac{1\cdot 2\cdot 3}{s^4}=\frac{3!}{s^4}$$

이므로

$$\mathcal{L}\{t^n\} = \frac{n!}{s^{n+1}}$$

인 결과를 얻는다.

[예제 8-2]

함수 $f(t)$와 $g(t)$의 라플라스 변환이 각각 $F(s)$와 $G(s)$일 때 함수 $af(t)+bg(t)$의 라플라스변환을 구하시오. 단, a와 b는 실수이다.

풀이

$$\begin{aligned}\mathcal{L}\{af(t)+bg(t)\} &= \int_0^\infty e^{-st}[af(t)+bg(t)\}dt \\ &= a\int_0^\infty e^{-st}f(t)dt + b\int_0^\infty e^{-st}g(t)dt \\ &= aF(s)+bG(s)\end{aligned}$$

[예제 8-3]

함수 $f(t)=t^2+at+b$의 라플라스변환을 구하시오.

풀이 예제 8-1과 8-2의 결과를 이용하면 함수 $f(t)$의 라플라스 변환은

$$F(s) = \frac{2}{s^3} + \frac{a}{s^2} + \frac{b}{s}$$

이다.

[예제 8-4]

다음 함수의 라플라스 변환을 구하시오.

1) $f(t)=e^{at}$ 2) $f(t)=\cos\omega t$ 3) $f(t)=\sin\omega t$ 4) $f(t)=\cosh at$

풀이

1) $$\begin{aligned}\mathcal{L}\{e^{at}\} = F(s) &= \int_0^\infty e^{-st}e^{at}dt \\ &= \left[\frac{1}{a-s}e^{(a-s)t}\right]_0^\infty \\ &= \frac{1}{s-a}\end{aligned}$$

2) 삼각함수의 라플라스 변환은 부분적분을 연속으로 두 번 수행한다.

$$\begin{aligned}\mathcal{L}\{\cos\omega t\} = F(s) &= \int_0^\infty e^{-st}\cos\omega t dt \\ &= -\left[\frac{1}{s}e^{-st}\cos\omega t\right]_0^\infty - \frac{\omega}{s}\int_0^\infty e^{-st}\sin\omega t dt \\ &= \frac{1}{s} - \frac{\omega}{s}\left\{\left[-\frac{1}{s}e^{-st}\sin\omega t\right]_0^\infty + \frac{\omega}{s}\int_0^\infty e^{-st}\cos\omega t dt\right\} \\ &= \frac{1}{s} - \frac{\omega^2}{s^2}\mathcal{L}\{\cos\omega t\}\end{aligned}$$

처음과 마지막 행으로부터

$$\mathcal{L}\{\cos\omega t\} = \frac{s}{s^2+\omega^2}$$

의 결과를 얻는다.

3) 2)와 같이 삼각함수의 라플라스 변환은 부분적분을 연속으로 두 번 수행한다. 결과는

$$\mathcal{L}\{\sin\omega t\} = \frac{\omega}{s^2+\omega^2}$$

이다.

4) $f(t) = \cosh at = \dfrac{e^{at}+e^{-at}}{2}$ 이므로 지수함수의 라플라스 변환은 표 8-1로부터

$$\mathcal{L}\{e^{at}\} = \frac{1}{s-a},\quad \mathcal{L}\{e^{-at}\} = \frac{1}{s+a}$$

이다. 이 결과를 이용하면 주어진 함수의 라플라스 변환은

$$\mathcal{L}\{f(t)\} = \mathcal{L}\{\cosh at\} = \mathcal{L}\left\{\frac{e^{at}+e^{-at}}{2}\right\} = \frac{1}{2}\left[\frac{1}{s-a}+\frac{1}{s+a}\right] = \frac{s}{s^2-a^2}$$

이다.

[예제 8-5]

주어진 $F(s)$의 라플라스 역변환을 통해 함수 $f(t)$를 구하시오.

1) $F(s) = \dfrac{2}{(s+1)(s+2)}$

2) $F(s) = \dfrac{s}{s^2+4}$

3) $F(s) = \dfrac{4}{s^2+4}$

4) $F(s) = \dfrac{4s+2}{s^2-4}$

풀이 1) $F(s)$를 부분분수로 전개하면

$$F(s)=\frac{2}{(s+1)(s+2)}=2\left(\frac{1}{s+1}-\frac{1}{s+2}\right)$$

이다. 표 8-1의 지수함수의 라플라스 변환을 참고하면 $F(s)$의 역변환은

$$f(t)=\mathcal{L}^{-1}\{F(s)\}=2(e^{-t}-e^{-2t})$$

이다.

2) 표 8-1의 삼각함수의 라플라스 변환을 참고하면 $F(s)$의 역변환은

$$f(t)=\mathcal{L}^{-1}\{F(s)\}=\cos 2t$$

이다.

3) 표 8-1의 삼각함수의 라플라스 변환을 참고하면 $F(s)$의 역변환은

$$f(t)=\mathcal{L}^{-1}\{F(s)\}=2\sin 2t$$

이다.

4) $F(s)$를 부분분수로 전개하면

$$F(s)=\frac{4s+2}{s^2-4}=\frac{3}{2}\frac{1}{s+2}+\frac{5}{2}\frac{1}{s-2}$$

이다. 표 8-1의 지수함수의 라플라스 변환을 참고하면 $F(s)$의 역변환은

$$f(t)=\mathcal{L}^{-1}\{F(s)\}=\frac{3}{2}e^{-2t}+\frac{5}{2}e^{2t}$$

이다.

8.2 도함수의 라플라스 변환

라플라스 변환으로 미분방정식의 해를 구하기 위해서는 도함수의 라플라스 변환을 알아야한다. 1계 도함수 $f'(t)$의 라플라스 변환은 식 (8-1)의 정의와 부분적분으로부터

$$\begin{aligned}\mathcal{L}\{f'(t)\}&=\int_0^\infty e^{-st}f'(t)dt\\&=\left[e^{-st}f(t)\right]_0^\infty+s\int_0^\infty e^{-st}f(t)dt\\&=s\mathcal{L}\{f(t)\}-f(0)\end{aligned}\tag{8-3}$$

이다. 2계 도함수 $f''(t)$의 라플라스 변환은 식 (8-3)과 같은 원리로

$$\mathcal{L}\{f''(t)\}=s^2\mathcal{L}\{f(t)\}-sf(0)-f'(0)\tag{8-4}$$

인 결과를 얻는다. 식 (8-3)과 (8-4)의 결과를 확장하면 n계 도함수 $f^{(n)}(t)$의 라플라스 변환은

$$\mathcal{L}\{f^{(n)}(t)\}=s^n\mathcal{L}\{f(t)\}-s^{n-1}f(0)-s^{n-2}f'(0)-\ldots-f^{(n-1)}(0) \tag{8-5}$$

이다.

[예제 8-6]

함수 $f(t)=\sin^2 t$의 라플라스 변환을 구하시오.

풀이 식 (8-3)에 $f(0)=0$, $f'(t)=2\sin t\cos t=\sin 2t$를 대입하면

$$\mathcal{L}\{\sin 2t\}=s\mathcal{L}\{\sin^2 t\}$$

이며, $\sin 2t$의 라플라스 변환은 표 8-1로부터

$$\mathcal{L}\{\sin 2t\}=\frac{2}{s^2+4}$$

이다. 따라서 $\sin^2 t$의 라플라스 변환은

$$\mathcal{L}\{\sin^2 t\}=\frac{2}{s(s^2+4)}$$

이다.

[예제 8-7]

함수 $f(t)=\cos^2 t$ 의 라플라스 변환을 구하시오.

풀이 예제 8-6과 같은 방법으로 라플라스 변환을 구할 수 있으며, 여기서는 다른 방법을 사용하여 답을 구한다. 삼각함수의 관계식

$$\sin^2 t+\cos^2 t=1$$

의 양변에 라플라스 변환을 하면

$$\mathcal{L}\{\sin^2 t\}+\mathcal{L}\{\cos^2 t\}=\frac{1}{s}$$

이다. 예제 8-6에서 구한 $\sin^2 t$의 라플라스 변환 결과를 이용하면

$$\mathcal{L}\{\cos^2 t\}=\frac{1}{s}-\mathcal{L}\{\sin^2 t\}=\frac{s^2+2}{s(s^2+4)}$$

의 결과를 얻는다.

8.3 라플라스 변환을 이용한 미분방정식 풀이

상수계수를 갖는 미분방정식을 라플라스 변환으로 해를 구하는 방법은 그림 8-1에 요약되어 있다.

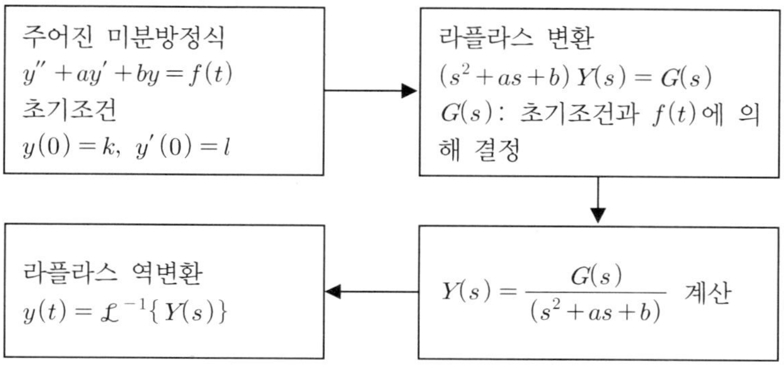

[그림 8-1] 라플라스 변환을 이용한 미분방정식의 풀이 과정

[예제 8-8]

미분방정식 $y'' - 4y = t$의 해를 라플라스 변환을 이용하여 구하시오. 단, $y(0) = 1$, $y'(0) = 1$

풀이 1) 먼저 7장의 미분방정식 풀이방법으로 해를 구한다. 주어진 미분방정식의 특성방정식은

$$\lambda^2 - 4 = (\lambda + 2)(\lambda - 2) = 0$$

이므로 재차미분방정식의 해는

$$y_h = c_1 e^{-2t} + c_2 e^{2t}$$

이다. 비제차항이 t의 일차식이므로 특수해는

$$y_p = At + B$$

로 가정하며 이를 주어진 미분방정식에 대입하면

$$y_p = -\frac{1}{4}t$$

이다. 미분방정식의 일반해는

$$y = c_1 e^{-2t} + c_2 e^{2t} - \frac{1}{4}t$$

이며, 두 개의 미지수를 구하기 위해 다음과 같이 초기조건을 이용한다.

$$y(0) = c_1 + c_2 = 1$$

$$y'(0) = -2c_1 + 2c_2 - \frac{1}{4} = 1$$

두 조건으로부터 미지수는 $c_1 = \dfrac{3}{16}$, $c_2 = \dfrac{13}{16}$이다. 초기조건을 만족하는 미분방정식의 해는

$$y = \frac{3}{16}e^{-2t} + \frac{13}{16}e^{2t} - \frac{1}{4}t$$

이다.

2) 다음으로 라플라스 변환을 이용하여 미분방정식의 해를 구한다. 그림 8-1에 요약된 것과 같이 먼저 양변을 모두 라플라스 변환하면

$$\mathcal{L}\{y'' - 4y\} = \mathcal{L}\{t\}$$

이며, 예제 8-2의 결과를 적용하면

$$\mathcal{L}\{y''\} - \mathcal{L}\{4y\} = \mathcal{L}\{t\}$$

이다. $\mathcal{L}\{y\} = Y$라 하고 문제에 주어진 초기조건을 대입하면 y''의 라플라스 변환은

$$\mathcal{L}\{y''\} = s^2\mathcal{L}\{y\} - sy(0) - y'(0) = s^2Y - s - 1$$

이고, 우변 t의 라플라스 변환은

$$\mathcal{L}\{t\} = \frac{1}{s^2}$$

의 결과를 얻는다. 이를 대입하여 정리하면

$$Y = \frac{1}{s^2(s^2-4)} + \frac{s+1}{s^2-4}$$

이며, 다음과 같이 라플라스 역변환을 통해 해 $y(t)$를 구한다.

$$y(t) = \mathcal{L}^{-1}\{Y\} = \mathcal{L}^{-1}\left\{\frac{1}{s^2(s^2-4)} + \frac{s+1}{s^2-4}\right\}$$

표 8-1에 주어진 기본함수의 라플라스 변환 결과와 동일한 형태로 바꾸어야하며 위의 식 Y의 첫 번째 및 두 번째 항은 다음과 같이 부분분수로 전개된다.

$$\frac{1}{s^2(s^2-4)} = \frac{1}{4}\left(\frac{1}{s^2-4} - \frac{1}{s^2}\right)$$

$$\frac{1}{s^2-4} = \frac{1}{4}\left(\frac{1}{s-2} - \frac{1}{s+2}\right)$$

$$\frac{s+1}{s^2-4} = \frac{3/4}{s-2} + \frac{1/4}{s+2}$$

부분분수로 표시된 항의 역변환 결과는 다음과 같다.

$$\mathcal{L}^{-1}\left\{\frac{1}{s^2(s^2-4)}\right\} = \frac{1}{4}\left[\frac{1}{4}(e^{2t}-e^{-2t}) - \frac{1}{t}\right]$$

$$\mathcal{L}^{-1}\left\{\frac{s+1}{s^2-4}\right\} = \frac{3}{4}e^{2t} + \frac{1}{4}e^{-2t}$$

위의 결과를 정리하면 $y(t)$는

$$y(t) = \frac{3}{16}e^{-2t} + \frac{13}{16}e^{2t} - \frac{1}{4}t$$

이다.

[참고] 예제 8-8에서 구한 $Y(s)$는 다음과 같다.

$$Y = \frac{1}{s^2(s^2-4)} + \frac{s+1}{s^2-4}$$

우변의 첫째항은 초기조건과 관계없이 제차미분방정식으로부터 구해지는 것이고 둘째 항은 초기조건으로부터 구해지는 것이다. 자동제어에서 나오는 전달함수는 바로 첫째항이다.

8.4 적분의 라플라스 변환

$F(t) = \int_a^t f(x)dx$ 라 놓으면 $F'(t) = f(t)$ 이다. 도함수 $F'(t)$의 라플라스 변환은 식 (8-3)에 의해

$$\mathcal{L}\{F'(t)\} = s\mathcal{L}\{F(t)\} - F(0) = \mathcal{L}\{f(t)\} \tag{8-6}$$

로 표현된다. 식 (8-6)을 정리하면

$$\mathcal{L}\left\{\int_a^t f(x)dx\right\} = \frac{1}{s}\mathcal{L}\{f(t)\} + \frac{1}{s}F(0) \tag{8-7}$$

이며, $F(0)$ 를 대입하면

$$\mathcal{L}\left\{\int_a^t f(x)dx\right\} = \frac{1}{s}\mathcal{L}\{f(t)\} - \frac{1}{s}\int_0^a f(x)dx \tag{8-8}$$

이다. 식 (8-8)에서 $a=0$이면 식 (8-8)은

$$\mathcal{L}\left\{\int_0^t f(x)dx\right\} = \frac{1}{s}\mathcal{L}\{f(t)\} \tag{8-9}$$

로 간단히 정리되며, 역변환은

$$\int_0^t f(x)dx = \mathcal{L}^{-1}\left\{\frac{1}{s}\mathcal{L}\{f(t)\}\right\} \tag{8-10}$$

이다.

[예제 8-10]

$\mathcal{L}^{-1}\left\{\dfrac{1}{s(s^2+4)}\right\}$와 $\mathcal{L}^{-1}\left\{\dfrac{1}{s^2(s^2+4)}\right\}$을 구하시오.

풀이 먼저 라플라스 변환된 함수의 역변환은

$$\mathcal{L}^{-1}\left\{\frac{1}{(s^2+4)}\right\} = \frac{1}{2}\sin 2t$$

이다. 식 (8-10)에 의하면

$$\mathcal{L}^{-1}\left\{\frac{1}{s(s^2+4)}\right\} = \int_0^t \frac{1}{2}\sin 2x dx$$

이므로

$$\mathcal{L}^{-1}\left\{\frac{1}{s(s^2+4)}\right\} = \left[-\frac{1}{4}\cos 2x\right]_0^t = -\frac{1}{4}\cos 2t + \frac{1}{4}$$

이다. 위에 사용한 것과 동일한 방법으로

$$\mathcal{L}^{-1}\left\{\frac{1}{s^2(s^2+4)}\right\} = \int_0^t\left(-\frac{1}{4}cos2x + \frac{1}{4}\right)dt = \left[-\frac{1}{8}sin2x + \frac{1}{4}x\right]_0^t = -\frac{1}{8}sin2t + \frac{1}{4}t$$

의 결과를 얻는다.

8.5 단위 계단 함수(unit step function)

단위 계단 함수 $u(t)$는

$$u(t) = \begin{cases} 0 & (t < 0) \\ 1 & (t \geq 0) \end{cases} \tag{8-11}$$

로 정의된다. 그 형태는 그림 8-2와 같이 $t<0$인 영역에서 $u(t)$는 0의 값을 갖고 $t \geq 0$의 영역에서 $u(t)$는 1의 값을 갖는다. 그림 8-2에 주어진 단위 계단 함수를 오른쪽으로 a만큼 평행 이동하면 그림 8-3과 같고 그 식은

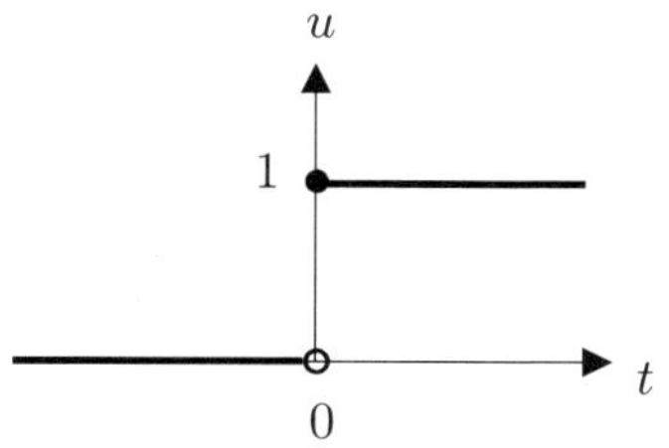

[그림 8-2] 단위 계단 함수 $u(t)$

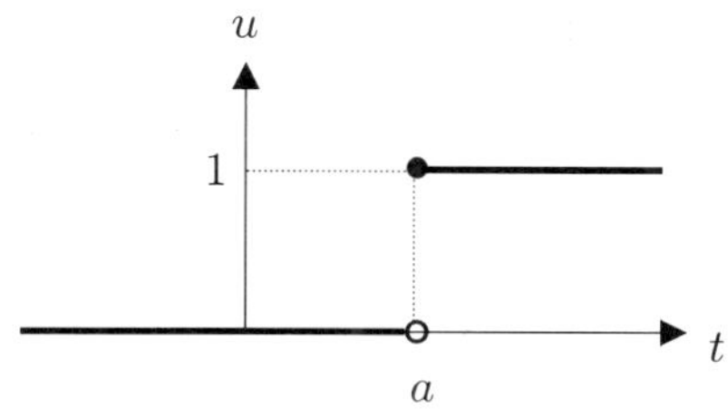

[그림 8-3] 단위 계단 함수 $u(t-a)$

$$u(t-a)=\begin{cases}0 & (t<a)\\ 1 & (t\geqq a)\end{cases} \tag{8-12}$$

와 같다.

함수 $f(t)$와 단위계단 함수 $u(t)$의 곱인 함수 $f(t-a)u(t-a)$를 생각하자. 이 함수의 값은 $t<a$일 때 0, $t\geqq a$일 때 $f(t-a)$이다. 이를 정리하면

$$f(t-a)u(t-a)=\begin{cases}0 & (t<a)\\ f(t-a) & (t\geqq a)\end{cases} \tag{8-13}$$

이다. 식 (8-13)은 먼저 함수 $f(t)$를 오른쪽으로 a만큼 이동하고 $t<a$에서는 0인 것을 의미한다.

[예제 8-11]

식 (8-11)에 주어진 단위 계단 함수의 라플라스 변환을 구하시오.

풀이 식 (8-1)에 식 (8-11)의 단위 계단 함수를 대입하여 적분을 수행하면

$$\begin{aligned}\mathcal{L}\{u(t)\}&=\int_0^{\infty}e^{-st}u(t)dt\\&=\int_0^{\infty}e^{-st}dt\\&=\left[-\frac{1}{s}e^{-st}\right]_0^{\infty}\\&=\frac{1}{s}\end{aligned}$$

인 결과를 얻는다.

[예제 8-12]

식 (8-12)에 주어진 단위 계단 함수의 라플라스 변환을 구하시오.

풀이 식 (8-1)에 식 (8-12)의 단위 계단 함수를 대입하여 적분을 수행하면

$$
\begin{aligned}
\mathcal{L}\{u(t-a)\} &= \int_0^{\infty} e^{-st}u(t-a)dt \\
&= \int_0^{a} e^{-st}\,0dt + \int_a^{\infty} e^{-st}\,1\,dt \\
&= \left[-\frac{1}{s}e^{-st}\right]_a^{\infty} \\
&= \frac{e^{-as}}{s}
\end{aligned}
$$

인 결과를 얻는다.

[예제 8-13]

$f(t)=\cos t$, $a=\pi$일 때 함수 $f(t-a)u(t-a)$의 그래프를 그리시오.

풀이 식 (8-15)의 결과를 이용하면 그래프는 점선으로 표시된 $\cos t$의 그래프를 오른쪽으로 π 만큼 이동하고 $t<\pi$에서는 0인 것이다. 이 그래프는 그림 8-4와 같이 굵은 실선으로 표시된 것이다.

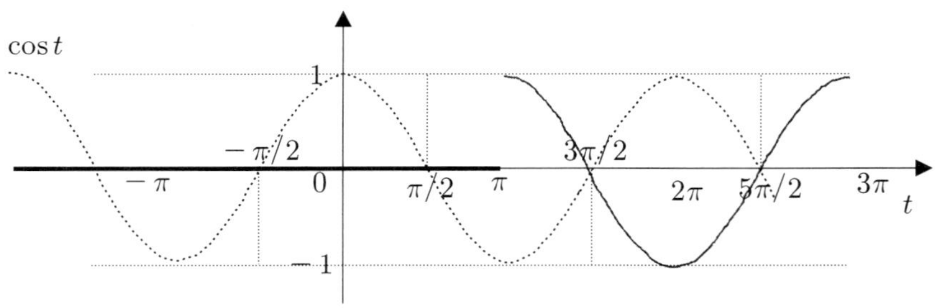

[그림 8-4] 예제 8-13

[예제 8-14]

$g(t)=\sin t\, u(t-\pi/2)$의 그래프를 그리시오.

풀이 단위계단 함수의 정의에 의하면 함수 $g(t)$는 $t=\pi/2$를 기준으로

$$
g(t)=\begin{cases} 0 & (t<\pi/2) \\ \sin t & (t \geq \pi/2) \end{cases}
$$

이므로, $g(t)$의 그래프는 그림 8-5와 같다. $g(t)$는 점선으로 표시된 $\sin t$의 그래프에서 $t < \pi/2$인 영역에서는 함숫값이 0이고 $t \geq \pi/2$에서는 $\sin t$의 그래프로 그림에서는 굵은 실선으로 표시된 것이다. 즉 함수 $f(t)u(t-a)$와 예제 8-13에 보인 $f(t-a)u(t-a)$의 그래프는 서로 다른 것에 유의하자.

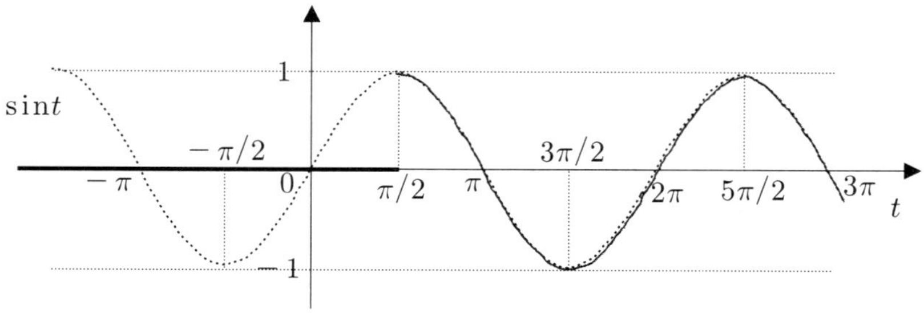

[그림 8-5] 예제 8-14

8.6 평행 이동의 라플라스 변환

식 (8-13)에 보인 것과 같이 단위계단 함수를 이용하여 평행 이동한 함수 $f(t-a)u(t-a)$의 라플라스 변환한 결과는

$$\mathcal{L}\{f(t-a)u(t-a)\} = e^{-as}F(s) \tag{8-14}$$

이며, $F(s) = \mathcal{L}\{f(t)\}$이고 유도 과정은 다음과 같다. 식 (8-1)에 주어진 함수를 대입하여 적분을 수행하면

$$\begin{aligned}\mathcal{L}\{f(t-a)u(t-a)\} &= \int_0^\infty e^{-st}f(t-a)u(t-a)dt \\ &= \int_a^\infty e^{-st}f(t-a)dt \\ &= \int_0^\infty e^{-s(a+\tau)}f(\tau)d\tau \\ &= e^{-as}\int_0^\infty e^{-s\tau}f(\tau)d\tau \\ &= e^{-as}F(s)\end{aligned} \tag{8-15}$$

의 결과를 얻는다. 여기서 $t-a=\tau$인 관계식이 치환적분에 사용되었다. 또 이의 역변환은

$$\mathcal{L}^{-1}\{e^{-as}F(s)\}=f(t-a)u(t-a) \tag{8-16}$$

이다.

[예제 8-15]

함수 $g(t)=\cos(t-\pi)u(t-\pi)$ 의 라플라스 변환을 구하시오.

풀이 $\cos t$의 라플라스 변환은

$$\mathcal{L}\{\cos t\}=\frac{s}{s^2+1}$$

이므로, 식 (8–16)로부터

$$\mathcal{L}\{g(t)\}=e^{-\pi s}\frac{s}{s^2+1}$$

이다.

[예제 8-16]

$Y(s)=\dfrac{-e^{-10s}(10s+1)}{s^4}$ 의 라플라스 역변환을 이용하여 $y(t)$를 구하시오.

풀이 주어진 $Y(s)$를 정리하면

$$Y(s)=-e^{-10s}\left(\frac{10}{s^3}+\frac{1}{s^4}\right)$$

이다. 먼저 괄호 안의 것의 라플라스 역변환하면

$$\mathcal{L}^{-1}\left\{\frac{10}{s^3}+\frac{1}{s^4}\right\}=5t^2+\frac{1}{6}t^3$$

이므로, $y(t)$는 식 (8–16)으로부터 t 대신에 $t-10$을 대입하여

$$y(t)=\mathcal{L}^{-1}\{Y(s)\}=-\left[5(t-10)^2+\frac{1}{6}(t-10)^3\right]u(t-10)$$

이다.

8.7 라플라스 변환의 이동

함수 $f(t)$에 함수 e^{at}를 곱한 함수의 라플라스 변환은 식 (8-1)에 의해

$$\mathcal{L}\{e^{at}f(t)\} = \int_0^\infty e^{-st}e^{at}f(t)dt \tag{8-17}$$

$$= \int_0^\infty e^{-(s-a)t}f(t)dt$$

$$= F(s-a)$$

인 결과를 얻는다. 여기서 a는 실수이다. 이는 함수 $f(t)$의 라플라스 변환인 $F(s)$를 s축 방향으로 a만큼 평행 이동한 것이다. $F(s-a)$가 주어진 경우 이의 역변환은

$$\mathcal{L}^{-1}\{F(s-a)\} = e^{at}f(t) \tag{8-18}$$

이다.

[예제 8-17]

$1/(s-a)^n$의 라플라스 역변환을 구하시오. 단, a는 실수이다.

풀이 표 8-1에 주어진

$$\mathcal{L}^{-1}\left\{\frac{1}{s^n}\right\} = \frac{1}{(n-1)!}t^{n-1}$$

와 식 (8-18)을 이용하면

$$\mathcal{L}^{-1}\left\{\frac{1}{(s-a)^n}\right\} = e^{at}\frac{1}{(n-1)!}t^{n-1}$$

이다.

[예제 8-18]

$e^{2t}\sin 3t$의 라플라스 변환을 구하시오. 또 $\dfrac{s-3}{(s-3)^2+4}$의 역변환을 구하시오.

풀이

$$\mathcal{L}\{\sin 3t\} = \frac{3}{s^2+9}$$

이므로 식 (8-17)에 의해

$$\mathcal{L}\{e^{2t}\sin 3t\} = \frac{3}{(s-2)^2+9}$$

의 결과를 얻는다.

$$\mathcal{L}^{-1}\left\{\frac{s}{s^2+4}\right\} = \cos 2t$$

이므로 식 (8-18)에 의해

$$\mathcal{L}^{-1}\left\{\frac{s-3}{(s-3)^2+4}\right\} = e^{3t}\cos 2t$$

를 얻는다.

8.8 라플라스 변환의 도함수

함수 $f(t)$의 라플라스 변환 $F(s)$의 1계 도함수는

$$F'(s) = \frac{d}{ds}\int_0^\infty e^{-st}f(t)dt \tag{8-19}$$

이며, 미분한 후 적분하면

$$\begin{aligned} F'(s) &= \int_0^\infty \frac{d}{ds}\left[e^{-st}f(t)\right]dt \\ &= \int_0^\infty \left[-te^{-st}f(t)\right]dt \\ &= -\int_0^\infty e^{-st}tf(t)dt \\ &= -\mathcal{L}\{tf(t)\} \end{aligned} \tag{8-20}$$

의 관계식을 얻는다. 이를 정리하면

$$\mathcal{L}\{tf(t)\} = -F'(s) \tag{8-21}$$

인 결과를 얻으며, $F(s)$의 n계 도함수에 대해 이 과정을 반복해서 적용하면

$$\mathcal{L}\{t^n f(t)\} = (-1)^n F^{(n)}(s) \tag{8-22}$$

의 결과를 얻는다.

[예제 8-19]

함수 $g(t) = 2te^{2t}$의 라플라스 변환을 구하시오.

풀이 식 (8-21)을 이용하여 함수 $g(t)$의 라플라스 변환을 구한다. 먼저 $f(t) = 2e^{2t}$라 하면 함수 $f(t)$의 라플라스 변환은

$$F(s) = \mathcal{L}\{f(t)\} = \mathcal{L}\{2e^{2t}\} = \frac{2}{s-2}$$

이다. 따라서 $g(t)$의 라플라스 변환은

$$\mathcal{L}\{g(t)\} = -F'(s) = \frac{2}{(s-2)^2}$$

이다.

8.9 라플라스 변환의 적분

함수 $f(t)$의 라플라스 변환이 $F(s)$일 때 $f(t)/t$의 라플라스 변환은 $F(s)$를 적분함으로써 구할 수 있다. 즉

$$\mathcal{L}\left\{\frac{f(t)}{t}\right\} = \int_s^\infty F(\tau)d\tau \tag{8-23}$$

의 관계가 성립하고 유도 과정은 다음과 같다. 피적분함수 $F(\tau)$는 $f(t)$의 라플라스 변환이므로 $F(\tau)$ 대신에 라플라스 정의를 대입한다.

$$\int_s^\infty F(\tau)d\tau = \int_s^\infty \int_0^\infty e^{-\tau t} f(t)\,dt\,d\tau \tag{8-24}$$

우변의 이중 적분에서 적분의 순서를 바꾸어 적분하면

$$\begin{aligned}\int_s^\infty F(\tau)d\tau &= \int_0^\infty f(t)\left[\int_s^\infty e^{-\tau t}d\tau\right]dt \\ &= \int_0^\infty f(t)\left[-\frac{e^{-\tau t}}{t}\right]_s^\infty dt \\ &= \int_0^\infty f(t)\frac{e^{-st}}{t}dt \\ &= \mathcal{L}\left\{\frac{f(t)}{t}\right\}\end{aligned} \tag{8-25}$$

의 결과를 얻는다. 이는 $F(s)$를 적분한 결과의 역변환이 쉽게 구해질 때 $F(s)$의 역변환을 구하는 방법으로 자주 사용되지는 않는다.

[예제 8-20]

함수 $F(s)=\dfrac{2s}{(s^2+1)^2}$의 라플라스 역변환을 구하시오.

풀이 식 (8-23)의 결과를 이용하여 $F(s)$의 라플라스 역변환을 구한다. 먼저 식 (8-23)의 우변과 같이 $F(s)$를 적분한다.

$$\int_s^\infty F(\tau)\,d\tau=\int_s^\infty \frac{2\tau}{(\tau^2+1)^2}d\tau$$

$\tau^2+1=t$라 하면, 주어진 적분은

$$\int_s^\infty F(\tau)\,d\tau=\int_s^\infty \frac{2\tau}{(\tau^2+1)^2}d\tau=\int_{s^2+1}^\infty \frac{1}{t^2}dt=\left[-\frac{1}{t}\right]_{s^2+1}^\infty=\frac{1}{s^2+1}$$

이다. 마지막 식의 우변의 라플라스 역변환은

$$\mathcal{L}^{-1}\left\{\frac{1}{s^2+1}\right\}=\sin t$$

이므로

$$f(t)=\mathcal{L}^{-1}\{F(s)\}=t\sin t$$

이다.

8.10 주기함수의 라플라스 변환

주기 p인 주기함수의 정의는

$$f(t+p)=f(t) \tag{8-26}$$

이다. 주기함수 $f(t)$의 라플라스 변환은 식 (8-1)과 식 (8-26)에 의해

$$\mathcal{L}\{f(t)\}=\int_0^\infty e^{-st}f(t)dt \tag{8-27}$$

$$=\int_0^p e^{-st}f(t)\,dt+\int_p^{2p} e^{-st}f(t)\,dt+\int_{2p}^{3p} e^{-st}f(t)\,dt+\dots$$

로 표시된다. $t=(n-1)p+\tau$라 놓으면 식 (8-27)의 우변의 일반항은

$$\int_{(n-1)p}^{np} e^{-st} f(t)dt = \int_0^p e^{-s[(n-1)p+\tau]} f((n-1)p+\tau)\,d\tau \tag{8-28}$$

$$= e^{-s(n-1)p}\int_0^\infty e^{-s\tau} f(\tau)d\tau$$

로 단순화된다. 식 (8-28)을 식 (8-27)의 우변에 대입한 후 등비수열의 합 공식을 적용하면 주기함수 $f(t)$의 라플라스 변환은 다음과 같다.

$$\mathcal{L}\{f(t)\} = \int_0^\infty e^{-st} f(t)dt \tag{8-29}$$

$$= \left[1+e^{-sp}+e^{-2sp}+\ldots\right]\int_0^p e^{-st} f(t)dt$$

$$= \frac{1}{1-e^{-sp}}\int_0^p e^{-st} f(t)dt$$

[예제 8-21]

그림 8-6과 같이 주어진 주기 $10msec$인 주기 함수의 라플라스 변환을 구하시오.

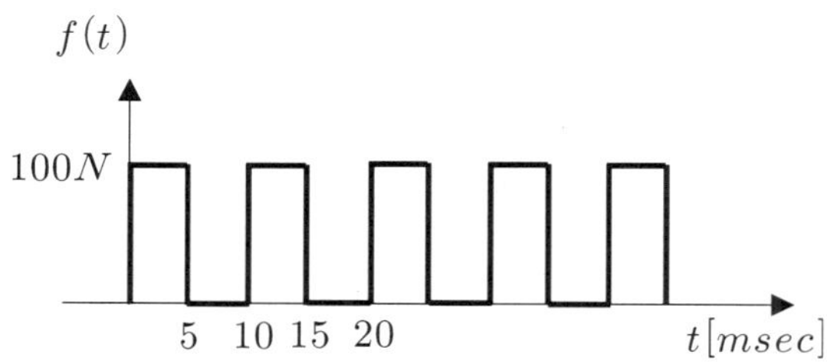

[그림 8-6] 예제 8-21

풀이 식 (8-29)의 결과를 이용하면

$$\mathcal{L}\{f(t)\} \equiv \frac{1}{1-e^{-sp}}\int_0^p e^{-st} f(t)dt$$

$$= \frac{1}{1-e^{-0.01s}}\left\{\int_0^{0.005} e^{-st}100dt + \int_{0.005}^{0.01} e^{-st}0dt\right\}$$

$$= \frac{1}{1-e^{-0.01s}}\left[-\frac{100}{s}e^{-st}\right]_0^{0.005}$$

$$= \frac{100}{s} \frac{1-e^{-0.005s}}{1-e^{-0.01s}}$$

$$= \frac{100}{s} \frac{1}{1+e^{-0.005s}}$$

의 결과를 얻는다.

8.11 Dirac delta 함수

매우 짧은 시간동안에 큰 힘이 작용하거나 큰 전압이 작용할 때 일어나는 현상을 해석할 때 아주 유용한 것이 Dirac 델타 함수(Dirac delta function)이다. 그림 8-7과 같은 함수는 다음과 같은 식으로 표현된다.

$$f(t) = \begin{cases} 0 & (t < a \text{ 또는 } t > a+k) \\ 1/k & (a \leq t \leq a+k) \end{cases} \tag{8-30}$$

이 함수와 t축이 만드는 면적은 1이다. k가 0으로 접근할 때 식 (8-30)로 표시된 함수를 Dirac 델타 함수이라 하며

$$\delta(t-a) \tag{8-31}$$

로 표기한다. 이 함수는 $t=a$에서 크기가 무한대이고 나머지 영역에서는 0이다.

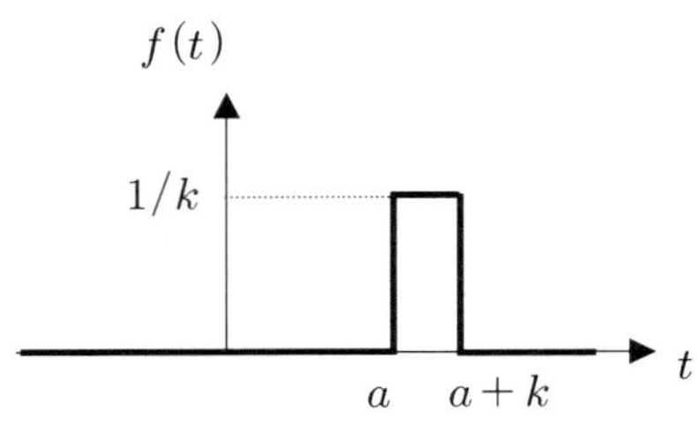

[그림 8-7] Dirac 델타 함수

식 (8-31)로 표시된 델타 함수의 라플라스 변환은 먼저 식 (8-30)을 단위계단 함수로 표시한다.

$$f(t) = \frac{1}{k}[u(t-a) - u(t-a-k)] \tag{8-32}$$

이 함수의 라플라스 변환은 예제 8-12의 결과로부터

$$\mathcal{L}\{f(t)\} = e^{-as}\frac{1-e^{-ks}}{ks} \tag{8-33}$$

따라서 델타 함수의 라플라스 변환은 식 (8-33)에서 k가 0으로 접근할 때이므로

$$\mathcal{L}\{\delta(t-a)\} = \lim_{k\to 0} e^{-as}\frac{1-e^{-ks}}{ks} \tag{8-34}$$

$$= e^{-as}\lim_{k\to 0}\frac{se^{-ks}}{s}$$

$$= e^{-as}$$

이 된다. 식 (8-34)로부터 다음의 관계를 갖는다.

$$\mathcal{L}^{-1}\{e^{-as}\} = \delta(t-a) \tag{8-35}$$

[예제 8-22]

질량 1Kg인 물체가 편평한 바닥위에 정지하고 있다. 그림 8-8a와 같이 시간 t=0sec 일 때 1000N의 충격이 순간적으로 물체에 가해졌다. 이렇게 되면 물체는 운동을 시작하기 시작할 것이며, 이때 물체와 바닥과의 사이에는 마찰력이 존재한다. 이 마찰력은 그림 8-8b와 같이 시간에 따른 주기함수이다.

1) 주기 함수인 마찰력의 라플라스 변환을 구하시오.
2) 물체의 위치를 시간의 함수로 표시하여라.
3) 15초 후의 물체의 위치를 계산하여라.

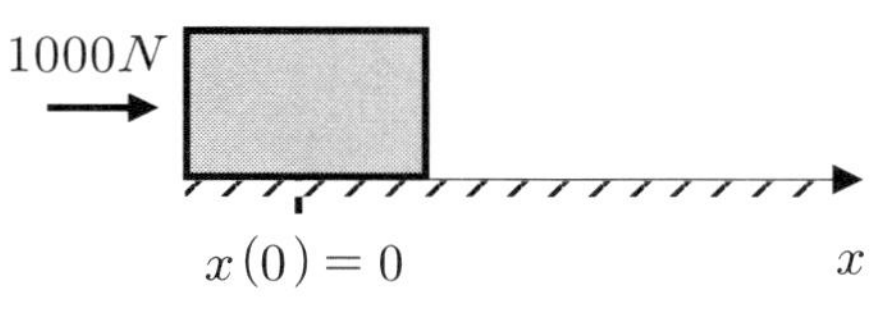

[그림 8-8(a)] 예제 8-22

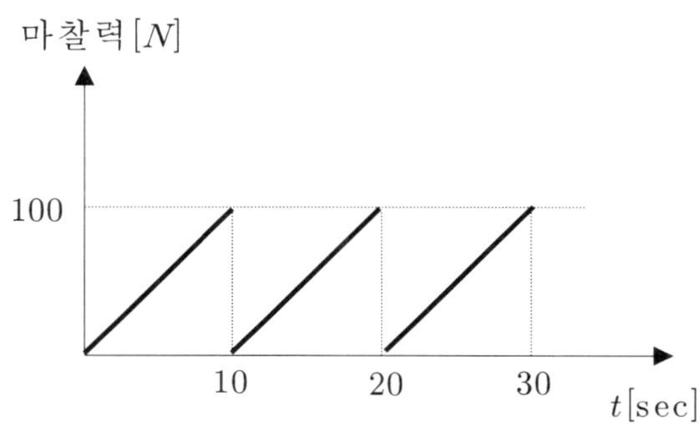

[그림 8-8(b)] 예제 8-22

풀이 1) 한주기 동안 마찰력은 $F_\mu = 10t$이므로, 이의 라플라스 변환 $\mathcal{L}\{F_\mu\}$은 식 (8-29)에 의해

$$\begin{aligned}\mathcal{L}\{F_\mu\} &= \frac{1}{1-e^{-10s}}\int_0^{10} e^{-st}F_\mu dt \\ &= \frac{10}{1-e^{-10s}}\int_0^{10} te^{-st}dt \\ &= \frac{10}{1-e^{-10s}}\left\{\left[-\frac{1}{s}te^{-st}\right]_0^{10} + \frac{1}{s}\int_0^{10} e^{-st}dt\right\} \\ &= \frac{10}{1-e^{-10s}}\left\{-\frac{1}{s}(10e^{-10s}) - \frac{1}{s^2}\left[e^{-st}\right]_0^{10}\right\} \\ &= -\frac{100}{s}\frac{e^{-10s}}{1-e^{-10s}} + \frac{10}{s^2}\end{aligned}$$

이다.

2) $\Sigma F = ma = mv' = mx''$ 이므로

$$1000\delta(t) - F_\mu = x''(t)$$

양변에 라플라스 변환을 취한 후 정리하면

$$\begin{aligned}X(s) &= \frac{1000}{s^2} - \frac{10}{s^4} + \frac{100}{s^3}\frac{e^{-10s}}{1-e^{-10s}} \\ &= \frac{1000}{s^2} - \frac{10}{s^4} + \frac{100}{s^3}(e^{-10s} + e^{-20s} + e^{-30s} + \cdots)\end{aligned}$$

이다. 역변환을 하여 물체의 위치를 구하면

$$\begin{aligned}x(t) = 1000t - \frac{5}{3}t^3 + 50[&(t-10)^2u(t-10) + (t-20)^2u(t-20) \\ &+ (t-30)^2u(t-30) + \cdots]\end{aligned}$$

이다.

3) 2)에서 구한 물체의 위치에 $t = 15\text{sec}$를 대입하면 물체의 위치는

$$x(15) = 10{,}625m$$

이다. 참고로 물체의 속도는

$$\begin{aligned}v(t) = 1000 - 5t^2 + 100[&(t-10)u(t-10) + (t-20)u(t-20) \\ &+ (t-30)u(t-30) + \cdots]\end{aligned}$$

이며, $t = 20\text{sec}$일 때 물체는 정지한다.

[예제 8-23]

투수가 던진 144km/hr의 속도를 갖는 야구공을 타자가 배트로 치는 것을 그림 8-9와 같이 생각하자. 질량 $0.1Kg$인 야구공이 $-x$ 방향으로 날아올 때 야구공에 타자가 0.01초 동안 $1000N$의 힘을 가한다. 그러면, 야구공은 x 방향으로 날아가며, 이때 야구공에 작용하는 공기의 저항력은 속도에 비례하며 비례계수는 $k=0.5$이다.

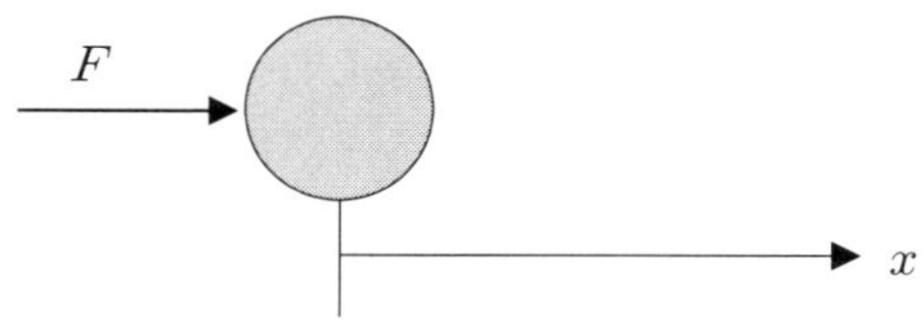

[그림 8-9] 예제 8-23

1) 투수가 던진 야구공의 속도를 $m/\sec$ 단위로 환산하여라.
2) 물체의 운동방정식(미분방정식)을 구성하시오.
3) 0.01초 동안 가해진 힘의 라플라스변환을 구하시오.
4) 1)~3)의 결과를 이용하여 미분방정식의 해를 구하시오.
5) 야구공이 배트를 떠나는 순간의 속도를 계산하여라.

풀이 1) $144\text{km/hr}=40\text{m/sec}$

2) 운동방정식은 $F-F_d=mx''$ 이다. 여기서 F_d는 공기에 의한 저항력으로 $F_d=0.5x'$ 이며, F는 타자가 공에 가하는 힘으로 $F=1{,}000[u(t)-u(t-0.01)]$이다. 이를 운동방정식에 대입하면

$$x''+5x'=10{,}000[u(t)-u(t-0.01)]$$

을 얻는다.

3) $\mathcal{L}\{F\}=\dfrac{1000}{s}-\dfrac{1000}{s}e^{-0.01s}$

4) 2)에서 유도된 운동방정식을 라플라스 변환하면

$$(s^2+5s)X(s)=x'(0)+10\mathcal{L}\{F\}$$

$$=-40+\frac{10000}{s}(1-e^{-0.01s})$$

이므로,

$$X(s)=-\frac{40}{s^2+5s}+\frac{10000}{s(s^2+5s)}(1-e^{-0.01s})$$

이다. 이의 역변환을 하면

$$x(t) = -8(1-e^{-5t}) + 2000\left(t - \frac{1}{5} + \frac{1}{5}e^{-5t}\right)$$
$$-2000\left[(t-0.01) + \frac{1}{5}e^{-5(t-0.01)} - \frac{1}{5}\right]u(t-0.01)$$

이다.

5) 4)에서 구한 변위를 미분하여 $t = 0.01\text{sec}$를 대입하면

$$v(0.01) = 2000 - 2040e^{-5\times 0.01} = 59.5\text{m/sec}$$

이다.

8.12 합성(convolution)

$F(s)$와 $G(s)$의 라플라스 역변환이 각각 함수 $f(t)$와 $g(t)$로 알려져 있다. $H(s)$가 $F(s)$와 $G(s)$의 곱인

$$H(s) = F(s)G(s) \tag{8-36}$$

의 형태로 주어질 때 함수 $h(t)$는

$$h(t) = \mathcal{L}^{-1}\{H(s)\} = \mathcal{L}^{-1}\{F(s)G(s)\} \tag{8-37}$$

이다. 하지만 $F(s)G(s)$의 역변환은 단순히 $f(t)$와 $g(t)$의 곱이 아니다. 여기서 $f(t)$와 $g(t)$로부터 $h(t)$를 구하는 방법에 대해 공부한다.

먼저 $F(s)$는 라플라스 변환의 정의에 의해

$$F(s) = \int_0^\infty f(\lambda)e^{-s\lambda}d\lambda \tag{8-38}$$

이며, 식 (8-38)을 식 (8-37)에 대입하면

$$h(t) = \mathcal{L}^{-1}\left\{\int_0^\infty f(\lambda)e^{-s\lambda}G(s)d\lambda\right\} \tag{8-39}$$

가 된다. 식 (8-39)에서 라플라스 역변환은 변수 s에만 영향을 이를 적분기호 안으로 넣으면

$$h(t) = \int_0^\infty f(\lambda)\mathcal{L}^{-1}\{e^{-s\lambda}G(s)\}d\lambda \tag{8-40}$$

로 변형된다. 식 (8-40)의 피적분 함수 $e^{-s\lambda}G(s)$는 식 (8-14)에 의해

$$\mathcal{L}^{-1}\{e^{-s\lambda}G(s)\} = g(t-\lambda)u(t-\lambda) \tag{8-41}$$

이므로, (8-41)을 식 (8-40)에 대입하면

$$h(t) = \int_0^{\infty} f(\lambda)g(t-\lambda)u(t-\lambda)d\lambda \tag{8-42}$$

이 된다. 식 (8-42)에서 적분구간을 나누어 정리하면

$$h(t) = \int_0^{t} f(\lambda)g(t-\lambda)u(t-\lambda)d\lambda + \int_t^{\infty} f(\lambda)g(t-\lambda)u(t-\lambda)d\lambda \tag{8-43}$$

$$= \int_0^{t} f(\lambda)g(t-\lambda)d\lambda$$

이다. 식 (8-43)의 첫 번째 줄의 두 번째 적분속의 피적분 함수는 적분구간 내에서 단위계단 함수가 0이기 때문에 사라진다. 따라서 라플라스 변환의 곱으로 표시된 $F(s)G(s)$의 역변환은 식 (8-43)과 같이 $F(s)$와 $G(s)$의 라플라스 역변환인 함수 $f(t)$와 $g(t)$의 적분 형태로 구할 수 있다. 이 식을 라플라스 변환의 합성(convolution)이라 정의하고 다음과 같은 표현방법으로 나타낸다.

$$h(t) = \mathcal{L}^{-1}\{F(s)G(s)\} = (f * g)(t) = \int_0^{t} f(\lambda)g(t-\lambda)d\lambda \tag{8-44}$$

식 (8-44)의 합성은 교환법칙, 배분법칙, 결합법칙이 모두 성립한다. 즉

$$\text{교환법칙} : (f * g)(t) = (g * f)(t) \tag{8-45}$$

$$\text{배분법칙} : (f * (g_1 + g_2))(t) = (f * g_1)(t) + (f * g_2)(t)$$

$$\text{결합법칙} : ((f * g) * v)(t) = (f * (g * v))(t)$$

[예제 8-24]

$t * t^2$을 계산하시오.

풀이 합성의 정의 식 (8-44)에 의해

$$t * t^2 = \int_0^{t} \lambda(t-\lambda)^2 d\lambda$$

이므로 피적분 함수를 전개한 후 적분하면

$$t * t^2 = \int_0^t (\lambda^3 - 2t\lambda^2 + t^2\lambda)d\lambda$$
$$= \left[\frac{1}{4}\lambda^4 - \frac{2}{3}t\lambda^3 + \frac{1}{2}t^2\lambda^2\right]_0^t$$
$$= \frac{1}{12}t^4$$

의 결과를 얻는다.

[예제 8-25]

$H(s) = \dfrac{1}{s^2(s-1)}$ 의 역변환을 합성을 이용하여 계산하시오.

풀이 $H(s)$는 $1/s^2$과 $1/(s-1)$의 곱으로 각각 $F(s)$와 $G(s)$라 하면

$$f(t) = \mathcal{L}^{-1}\left\{\frac{1}{s^2}\right\} = t,\ \ g(t) = \mathcal{L}^{-1}\left\{\frac{1}{s-1}\right\} = e^t$$

의 역변환 결과를 쉽게 알 수 있다. $f(t)$와 $g(t)$의 결과로부터 $h(t)$는 합성의 공식 (8-44)로부터

$$h(t) = (f * g)(t) = \int_0^t \lambda e^{(t-\lambda)}d\lambda$$

이 되며, 적분을 수행하면

$$h(t) = e^t[-\lambda e^{-\lambda} - e^{-\lambda}]_0^t = e^t - t - 1$$

이 된다.

[예제 8-26]

$H(s) = \dfrac{s^2}{(s^2+\alpha^2)^2}$ 의 역변환을 합성을 이용하여 계산하시오. 단, α는 실수이다.

풀이 $H(s)$는 $s/(s^2+\alpha^2)$의 제곱이고

$$\mathcal{L}^{-1}\left\{\frac{s}{s^2+\alpha^2}\right\} = \cos\alpha t$$

이므로 $H(s)$의 역변환은 $\cos\alpha t$와 $\cos\alpha t$의 합성으로 구할 수 있다.

$$h(t) = \cos\alpha t * \cos\alpha t = \int_0^t \cos\alpha\lambda\cos\alpha(t-\lambda)d\lambda$$
$$= \frac{1}{2}t\cos\alpha t + \frac{1}{2\alpha}\sin\alpha t$$

이다. 적분을 위해 $\cos\alpha\cos\beta = [\cos(\alpha+\beta) + \cos(\alpha-\beta)]/2$가 사용되었다.

[예제 8-27]

$H(s) = \dfrac{s}{(s^2+\alpha^2)^2}$의 역변환을 합성을 이용하여 계산하시오. 단, α는 실수이다.

풀이 $H(s)$는 $s/(s^2+\alpha^2)$와 $1/(s^2+\alpha^2)$의 곱이고

$$\mathcal{L}^{-1}\left\{\frac{s}{s^2+\alpha^2}\right\} = \cos\alpha t, \quad \mathcal{L}^{-1}\left\{\frac{1}{s^2+\alpha^2}\right\} = \frac{1}{\alpha} sin\alpha t$$

이므로 $H(s)$의 역변환은 $\cos\alpha t$와 $\sin\alpha t/\alpha$의 합성으로 구할 수 있다.

$$h(t) = \cos\alpha t * \sin\alpha t/\alpha = \frac{1}{\alpha}\int_0^t \cos\alpha\lambda \sin\alpha(t-\lambda)d\lambda$$

$$= \frac{1}{2} t\sin\alpha t$$

이다. 적분을 위해 $\sin\alpha\cos\beta = [\sin(\alpha+\beta)+\sin(\alpha-\beta)]/2$이 사용되었다.

[예제 8-28]

$H(s) = \dfrac{\alpha^2}{(s^2+\alpha^2)^2}$의 역변환을 합성을 이용하여 계산하시오. 단, α는 실수이다.

풀이 $H(s)$는 $\alpha/(s^2+\alpha^2)$의 제곱이고

$$\mathcal{L}^{-1}\left\{\frac{\alpha}{s^2+\alpha^2}\right\} = \sin\alpha t$$

이므로 $H(s)$의 역변환은 $\sin\alpha t$와 $\sin\alpha t$의 합성으로 구할 수 있다.

$$h(t) = \sin\alpha t * \sin\alpha t = \int_0^t \sin\alpha\lambda \sin\alpha(t-\lambda)d\lambda$$

$$= \frac{1}{2\alpha} sin\alpha t - \frac{1}{2} tcos\alpha t$$

이다. 적분을 위해 $\sin\alpha\sin\beta = [\cos(\alpha-\beta)-\cos(\alpha+\beta)]/2$가 사용되었다.

[예제 8-29]

$y'' + y = \sin 2t,\ y(0) = y'(0) = 0$인 미분방정식의 해를 합성을 이용하여 구하시오.

풀이 양변에 라플라스 변환을 취하면

$$(s^2+1)Y(s) = \frac{2}{s^2+4}$$

이므로, $Y(s)$는

$$Y(s) = \frac{2}{(s^2+4)(s^2+1)}$$

이다. $\mathcal{L}^{-1}\{1/(s^2+1)\} = \sin t$, $\mathcal{L}^{-1}\{2/(s^2+4)\} = \sin 2t$ 이므로 식 (8-43)의 합성의 공식을 이용하면 $y(t)$는

$$y(t) = \sin 2t * \sin t = \int_0^t \sin 2\lambda \sin(t-\lambda)\, d\lambda$$
$$= -\frac{1}{3} sin2t + \frac{2}{3} sint$$

이다.

8.13 연립미분방정식

상수 계수를 갖는 선형의 연립 상미분방정식의 해는 라플라스 변환을 이용하여 쉽게 해를 구할 수 있다. 풀이 방법은 예제를 통해 공부한다.

[예제 8-30]

$y_1' + y_2 = \cos t$, $y_1 + y_2' = \sin t$, $y_1(0) = y_2(0) = 1$인 연립미분방정식의 해를 구하시오.

풀이 미분방정식의 양변에 라플라스 변환을 취한 후 정리하면

$$s\,Y_1(s) + Y_2(s) = \frac{s}{s^2+1} + 1 = \frac{s^2+s+1}{s^2+1}$$
$$Y_1(s) + s\,Y_2(s) = \frac{1}{s^2+1} + 1 = \frac{s^2+2}{s^2+1}$$

인 연립방정식이 된다. 크레이머(Cramer)의 공식을 이용하여 연립방정식의 해 $Y_1(s)$와 $Y_2(s)$를 구하면

$$Y_1(s) = \frac{\begin{vmatrix} (s^2+s+1)/(s^2+1) & 1 \\ (s^2+2)/(s^2+1) & s \end{vmatrix}}{\begin{vmatrix} s & 1 \\ 1 & s \end{vmatrix}} = \frac{s^3+s-2}{(s^2-1)(s^2+1)} = \frac{s^2+s+2}{(s+1)(s^2+1)}$$

$$Y_2(s) = \frac{\begin{vmatrix} 1 & (s^2+s+1)/(s^2+1) \\ s & (s^2+2)/(s^2+1) \end{vmatrix}}{\begin{vmatrix} s & 1 \\ 1 & s \end{vmatrix}} = \frac{s^3-s^2+s-1}{(s^2-1)(s^2+1)} = \frac{1}{s+1}$$

이 된다. $y_1(t)$와 $y_2(t)$를 구하기 위해 $Y_1(s)$와 $Y_2(s)$의 역변환을 구한다. $Y_1(s)$의 역변환을 구하기 위해 먼저 부분분수의 형태로 표시하면

$$Y_1(s) = \frac{s^2+s+2}{(s+1)(s^2+1)} = \frac{1}{s+1} + \frac{1}{s^2+1}$$

이다. 따라서 미분방정식의 해 $y_1(t)$와 $y_2(t)$는

$$y_1(t) = e^{-t} + \sin t$$
$$y_2(t) = e^{-t}$$

가 된다.

8.14 부분분수

8-3절의 그림 8-1에 설명된 것과 같이 라플라스 변환으로 미분방정식의 해를 구할 때 $Y(s)$는

$$Y(s) = \frac{G(s)}{F(s)} \tag{8-46}$$

의 형태로 표시되며, 이의 역변환을 통해 미분방정식의 해 $y(t)$를 구한다. 다항식으로 표시되는 분모 $F(s)$를 인수분해한 후 이 인수로 부분분수로 나타내어 역변환을 한다. $1/(s-a)^n$의 역변환은 예제 8-30에 설명되어 있으니 참고하기 바란다. 주어진 라플라스 변환을 부분분수로 바꾸는 것은 예제를 통해 공부한다.

[예제 8-31] 반복되지 않는 인수

$F(s) = \dfrac{6}{(s-2)(s-4)}$의 라플라스 역변환을 구하시오.

풀이 먼저 역변환을 하기 전 주어진 함수를 부분분수로 바꾸어야 쉽게 역변환이 된다. 분모에 있는 두 개의 인수로 부분분수로 나누면

$$F(s) = \frac{6}{(s-2)(s-4)} = \frac{A}{s-2} + \frac{B}{s-4}$$

이 된다. 미지수 A와 B의 값을 구하기 위해 양변에 $(s-2)(s-4)$를 곱하면

$$A(s-4) + B(s-2) = 6$$

이 된다. $s=2$를 대입하면 $A=-3$, $s=4$를 대입하면 $B=3$을 얻는다. $F(s)$는

$$F(s)=\frac{6}{(s-2)(s-4)}=\frac{-3}{s-2}+\frac{3}{s-4}$$

의 부분분수로 표시되고, 이의 역변환은

$$f(t)=3(e^{4t}-e^{2t})$$

이 된다. 물론 이 문제의 경우 합성을 이용하여 해를 구할 수도 있으니 독자들이 직접 두 해의 풀이과정을 비교해보기 바랍니다.

[예제 8-32] 반복되는 인수

$F(s)=\dfrac{s}{(s-2)^3}$ 의 라플라스 역변환을 구하시오.

풀이 분모에 $s-2$의 인수가 반복되는 경우로 먼저 다음과 같이 부분분수로 바꾼다.

$$F(s)=\frac{s}{(s-2)^3}=\frac{A}{s-2}+\frac{B}{(s-2)^2}+\frac{C}{(s-2)^3}$$

양변에 $(s-2)^3$을 곱하면

$$A(s-2)^2+B(s-2)+C=s$$

가 된다. 미지수 A, B, C를 구하기 위해 먼저 $s=2$를 대입하면

$$C=2$$

를 얻는다. 양변을 s에 대해 한번 미분하면

$$2A(s-2)+B=1$$

이며, 여기에 $s=2$를 대입하면

$$B=1$$

이 된다. 양변을 s에 대해 한 번 더 미분하면

$$A=0$$

가 된다. $F(s)$는

$$F(s)=\frac{1}{(s-2)^2}+\frac{2}{(s-2)^3}$$

의 부분분수로 표시되고, 이의 역변환은 식 (8-18)에 의해

$$f(t)=te^{2t}+t^2e^{2t}$$

이 된다.

[예제 8-33] 반복되지 않는 복소수 인수

$F(s) = \dfrac{s+13}{s^2+2s+10}$ 의 라플라스 역변환을 구하시오.

풀이 주어진 $F(s)$의 분모는 인수분해가 되지 않고 복소수의 근을 갖는다. 이 경우 복소수의 근으로 인수분해하지 않고 분모를 완전제곱의 형태로 바꾸면

$$F(s) = \frac{s+13}{(s+1)^2+9}$$

이 되며, 이를 다음의 형태로 바꾼다.

$$F(s) = \frac{s+1}{(s+1)^2+9} + 4\frac{3}{(s+1)^2+9}$$

이의 역변환은

$$f(t) = e^{-t}\cos 3t + 4e^{-t}\sin 3t$$

가 된다. 이와 같이 분모에 복소수의 인수를 갖는 경우 역변환은 삼각함수의 형태를 갖는다.

[예제 8-34] 반복되는 복소수 인수

$F(s) = \dfrac{s^2+4s+4}{(s^2+2s+5)^2}$ 의 라플라스 역변환을 구하시오.

풀이 주어진 $F(s)$의 분모를 완전제곱의 형태로 바꾼 후 $F(s)$를 다음과 같은 부분분수로 나타내면

$$A\frac{s^2}{(s^2+\alpha^2)^2} + B\frac{s}{(s^2+\alpha^2)^2} + C\frac{1}{(s^2+\alpha^2)^2}$$

예제 8-25~8-27에 유도된 것을 이용하면 첫 번째, 두 번째, 세 번째 항은 각각 예제 8-25, 8-26, 8-27의 결과로 역변환 가능하다. $F(s)$를 부분분수로 나타내면

$$F(s) = \frac{s^2+4s+4}{(s^2+2s+5)^2} = A\frac{(s+1)^2}{[(s+1)^2+4]^2} + B\frac{(s+1)}{[(s+1)^2+4]^2} + C\frac{1}{[(s+1)^2+4]^2}$$

이다. 양변에 $(s^2+2s+5)^2$을 곱하면

$$s^2+4s+4 = A(s+1)^2 + B(s+1) + C$$

이 되고, s의 최고차항의 계수 비교로 $A=1$, 양변의 $s=-1$을 대입하면 $C=1$, 양변을 s로 미분한 후 $s=-1$을 대입하면 $B=2$를 얻는다. $F(s)$는 부분분수로

$$F(s) = \frac{(s+1)^2}{[(s+1)^2+4]^2} + \frac{2(s+1)}{[(s+1)^2+4]^2} + \frac{1}{[(s+1)^2+4]^2}$$

이 된다. $F(s)$의 우변의 각항의 역변환은 각각 예제 8-25~8-27의 결과와 식 (8-18)의 결과로부터

$$\mathcal{L}^{-1}\left\{\frac{(s+1)^2}{[(s+1)^2+4]^2}\right\}=e^{-t}\left(\frac{1}{2}t\cos 2t+\frac{1}{4}\sin 2t\right)$$

$$\mathcal{L}^{-1}\left\{\frac{2(s+1)}{[(s+1)^2+4]^2}\right\}=e^{-t}t\sin 2t$$

$$\mathcal{L}^{-1}\left\{\frac{1}{[(s+1)^2+4]^2}\right\}=\frac{e^{-t}}{4}\left(\frac{1}{4}\sin 2t-\frac{1}{2}t\cos 2t\right)$$

이 된다. 따라서 이를 정리하면 $F(s)$의 역변환 $f(t)$는

$$f(t)=e^{-t}\left(\frac{3}{8}t\cos 2t+t\sin 2t+\frac{5}{16}\sin 2t\right)$$

가 된다.

제8장 ▸▸▸ 연습문제

01 $f(t)$가 주어진 경우는 라플라스 변환을 구하고, 반대로 $F(s)$가 주어진 경우는 $f(t)$를 구하여라.

1) $\dfrac{s-3}{s^2-1}$

2) $\dfrac{1}{s^2(s^2+w^2)}$

3) $u(t-\pi)\cos t$

4) $\dfrac{1-e^{-\pi s}}{s^2+4}$

5) $te^{-2t}\sin\omega t$

6) $\cos(t-a)u(t-a)$

7) $(t-1)u(t)$

8) $\dfrac{s}{(s^2+1)(s^2+1)}$

9) $100u(t)-100u(t-10)$

10) $\dfrac{1}{(s-2)^3}$

11) $\dfrac{e^{-s}}{s(s-4)(s+1)}$

12) $\dfrac{1}{(s-4)(s+1)(s^2+1)}$

02 다음에 주어진 미분방정식을 라플라스 변환으로 해를 구하시오.

1) $y''-4y'+4y=0,\ \ y(0)=0, y'(0)=-3$

2) $y''+y'-2y=-6\sin 2x-18\cos 2x,\ \ y(0)=2,\ \ y'(0)=2$

3) $y''+2y'+5y=e^x\cos x$

4) $y''-2y'+y=e^x$

5) $y''-3y'-4y=(t-1)\ u(t),\ \ y'(0)=1, y(0)=0$

6) $y''-3y'-4y=u(t)\sin t,\ \ y(0)=y'(0)=0$

7) $y''-4y'+5y=x^2+2x+1,\ \ y(0)=y'(0)=1$

8) $y''-3y'-4y=100\delta(t-1),\ \ y'(0)=0, y(0)=0$

03 다음 연립 미분 방정식을 라플라스 변환을 이용하여 해를 구하시오.

$$y_1' = -y_1 + 4y_2 + 6e^t - t + 11$$

$$y_2' = 3y_1 - 2y_2 - 6e^t + 3t - 6$$

$$y_1(0) = 4,\ \ y_2(0) = 0$$

제 9 장

연립미분방정식

제 9 장 연립미분방정식

9.1 소거법에 의한 풀이법

다음과 같은 선형연립방정식의 해를 구하려 한다.

$$\begin{cases} y_1{}' = 2y_1 - 4y_2 + 12 \\ y_2{}' = y_1 - 3y_2 + 6 \end{cases} \tag{9-1}$$

7장의 2계 미분방정식의 풀이방법을 사용하여 해를 구할 수 있다. 식 (9-1)의 두 번째 식을

$$y_1 = y_2{}' + 3y_2 - 6 \tag{9-2}$$

로 변형한 후 식 (9-1)의 두 번째 식에 대입하여 정리하면

$$y_2{}'' + y_2{}' - 2y_2 = 0 \tag{9-3}$$

이다. 식 (9-3)의 특성방정식은

$$\lambda^2 + \lambda - 2 = (\lambda + 2)(\lambda - 1) = 0 \tag{9-4}$$

이므로 식 (9-3)의 제차방정식의 일반해 y_{2h}는

$$y_{2h} = c_1 e^{-2t} + c_2 e^t \tag{9-5}$$

이며 식 (9-3)의 특수해 y_{2p}는

$$y_{2p} = 0 \tag{9-6}$$

이다. 따라서 식 (9-3)의 해는

$$y_2 = c_1 e^{-2t} + c_2 e^t \tag{9-7}$$

이 된다. 식 (9-2)에 식 (9-7)을 대입하여 정리하면 다른 해 y_1은

$$y_1 = c_1 e^{-2t} + 4c_2 e^t - 6 \tag{9-8}$$

가 된다.

[예제 9-1]

다음 미분방정식의 해를 식 (9-1)~(9-8)의 방법으로 구하시오.

$$\begin{cases} {y_1}' = 2y_1 - 4y_2 + 2e^t \\ {y_2}' = y_1 - 3y_2 + 4e^t \end{cases}$$

풀이 1) 첫 번째 방법: 먼저 y_2를 구한 후 y_1을 구한다.

두 번째 식으로부터 y_1는

$$y_1 = {y_2}' + 3y_2 - 4e^t \qquad (\text{예}-1-1)$$

이며, 이를 첫 번째 식에 대입하면

$$y_2'' + {y_2}' - 2y_2 = -2e^t$$

인 2계미분방정식을 얻는다. 이의 해 y_2는

$$y_2 = c_1 e^t + c_2 e^{-2t} - \frac{2}{3} t e^t$$

이며, 이를 식 (예-1-1)에 대입하면

$$y_1 = 4c_1 e^t + c_2 e^{-2t} - \frac{8}{3} t e^t - \frac{14}{3} e^t$$

얻는다. 해를 벡터 형식으로 나타내면 다음과 같다.

$$\mathbf{y} = \begin{pmatrix} y_1 \\ y_2 \end{pmatrix} = c_1 \begin{pmatrix} 4 \\ 1 \end{pmatrix} e^t + c_2 \begin{pmatrix} 1 \\ 1 \end{pmatrix} e^{-2t} - \frac{1}{3} \begin{pmatrix} 8 \\ 2 \end{pmatrix} t e^t - \frac{14}{3} \begin{pmatrix} 1 \\ 0 \end{pmatrix} e^t \qquad (\text{예}-1-2)$$

2) 두 번째 방법: 먼저 y_1를 구한 후 y_2을 구한다.

첫 번째 식으로부터 y_2는

$$y_2 = -\frac{1}{4}{y_1}' + \frac{1}{2} y_1 + \frac{1}{2} e^t \qquad (\text{예}-1-3)$$

이며, 이를 두 번째 식에 대입하면

$$y_1'' + {y_1}' - 2y_1 = -8e^t$$

인 2계미분방정식을 얻는다. 이의 해 y_1는

$$y_1 = d_1 e^t + d_2 e^{-2t} - \frac{8}{3} t e^t$$

이며, 이를 식 (예-1-3)에 대입하면 해 y_2는

$$y_2 = \frac{1}{4} d_1 e^t + d_2 e^{-2t} - \frac{2}{3} t e^t + \frac{7}{6} e^t$$

이다. 해를 벡터 형식으로 나타내면 다음과 같다.

$$\mathbf{y}=\begin{pmatrix} y_1 \\ y_2 \end{pmatrix}=d_1\begin{pmatrix} 1 \\ 1/4 \end{pmatrix}e^t+d_2\begin{pmatrix} 1 \\ 1 \end{pmatrix}e^{-2t}-\frac{1}{3}\begin{pmatrix} 8 \\ 2 \end{pmatrix}te^t+\frac{7}{6}\begin{pmatrix} 0 \\ 1 \end{pmatrix}e^t \quad \text{(예–1–4)}$$

두 번째 구한 해, 식 (예–1–2)와 첫 번째 구한 해, 식 (예–1–4)가 다른 것처럼 보이나 다음 과정을 통해 두 식이 같은 것임을 확인할 수 있다.

$k_1=\dfrac{1}{4}d_1$, $k_2=d_2$라 놓으면 식 (예–1–4)는

$$\mathbf{y}=k_1\begin{pmatrix} 4 \\ 1 \end{pmatrix}e^t+k_2\begin{pmatrix} 1 \\ 1 \end{pmatrix}e^{-2t}-\frac{1}{3}\begin{pmatrix} 8 \\ 2 \end{pmatrix}te^t+\frac{7}{6}\begin{pmatrix} 0 \\ 1 \end{pmatrix}e^t \quad \text{(예–1–5)}$$

로 변형된다. 식 (예–1–5)의 마지막 항은

$$\frac{7}{6}\begin{pmatrix} 0 \\ 1 \end{pmatrix}e^t=\frac{7}{6}\begin{pmatrix} 4 \\ 1 \end{pmatrix}e^t-\frac{14}{3}\begin{pmatrix} 1 \\ 0 \end{pmatrix}e^t$$

로 변형되므로 이를 식 (예–1–5)에 대입하여 정리하면

$$\mathbf{y}=k_1'\begin{pmatrix} 4 \\ 1 \end{pmatrix}e^t+k_2\begin{pmatrix} 1 \\ 1 \end{pmatrix}e^{-2t}-\frac{1}{3}\begin{pmatrix} 8 \\ 2 \end{pmatrix}te^t-\frac{14}{3}\begin{pmatrix} 1 \\ 0 \end{pmatrix}e^t \quad \text{(예–1–6)}$$

으로 변형된다. 여기서 k_1'는 임의의 상수이다. 따라서 식 (예–1–2)와 식 (예–1–4)는 같은 결과임을 알 수 있다.

9.2 상수계수를 갖는 제차 연립미분방정식

식 (9–1)의 제차 미분방정식은

$$\mathbf{y}'=A\mathbf{y} \quad \text{(9–9)}$$

인 행렬로 표시되며, $\mathbf{y}$는 열벡터이고 A는 행렬이다. 여기서

$$\mathbf{y}'=\begin{pmatrix} y_1' \\ y_2' \end{pmatrix},\ \mathbf{y}=\begin{pmatrix} y_1 \\ y_2 \end{pmatrix},\ A=\begin{pmatrix} 2 & -4 \\ 1 & -3 \end{pmatrix} \quad \text{(9–10)}$$

이다. 6장의 1계 미분방정식 $y'=ky$의 해는 $y=ce^{kt}$의 형태를 갖듯이 식 (9–10)의 해는

$$\mathbf{y}=\mathbf{x}e^{\lambda t} \quad \text{(9–11)}$$

라 가정한다. 여기서 $\mathbf{x}$는 $\mathbf{y}$와 같은 열벡터로 임의의 상수를 원소로 갖는다. 식 (9–11)을 식 (9–9)에 대입하면

$$(A-\lambda \mathrm{I})\mathbf{x}=0 \tag{9-12}$$

이 된다. $\mathbf{x}$가 0이 아닌 유용해(non-trivial solution)를 갖기 위해서는

$$\det(A-\lambda \mathrm{I})=0 \tag{9-13}$$

이 성립해야하며, 이를 A의 특성방정식이라 한다. 2×2인 행렬 A의 특성방정식은 λ에 대한 2차방정식으로 2개의 근 λ_1과 λ_2을 갖고, 5장의 행렬에 대한 고유값과 같은 것이다. 이 경우 일반해 $\mathbf{y}$는

$$\mathbf{y}=c_1\mathbf{x}_1 e^{\lambda_1 t}+c_2\mathbf{x}_2 e^{\lambda_2 t} \tag{9-14}$$

로 표현되고, $\mathbf{x}_1$과 $\mathbf{x}_2$는 각각 λ_1과 λ_2에 대한 행렬 A의 고유벡터이며 c_1과 c_2는 임의의 상수이다. 식 (9-14)는 식 (7-2)와 같이

$$\mathbf{y}=c_1\mathbf{y}_1+c_2\mathbf{y}_2 \tag{9-15}$$

로 나타낼 수 있으며 $\mathbf{y}_1$과 $\mathbf{y}_2$는 해벡터라 부르며

$$\mathbf{y}_1=\mathbf{x}_1 e^{\lambda_1 t},\ \ \mathbf{y}_2=\mathbf{x}_2 e^{\lambda_2 t} \tag{9-16}$$

로 정의된다.

[예제 9-2]

행렬 A가 다음과 같을 때 식 (9-1)로 표현되는 미분방정식의 해를 구하시오. 고유값과 고유벡터는 예제 5-23의 값을 참고하시오.

$$A=\begin{pmatrix} 30 & 10 & -10 \\ -10 & 10 & 10 \\ 0 & 10 & 20 \end{pmatrix}$$

풀이 예제 5-23에서 행렬 A의 고유값은 $\lambda=10,\ 20,\ 30$이며, 각각에 대한 고유벡터는

$$\mathbf{x}_1=\begin{pmatrix} 1 \\ -1 \\ 1 \end{pmatrix},\ \mathbf{x}_2=\begin{pmatrix} 1 \\ 0 \\ 1 \end{pmatrix},\ \mathbf{x}_3=\begin{pmatrix} -1 \\ 1 \\ 1 \end{pmatrix}$$

이다. 따라서 식 (9-14)로부터 일반해는

$$\mathbf{y}=c_1\mathbf{x}_1 e^{10t}+c_2\mathbf{x}_2 e^{20t}+c_3\mathbf{x}_3 e^{30t}$$

이며, 이를 정리하면

$$\mathbf{y}=\begin{pmatrix} y_1 \\ y_2 \\ y_3 \end{pmatrix}=\begin{pmatrix} c_1e^{10t}+c_2e^{20t}-c_3e^{30t} \\ -c_1e^{10t}+c_3e^{30t} \\ c_1e^{10t}+c_2e^{20t}+c_3e^{30t} \end{pmatrix}$$

이 된다.

예제 9-3은 행렬 A의 고유값이 복소수일 때 미분방정식의 해를 구하는 방법에 대해 설명한다.

[예제 9-3]

행렬 A가 다음과 같을 때 식 (9-1)로 표현되는 미분방정식의 해를 구하시오.

$$A=\begin{pmatrix} 0 & 1 \\ -4 & 0 \end{pmatrix}$$

풀이 특성방정식은 $\lambda^2+4=0$이므로 $\lambda_{1,2}=\pm 2i$인 복소수의 고유값을 갖는다. $\lambda_1=2i$일 때의 고유벡터는 식 (9-12)에 $\lambda_1=2i$를 대입하면

$$\begin{pmatrix} -2i & 1 \\ -4 & -2i \end{pmatrix}\begin{pmatrix} x_1 \\ x_2 \end{pmatrix}=0$$

을 얻고, $x_2=2ix_1$인 관계식을 얻는다. $x_1=1$을 대입하면 $x_2=2i$가 된다. 이 때의 고유벡터는

$$\mathbf{x}_1=\begin{pmatrix} 1 \\ 2i \end{pmatrix}$$

이다. 식 (9-12)에 $\lambda_2=-2i$를 대입하면

$$\begin{pmatrix} 2i & 1 \\ -4 & 2i \end{pmatrix}\begin{pmatrix} x_1 \\ x_2 \end{pmatrix}=0$$

을 얻고, $x_2=-2ix_1$인 관계식을 얻는다. $x_1=1$을 대입하면 $x_2=-2i$가 된다. 이 때의 고유벡터는

$$\mathbf{x}_2=\begin{pmatrix} 1 \\ -2i \end{pmatrix}$$

이다. 즉 복소수의 고유값을 가질 때의 고유벡터는 서로 켤레복소수의 관계이다. 일반해는 식 (9-14)에 고유값과 고유벡터를 대입하여 정리하면

$$\mathbf{y} = c_1\begin{pmatrix}1\\2i\end{pmatrix}e^{i2t} + c_2\begin{pmatrix}1\\-2i\end{pmatrix}e^{-i2t} \quad (예-3-1)$$

$$= \begin{pmatrix}c_1e^{i2t} + c_2e^{-i2t}\\2ic_1e^{i2t} - 2ic_2e^{-i2t}\end{pmatrix}$$

$$= \begin{pmatrix}(c_1+c_2)\cos 2t + i(c_1-c_2)\sin 2t\\(-2c_1-2c_2)\sin 2t + i(2c_1-2c_2)\cos 2t\end{pmatrix}$$

이다. 의미 있는 해는 실수해이므로 임의의 상수 c_1과 c_2는 켤레복소수여야 하므로

$$c_1 + c_2 = A,\ (c_1 - c_2)i = B$$

가 되며, A와 B는 실수의 임의의 상수이다. 따라서 일반해는

$$\mathbf{y} = \begin{pmatrix}y_1\\y_2\end{pmatrix} = \begin{pmatrix}A\cos 2t + B\sin 2t\\-2A\sin 2t + 2B\cos 2t\end{pmatrix} \quad (예-3-2)$$

이 된다. 해를 간단히 구하기 위해서는 식 (예-3-1)을 실수부와 허수부로 분리하면

$$\mathbf{y} = \begin{pmatrix}(c_1+c_2)\cos 2t + i(c_1-c_2)\sin 2t\\(-2c_1-2c_2)\sin 2t + i(2c_1-2c_2)\cos 2t\end{pmatrix} = (c_1+c_2)\begin{pmatrix}\cos 2t\\-2\sin 2t\end{pmatrix} + i(c_1-c_2)\begin{pmatrix}\sin 2t\\\cos 2t\end{pmatrix}$$

이 되며, $c_1 + c_2 = A$, $(c_1 - c_2)i = B$라 놓으면 식 (예-3-2)와 동일한 결과를 얻는다.

[예제 9-4]

행렬 A가 다음과 같을 때 식 (9-1)로 표현되는 미분방정식의 해를 구하시오.

$$A = \begin{pmatrix}2 & 1\\-2 & 0\end{pmatrix}$$

풀이 행렬 A의 특성방정식은

$$\det(A - \lambda I) = \begin{vmatrix}2-\lambda & 1\\-2 & -\lambda\end{vmatrix} = \lambda^2 - 2\lambda + 2 = 0$$

이며, 고유값은 $\lambda_{1,2} = 1 \pm i$이다. 고유벡터는 식 (9-12)에 $\lambda_1 = 1 + i$를 대입하면

$$\begin{pmatrix}1-i & 1\\-2 & -1-i\end{pmatrix}\begin{pmatrix}x_1\\x_2\end{pmatrix} = 0$$

을 얻고, $(1-i)x_1 + x_2 = 0$인 관계식을 얻는다. $x_1 = 1$을 대입하면 $x_2 = -1 + i$가 된다. 이 때의 고유벡터는

$$\mathbf{x}_1 = \begin{pmatrix}1\\-1+i\end{pmatrix}$$

이며, $\mathbf{x}_2$는 $\mathbf{x}_1$의 켤레 복소수인

$$\mathbf{x}_2 = \begin{pmatrix} 1 \\ -1-i \end{pmatrix}$$

가 된다. 일반해는 식 (9-14)에 고유값과 고유벡터를 대입하여 정리하면

$$\begin{aligned}\mathbf{y} &= c_1\begin{pmatrix} 1 \\ -1+i \end{pmatrix}e^{(1+i)t} + c_2\begin{pmatrix} 1 \\ -1-i \end{pmatrix}e^{(1-i)t} \\ &= \begin{pmatrix} c_1(\cos t + i\sin t) + c_2(\cos t - i\sin t) \\ c_1(-1+i)(\cos t + i\sin t) + c_2(-1-i)(\cos t - i\sin t) \end{pmatrix}e^t \\ &= \begin{pmatrix} (c_1+c_2)\cos t \\ -(c_1+c_2)(\cos t + \sin t) \end{pmatrix}e^t + i\begin{pmatrix} (c_1-c_2)\sin t \\ (c_1-c_2)(\cos t - \sin t) \end{pmatrix}e^t \\ &= (c_1+c_2)\begin{pmatrix} \cos t \\ -\cos t - \sin t \end{pmatrix}e^t + i(c_1-c_2)\begin{pmatrix} \sin t \\ \cos t - \sin t \end{pmatrix}e^t \\ &= A\begin{pmatrix} \cos t \\ -\cos t - \sin t \end{pmatrix}e^t + B\begin{pmatrix} \sin t \\ \cos t - \sin t \end{pmatrix}e^t\end{aligned}$$

이다.

예제 9-5는 고유값을 결정하는 특성방정식의 근이 중근일 경우 해를 구하는 방법에 대해 설명한다.

[예제 9-5]

행렬 A가 다음과 같을 때 식 (9-1)로 표현되는 미분방정식의 해를 구하시오.

$$A = \begin{pmatrix} 4 & 1 \\ -1 & 2 \end{pmatrix}$$

풀이 특성방정식은 $(\lambda-3)^2 = 0$이므로 중근 $\lambda_{1,2} = 3$을 고유값으로 갖는다. $\lambda_{1,2} = 3$일 때의 고유벡터는 식 (9-12)에 $\lambda_{1,2} = 3$를 대입하면

$$\begin{pmatrix} 1 & 1 \\ -1 & -1 \end{pmatrix}\begin{pmatrix} x_1 \\ x_2 \end{pmatrix} = 0$$

을 얻고, $x_2 = -x_1$인 관계식을 얻는다. $x_1 = 1$을 대입하면 $x_2 = -1$이 된다. 이때의 고유벡터는

$$\mathbf{x}_1 = \begin{pmatrix} 1 \\ -1 \end{pmatrix}$$

이다. 식 (9-14)와 같이 해를 구하기 위해서는 또 다른 해 $\mathbf{y}_2$가 필요하다. 7장의 2계 선형 미분방정식에서 특성방정식이 중근을 가질 때 해의 다른 기본계를 구하기 위해 사용된 계수 감소법(reduction of order)을 사용한다. 식 (9-16)으로부터

$$\mathbf{y}_1 = \begin{pmatrix} 1 \\ -1 \end{pmatrix} e^{3t}$$

이므로 또 다른 해벡터 $\mathbf{y}_2$는

$$\mathbf{y}_2 = \begin{pmatrix} \alpha \\ \beta \end{pmatrix} e^{3t}$$

로 가정한다. 여기서 α와 β는 상수가 아니고 t의 함수이다. $\mathbf{y}_2$ 역시 $\mathbf{y}' = A\mathbf{y}$의 해이므로 먼저 $\mathbf{y}_2{}'$

$$\mathbf{y}_2{}' = \begin{pmatrix} \alpha' \\ \beta' \end{pmatrix} e^{3t} + 3\begin{pmatrix} \alpha \\ \beta \end{pmatrix} e^{3t}$$

이다. $\mathbf{y}_2{}'$와 $\mathbf{y}_2$를 $\mathbf{y}' = A\mathbf{y}$에 대입하면

$$\begin{pmatrix} \alpha' \\ \beta' \end{pmatrix} e^{3t} + 3\begin{pmatrix} \alpha \\ \beta \end{pmatrix} e^{3t} = \begin{pmatrix} 4 & 1 \\ -1 & 2 \end{pmatrix}\begin{pmatrix} \alpha \\ \beta \end{pmatrix} e^{3t}$$

이며, 이를 정리하면

$$\begin{pmatrix} \alpha' + 3\alpha \\ \beta' + 3\beta \end{pmatrix} = \begin{pmatrix} 4\alpha + \beta \\ -\alpha + 2\beta \end{pmatrix}$$

의 관계식을 얻는다. 벡터(행렬)이 같으므로

$$\alpha' = \alpha + \beta, \ \beta' = -\alpha - \beta, \ \alpha' + \beta' = 0$$

를 얻는다. 마지막 식을 적분하면

$$\alpha + \beta = k_1$$

이며 k_1은 상수이다. $\alpha' = \alpha + \beta$이므로

$$\alpha' = k_1$$

이고, 이를 적분하면

$$\alpha = k_1 t + k_2$$

이며 k_2는 상수이다. $\alpha + \beta = k_1$로부터

$$\beta = k_1 - \alpha = -k_1 t + k_1 - k_2$$

이다. 이로부터 해벡터 $\mathbf{y}_2$는

$$\mathbf{y}_2 = \begin{pmatrix} k_1 t + k_2 \\ -k_1 t + k_1 - k_2 \end{pmatrix} e^{3t}$$

이 된다. 두 해벡터 $\mathbf{y}_1$과 $\mathbf{y}_2$가 일차독립인 관계여야 하므로 이들의 Wronskian은 0이 아닌 값을 가져야한다. 참고로 Wronskian은 다음과 같이 정의되고 행렬식과 같이 계산된다.

$$W(\mathbf{y}_1,\ \mathbf{y}_2) = \begin{vmatrix} y_{11} & y_{21} \\ y_{12} & y_{22} \end{vmatrix} = \begin{vmatrix} 1 & k_1 t + k_2 \\ -1 & -k_1 t + k_1 - k_2 \end{vmatrix} e^{6t} = k_1 \neq 0$$

0이 아닌 Wronskian을 가지면서 가장 간단한 경우는

$$k_1 = 1,\ \ k_2 = 0$$

이다. 이 값을 $\mathbf{y}_2$에 대입하면

$$\mathbf{y}_2 = \begin{pmatrix} t \\ -t+1 \end{pmatrix} e^{3t}$$

이 된다. 따라서 미분방정식의 일반해는 식 (9-15)로부터

$$\mathbf{y} = c_1 \begin{pmatrix} 1 \\ -1 \end{pmatrix} e^{3t} + c_2 \begin{pmatrix} t \\ -t+1 \end{pmatrix} e^{3t} = \begin{pmatrix} c_1 + c_2 t \\ -c_1 + c_2 - c_2 t \end{pmatrix} e^{3t}$$

이다. 이 예제보다 더 복잡한 경우는 이 교과서의 범위를 벗어나기에 다른 수학책을 참고하기 바란다.

9.3 상수계수를 갖는 비제차 연립미분방정식

지금까지 상수계수를 갖는 제차연립미분방정식의 일반해를 구하는 방법에 대해 공부하였으며 이를 통해 우리는 $\mathbf{y}_\mathrm{h}$를 구하였다. 여기서는 비제차항이 존재할 경우의 특수해 $\mathbf{y}_\mathrm{p}$를 구하는 방법에 대해서 공부한다. 7장에서 2계 선형미분방정식의 특수해를 구하는 방법을 이용하며 그 방법은 미정계수법과 변수변화법이었다. 비제차연립미분방정식의 기본형은

$$\mathbf{y}' = A\mathbf{y} + \mathbf{g} \tag{9-17}$$

이며 해의 형태는

$$\mathbf{y} = \mathbf{y}_\mathrm{h} + \mathbf{y}_\mathrm{p} \tag{9-18}$$

이다.

9.3.1 미정계수법에 의한 풀이

미정계수법은 2계미분방정식의 특수해를 구할 때 사용된 방법과 동일한 것으로 다음의 예제를 통해 공부한다.

[예제 9-6]

식 (9-17)의 형태로 표시되는 다음 미분방정식의 해를 미정계수법으로 구하시오.

$$\begin{pmatrix} y_1{}' \\ y_2{}' \end{pmatrix} = \begin{pmatrix} 2 & -4 \\ 1 & -3 \end{pmatrix} \begin{pmatrix} y_1 \\ y_2 \end{pmatrix} + \begin{pmatrix} 2t^2+10t \\ t^2+9t+3 \end{pmatrix}$$

풀이 행렬 A의 특성방정식은 $\lambda^2+\lambda-2=(\lambda+2)(\lambda-1)=0$이므로 고유값은 1과 -2를 갖는다. 고유값 1과 -2에 대한 각각의 고유벡터는

$$\mathbf{x}_1 = \begin{pmatrix} 4 \\ 1 \end{pmatrix} \text{과 } \mathbf{x}_2 = \begin{pmatrix} 1 \\ 1 \end{pmatrix}$$

이다. 그러므로 $\mathbf{y}_\mathrm{h}$는

$$\mathbf{y}_\mathrm{h} = c_1\mathbf{x}_1 e^t + c_2\mathbf{x}_2 e^{-2t}$$

이다. 먼저 식 (9-17)의 $\mathbf{g}$항은

$$\mathbf{g} = \begin{pmatrix} 2 \\ 1 \end{pmatrix} t^2 + \begin{pmatrix} 10 \\ 9 \end{pmatrix} t + \begin{pmatrix} 0 \\ 3 \end{pmatrix}$$

인 벡터로 나타낼 수 있다. 주어진 문제의 비제차항이 t의 2차식이므로 특수해 $\mathbf{y}_\mathrm{p}$는

$$\mathbf{y}_\mathrm{p} = \mathbf{u} + \mathbf{v}t + \mathbf{w}t^2$$

으로 가정하며, $\mathbf{u}$, $\mathbf{v}$, $\mathbf{w}$는 2×1인 상수 값을 갖고 찾아야 할 벡터이다. $\mathbf{y}_\mathrm{p}$는 문제의 해이므로 미분하면

$$\mathbf{y}_\mathrm{p}{}' = \mathbf{v} + 2\mathbf{w}t$$

이며, 문제에 대입하면

$$\mathbf{v} + 2\mathbf{w}t = A\mathbf{u} + A\mathbf{v}t + A\mathbf{w}t^2 + \mathbf{g}$$

을 얻는다. 각각의 벡터와 행렬에 원소를 대입하여 정리하면

$$\begin{pmatrix} -2u_1+4u_2+v_1 \\ -u_1+3u_2+v_2 \end{pmatrix} + \begin{pmatrix} -2v_1+4v_2+2w_1 \\ -v_1+3v_2+2w_2 \end{pmatrix} t + \begin{pmatrix} -2w_1+4w_2 \\ -w_1+3w_2 \end{pmatrix} t^2 = \begin{pmatrix} 0 \\ 3 \end{pmatrix} + \begin{pmatrix} 10 \\ 9 \end{pmatrix} t + \begin{pmatrix} 2 \\ 1 \end{pmatrix} t^2$$

을 얻고, 각 원소의 값을 비교하면

$$\mathbf{u} = \begin{pmatrix} 0 \\ 0 \end{pmatrix}, \quad \mathbf{v} = \begin{pmatrix} 0 \\ 3 \end{pmatrix}, \quad \mathbf{w} = \begin{pmatrix} -1 \\ 0 \end{pmatrix}$$

이다. 따라서 주어진 미분방정식의 해는

$$\mathbf{y} = \mathbf{y}_\mathrm{h} + \mathbf{y}_\mathrm{p} = c_1\begin{pmatrix} 4 \\ 1 \end{pmatrix} e^t + c_1\begin{pmatrix} 1 \\ 1 \end{pmatrix} e^{-2t} + \begin{pmatrix} -t^2 \\ 3t \end{pmatrix}$$

이다.

[예제 9-7]

식 (9-17)의 형태로 표시되는 다음 미분방정식의 해를 미정계수법으로 구하시오.

$$\begin{pmatrix} y_1{}' \\ y_2{}' \end{pmatrix} = \begin{pmatrix} 2 & -4 \\ 1 & -3 \end{pmatrix} \begin{pmatrix} y_1 \\ y_2 \end{pmatrix} + \begin{pmatrix} 2 \\ 4 \end{pmatrix} e^t$$

풀이 예제 9-5에서 구한 제차미분방정식의 해는 다음과 같이 행렬로 표시된다.

$$\mathbf{y_h} = c_1 \begin{pmatrix} 4 \\ 1 \end{pmatrix} e^t + c_2 \begin{pmatrix} 1 \\ 1 \end{pmatrix} e^{-2t}$$

$\mathbf{y_p}$는 비제차항에 따라 가정되는 것으로 e^t이 포함되어 있으므로 먼저 $\mathbf{v}e^t$로 가정하면 e^t가 $\mathbf{y_h}$에 이미 포함되어 있으므로 여기에 t를 곱해야한다. 2계미분방정식에서 사용된 미정계수법과 달리 t를 곱하지 않은 $\mathbf{u}e^t$가 $\mathbf{y_p}$에 추가로 포함되어 있음을 유의하자.

$$\mathbf{y_p} = \boldsymbol{u}e^t + \mathbf{v}\mathrm{t}e^t$$

여기서 $\mathbf{u}$와 $\mathbf{v}$는 2×1인 벡터(행렬)이다. 주어진 문제 $\mathbf{y}' = A\mathbf{y} + \mathbf{g}$에 $\mathbf{y_p}$를 미분하여 대입하면

$$\mathbf{y_p}' = \boldsymbol{u}e^t + \mathbf{v}e^t + \mathbf{v}te^t = A\boldsymbol{u}e^t + A\mathbf{v}te^t + \mathbf{g}$$

이며, 계수를 비교하면 다음의 두 식을 얻는다.

$$A\mathbf{v} = \mathbf{v},\ \ A\mathbf{u} = \mathbf{u} + \mathbf{v} - \mathbf{g}$$

$A\mathbf{v} = \mathbf{v}$는 $\lambda = 1$일 때의 고유벡터가 $\mathbf{v}$벡터이며 $\mathbf{y_h}$로부터

$$\mathbf{v} = c\begin{pmatrix} 4 \\ 1 \end{pmatrix}$$

이며, c는 임의의 상수이다. 식 $A\mathbf{u} = \mathbf{u} + \mathbf{v} - \mathbf{g}$에 주어진 값을 대입하면

$$(A - I)\mathbf{u} = \mathbf{v} - \mathbf{g} = c\begin{pmatrix} 4 \\ 1 \end{pmatrix} - \begin{pmatrix} 2 \\ 4 \end{pmatrix} = \begin{pmatrix} 4c-2 \\ c-4 \end{pmatrix} = \begin{pmatrix} 1 & -4 \\ 1 & -4 \end{pmatrix} \begin{pmatrix} u_1 \\ u_2 \end{pmatrix}$$

을 얻고, 벡터 $\mathbf{u}$가 0이 아닌 해를 갖기 위해서는 $4c-2 = c-4$로부터 $c = -2/3$이다. u_1과 u_2 사이에는 다음 관계가 성립한다.

$$u_1 - 4u_2 = -\frac{14}{3}$$

$u_2 = k$라 놓으면 벡터 $\mathbf{u}$는

$$\mathbf{u} = \begin{pmatrix} 4k - 14/3 \\ k \end{pmatrix} = k\begin{pmatrix} 4 \\ 1 \end{pmatrix} + \begin{pmatrix} -14/3 \\ 0 \end{pmatrix}$$

이 되고, k가 포함된 벡터는 이미 $\mathbf{y_h}$에 포함된 것이다. $k = 0$이라 놓고 벡터 $\mathbf{u}$를 구하고 앞서 구한 $c = -2/3$을 벡터 $\mathbf{v}$에 대입하여 벡터 $\mathbf{v}$를 구하며 그 결과는 다음과 같다.

$$\mathbf{u}=\frac{1}{3}\begin{pmatrix}-14\\0\end{pmatrix},\ \mathbf{v}=\frac{1}{3}\begin{pmatrix}-8\\-2\end{pmatrix}$$

특수해 $\mathbf{y}_\mathrm{p}$는

$$\mathbf{y}_\mathrm{p}=\frac{1}{3}\begin{pmatrix}-14\\0\end{pmatrix}e^t+\frac{1}{3}\begin{pmatrix}-8\\-2\end{pmatrix}te^t$$

이므로, 주어진 문제의 해는

$$\mathbf{y}=c_1\begin{pmatrix}4\\1\end{pmatrix}e^t+c_2\begin{pmatrix}1\\1\end{pmatrix}e^{-2t}+\frac{1}{3}\begin{pmatrix}-8\\-2\end{pmatrix}te^t+\frac{1}{3}\begin{pmatrix}-14\\0\end{pmatrix}e^t$$

이다.

9.3.2 변수변화법에 의한 풀이

식 (9-17)에서 2×2인 행렬 A를 기준으로 매개변수변화법을 설명한다. 먼저 식 (9-17)의 제차방정식의 해는

$$\mathbf{y}_\mathrm{h}=c_1\mathbf{x}_1e^{\lambda_1t}+c_2\mathbf{x}_2e^{\lambda_2t} \tag{9-19}$$

의 형태로 표현된다. 식 (9-19)를 행렬로 표시하면

$$\mathbf{y}_\mathrm{h}=c_1\mathbf{y}_1+c_2\mathbf{y}_2=\begin{pmatrix}y_{11}&y_{21}\\y_{12}&y_{22}\end{pmatrix}\begin{pmatrix}c_1\\c_2\end{pmatrix}=Y\mathbf{c} \tag{9-20}$$

이다. 매개변수변화법은 2계미분방정식에 적용된 것과 같이 식 (9-20)에서 상수 $\mathbf{c}$를 변수로 취급하여 $\mathbf{y}_\mathrm{p}$를 가정하는 것으로 다음과 같다.

$$\mathbf{y}_\mathrm{p}=Y\mathbf{u} \tag{9-21}$$

여기서 $\mathbf{u}$는 상수가 아닌 변수이다. $\mathbf{y}_\mathrm{p}$ 역시 식 (9-17)의 해이므로 식 (9-17)에 대입하기 위해 미분하면

$$\mathbf{y}_\mathrm{p}'=Y'\mathbf{u}+Y\mathbf{u}' \tag{9-22}$$

이다. 식 (9-17)에 식 (9-21)과 (9-22)를 대입하면

$$Y'\mathbf{u}+Y\mathbf{u}'=AY\mathbf{u}+\mathbf{g} \tag{9-23}$$

이며, $Y'=AY$이므로 식 (9-23)은

$$Y\mathbf{u}'=\mathbf{g} \tag{9-24}$$

로 간단하게 된다. $\mathbf{u}$를 구하기 위해 식 (9-24)의 양변에 Y^{-1}을 곱한 후 적분하면

$$\mathbf{u} = \int Y^{-1}\mathbf{g}\,dt + \mathbf{k} \tag{9-25}$$

이며, 벡터 $\mathbf{k}$는 적분 상수이다. 식 (9-25)를 식 (9-21)에 대입하여 $\mathbf{y_p}$를 구한다.

$$y_p = Y\mathbf{u} = Y\left[\int Y^{-1}\mathbf{g}\,dt + \mathbf{k}\right] \tag{9-26}$$

식 (9-26)의 $Y\mathbf{k}$는 $\mathbf{y_h}$와 중복되는 항이므로 $\mathbf{y_p}$는

$$y_p = Y\int Y^{-1}\mathbf{g}\,dt \tag{9-27}$$

로 단순화된다. 따라서 주어진 비제차연립미분방정식의 해는

$$y = Y\mathbf{c} + Y\int Y^{-1}\mathbf{g}\,dt \tag{9-28}$$

이다.

[예제 9-8]

식 (9-17)의 형태로 표시되는 다음 미분방정식의 해를 매개변수변화법으로 구하시오.

$$\begin{pmatrix} y_1' \\ y_2' \end{pmatrix} = \begin{pmatrix} 2 & -4 \\ 1 & -3 \end{pmatrix}\begin{pmatrix} y_1 \\ y_2 \end{pmatrix} + \begin{pmatrix} 2 \\ 4 \end{pmatrix}e^t$$

풀이 예제 9-5에서 구한 제차미분방정식의 해는 다음과 같이 행렬로 표시된다.

$$\mathbf{y_h} = \begin{pmatrix} 4e^t & e^{-2t} \\ e^t & e^{-2t} \end{pmatrix}\begin{pmatrix} c_1 \\ c_2 \end{pmatrix}$$

식 (9-27)의 행렬 Y는

$$Y = \begin{pmatrix} 4e^t & e^{-2t} \\ e^t & e^{-2t} \end{pmatrix}$$

이므로 Y의 역행렬 Y^{-1}는

$$Y^{-1} = \frac{1}{3}\begin{pmatrix} e^{-t} & -e^{-t} \\ -e^{2t} & 4e^{2t} \end{pmatrix}$$

이다. 식 (9-27)의 피적분함수 $Y^{-1}\mathbf{g}$는

$$Y^{-1}\mathbf{g} = \frac{1}{3}\begin{pmatrix} e^{-t} & -e^{-t} \\ -e^{2t} & 4e^{2t} \end{pmatrix}\begin{pmatrix} 2e^t \\ 4e^t \end{pmatrix} = \frac{1}{3}\begin{pmatrix} -2 \\ 14e^{3t} \end{pmatrix}$$

이므로, 적분하면

$$\int Y^{-1}\mathbf{g}\,dt = \begin{pmatrix} -\dfrac{2}{3}t \\ \dfrac{14}{9}e^{3t} \end{pmatrix}$$

이다. 특수해 $\mathbf{y}_\mathrm{p}$는

$$\mathbf{y}_\mathrm{p} = Y\int Y^{-1}\mathbf{g}\,dt = \begin{pmatrix} -\dfrac{8}{3}te^{t} + \dfrac{14}{9}e^{t} \\ -\dfrac{2}{3}te^{t} + \dfrac{14}{9}e^{t} \end{pmatrix}$$

이며, 주어진 미분방정식의 해는 식 (9-28)로부터

$$\mathbf{y} = \begin{pmatrix} 4c_1e^{t} + c_2e^{-2t} - \dfrac{8}{3}te^{t} + \dfrac{14}{9}e^{t} \\ c_1e^{t} + c_2e^{-2t} - \dfrac{2}{3}te^{t} + \dfrac{14}{9}e^{t} \end{pmatrix}$$

또는

$$\mathbf{y} = c_1\begin{pmatrix}4\\1\end{pmatrix}e^{t} + c_2\begin{pmatrix}1\\1\end{pmatrix}e^{-2t} - \frac{1}{3}\begin{pmatrix}8\\2\end{pmatrix}te^{t} + \frac{14}{9}\begin{pmatrix}1\\1\end{pmatrix}e^{t}$$

이다. 해의 마지막 항은

$$\frac{14}{9}\begin{pmatrix}1\\1\end{pmatrix}e^{t} = \frac{14}{9}\begin{pmatrix}4\\1\end{pmatrix}e^{t} - \frac{14}{3}\begin{pmatrix}1\\0\end{pmatrix}e^{t}$$

로 변형 가능하므로, 변수변화법으로 구한 해 역시 미정계수법으로 구한 결과와 형태는 다르나 같은 답임을 알 수 있다.

제9장 ▸▸▸ 연습문제

다음에 주어진 연립미분방정식의 해를 고윳값과 고유벡터를 이용하여 구하시오.

1) $\begin{cases} y_1{}' = y_2 + 1 \\ y_2{}' = -2y_1 + 3y_2 + 3 \end{cases}$

2) $\begin{cases} y_1{}' = y_2 + 6 \\ y_2{}' = 36y_1 \end{cases}$

3) $\begin{cases} y_1{}' = y_2 + 2 \\ y_2{}' = -10y_1 - 2y_2 - 4 \end{cases}$

4) $\begin{cases} y_1{}' = y_2 + 5 \\ y_2{}' = -25y_1 + 10y_2 + 50 \end{cases}$

5) $\begin{cases} y_1{}' = y_2 + 3 \\ y_2{}' = -9y_1 + 6y_2 + 18 \end{cases}$

6) $\begin{pmatrix} y_1{}' \\ y_2{}' \end{pmatrix} = \begin{pmatrix} 2 & -4 \\ 1 & -3 \end{pmatrix} \begin{pmatrix} y_1 \\ y_2 \end{pmatrix} + \begin{pmatrix} 2 \\ 4 \end{pmatrix} e^{3t}$

▸▸▸ 연습문제 해답

제1장

01 답은 계산기나 컴퓨터로 확인바랍니다.

02 1) -3 2) $x=11,\ y=-6$ 3) $-1,\ 4$ 4) $2\pm2\sqrt{2}$
5) $2\pm\sqrt{14}$ 6) $2\pm2i$ 7) 4 8) $6\pm\sqrt{21}$

제2장

연습문제 1

01 1) $\sqrt{2}/2$ 2) $1/2$ 3) $1/2$ 4) $\sqrt{2}/2$
5) $\sqrt{3}/2$ 6) $\sqrt{3}/3$ 7) 1

02 답은 계산기나 컴퓨터로 확인바랍니다.

03 1) $\cos\theta$ 2) $-\sin\theta$

04 1) $(\sqrt{2}+\sqrt{6})/4$ 2) $(\sqrt{6}-\sqrt{2})/4$

05 $A=\sqrt{2},\quad B=\pi/4$

06 $\pi/6$

07 답은 계산기나 컴퓨터로 확인바랍니다.

08 답은 계산기나 컴퓨터로 확인바랍니다.

09 1) $2i$ 2) $1-i$ 3) 2

연습문제 2

01 1) $-\sqrt{2}/2$ 2) $1/2$ 3) $-\sqrt{3}/2$ 4) $-1/2$

02 $\sqrt{7}/2$

03 1) 4π 2) 6π 3) $\pi/3$

04 $\pi/3$

05 $R=3\sqrt{2},\quad c=3\sqrt{6}$

06 $a=2\sqrt{7}$

07 $\sin15^o=(\sqrt{6}-\sqrt{2})/4,\ \cos15^o=(\sqrt{2}+\sqrt{6})/4$

연습문제 3

01 1) $-\sqrt{3}/2$ 2) $1/2$ 3) $-\sin\theta$ 4) $-\cos\theta$

02 1) 4π 2) 3π 3) 6π

03 $\pi/6,\quad \pi/3$

04 $R=6,\quad c=6\sqrt{2}$

05 $2\sqrt{13-6\sqrt{2}}$

06 $A=13,\ B=\sin^{-1}\dfrac{5}{13},\quad C=13,\ D=\cos^{-1}\dfrac{5}{13}$

07 1) $2e^{i(\pi/3)}$ 2) $2e^{-i(\pi/3)}$ 3) $-2^{99}(1+i\sqrt{3})$

제3장

01
1) $3x^2+2x+1$
2) $9x^2+14x-4$
3) $4/(2x+1)^2$
4) $5(2x^3-x^2-3x+1)^4(6x^2-2x-3)$
5) $\dfrac{x-1}{\sqrt{x^2-2x-1}}$
6) $y'=\dfrac{2x-3y}{3x-2y}$
7) $y'=-x/y$
8) $\cos x$
9) $-\sin x$
10) $\sec^2 x$
11) $a^x \ln a$
12) e^x
13) $1/(x\ln a)$
14) $1/x$
15) $f'(x)/f(x)$
16) $e^{f(x)}f'(x)$
17) $-\sin(x^2+2x)(2x+2)$
18) $x^{\sin x}(\cos x\ln x+\sin x/x)$

02 $y=4x$

03
1) $2(x^2+2x-2)(2x+2)\sin^2 x+2(x^2+2x-2)^2\sin x\cos x$
2) $[2(2x+1)/x-4\ln x]/(2x+1)^2$
3) $3(x^2-2x-1)^{1/2}(x-1)$
4) $\cos(x^2+2x)(2x+2)$
5) $e^{x^2+2x}(2x+2)$
6) $(2x+3)/(x^2+3x+5)$
7) $a^{\cos x+\sin x}(-\sin x+\cos x)\ln a$
8) $2^{\sin x}\cos x\ln 2$
9) $10(2x+3)^4(\sin x+\cos x)+(2x+3)^5(\cos x-\sin x)$
10) $\dfrac{1}{3}(x^2+2x+2)^{-2/3}(2x+2)$
11) $3(\sin 2x+\cos 3x)^2(2\cos 2x-3\sin 3x)$
12) $e^{x^{2+3x+3}}(2x+3)$
13) $(2x-4)/(x^2-4x+5)$

14) $-3\cos^2(x^2+3x+1)\sin(x^2+3x+1)(2x+3)$

15) $y'=-x/y$

04 $y=\frac{\sqrt{2}}{2}x-\frac{\sqrt{2}}{2}\left(\frac{\pi}{4}-1\right)$

제4장 01

1) $\frac{1}{6}x^6+c$　　2) x^3-x^2+4x+c

3) $2x^3+\frac{1}{2}x^2-x+c$　　4) $-\cos x-e^{-x}+c$

5) $3(x^2+1)^4+c$　　6) $-\frac{1}{3}cos^3x+c$

7) $\frac{1}{2}xe^{2x}-\frac{1}{4}e^{2x}+c$　　8) $x^2\sin x-2xcosx-2\sin x+c$

9) $\frac{1}{2}e^x(\sin x-\cos x)+c$　　10) $\frac{1}{2}e^{\pi}-\frac{3}{2}$

11) 2　　12) 1

02 $\frac{37}{12}$

03 $\frac{32}{3}$

04 $\frac{\pi}{2}$

05 1) 1.5sec　　2) $-\frac{9}{2}$　　3) $\frac{29}{6}$　　4) 20, -20

제5장 01

1) $\cos^{-1}\frac{5}{\sqrt{26}}$　　2) $4\vec{k}$

02 1) $\sqrt{29}$, $\sqrt{77}$　　2) 47

3) $\cos^{-1}\frac{47}{\sqrt{29}\sqrt{77}}$　　4) $-2\vec{i}+4\vec{j}-2\vec{k}$

5) 0　　6) 112

03 1) $\begin{pmatrix}5 & 3\\10 & 6\end{pmatrix}$, $\begin{pmatrix}2 & -3\\1 & -6\end{pmatrix}$　　2) $\begin{pmatrix}2 & -1\\-7 & 4\end{pmatrix}$

3) $\begin{pmatrix}-1 & 0\\5 & 2\end{pmatrix}$　　4) $\begin{pmatrix}-12 & 7\\-22 & 13\end{pmatrix}$

04

1) 8　　2) $\lambda_1=-2$, $\begin{pmatrix}1\\1\end{pmatrix}$, $\lambda_1=-4$, $\begin{pmatrix}1\\-1\end{pmatrix}$

3) $\begin{pmatrix}-11/8\\-9/8\end{pmatrix}$

제6장 01
1) $(2x-5y)dx+(-5x+3y^2)dy=0$
2) $ycosxydx+xcosxydy=0$
3) $ydx+xdy=0$
4) $y^3dx+3xy^2dy=0$

02
1) $x^2-5xy+y^3=c$ 2) $\sin\pi x\cos 2\pi y=c$
3) $xy^3=c$ 4) $y^2=x^2+c$
5) $x-\ln(x+1)+y+\ln(y-1)=c$6) $\ln(x-1)+\ln(y-1)=c$
7) $\ln y=\frac{1}{2}ln\frac{x-1}{x+1}+c$ 8) $x^2y=c$
9) $\frac{1}{3}x^3+2xy-2y^2+y=c$ 10) $x^2+xy+x+y^2-y=c$
11) $x^3-6xy+y^3=c$ 12) $2xy+x^2y^2=c$
13) $xy+e^x\cos y=c$ 14) $x^2+2xy-2xylnx-y^2=c$
15) $x^2-xy=c$ 16) $x^2-y^{-1}e^x=c$
17) $\left(\frac{y}{x}-1\right)(\ln x+c)=-2$ 18) $x^4+2x^2y^2=c$
19) $xe^xy+e^x\sin y=c$ 20) $y^{-1}x+\ln y=c$
21) $y=ce^{2x}-x^2e^x-2xe^x-e^x$ 22) $y=1/(cx-\ln x-1)$
23) $y=\frac{1}{2}x^4+cx^2$ 24) $y=ce^{x^2/2}$
25) $y=ce^{x^2/2}-1$ 26) $y=ce^{2x}$
27) $y=ce^{2x}-\frac{1}{2}x-\frac{1}{4}$ 28) $y=ce^{2x}-\frac{1}{5}cosx-\frac{2}{5}sinx$
29) $y=1/(1-ce^{-x})$ 30) $x^3y+xe^y-y^2=c$
31) $e^x(xy+y^2)=c$ 32) $y=cx^2$
33) $y=3x^3-\frac{5}{2}x^2$

제7장 01
1) $y=c_1e^{6x}+c_2e^{-6x}$
2) $y=c_1e^{5x}+c_2xe^{5x}$
3) $y=c_1\sin\sqrt{3}\,x+c_2\cos\sqrt{3}\,x$
4) $y=e^{(3/4)x}\left(c_1\cos\frac{\sqrt{23}}{4}x+c_2\sin\frac{\sqrt{23}}{4}x\right)$
5) $y=-\sqrt{3}\,cosx+\sin x$
6) $y=\sin 2x$
7) $y=-\frac{7}{4}e^{(-1/2)x}+\frac{11}{4}e^{(3/2)x}$
8) $y=\sin x+\cos x$

9) $y = 5e^{x} + 5xe^{x}$

10) $y = c_1 e^{5x} + c_2 x e^{5x} + \frac{6}{5}x + \frac{3}{5}$

11) $y = e^{4x}(c_1 \cos 2x + c_2 \sin 2x) + 5x^2 + 4x - \frac{11}{10} - (2x - \frac{12}{13})e^{x}$

12) $y = c_1 + c_2 e^{x} + 3x$

13) $y = c_1 e^{4x} + c_2 e^{-4x} + \frac{2}{5}xe^{4x}$

14) $y = c_1 \cos x + c_2 \sin x + \frac{1}{2}x \sin x - \frac{1}{2}x^2 \cos x$

15) $y = e^{x}(c_1 \cos x + c_2 \sin x) + e^{2x}(\frac{7}{5}cosx - \frac{1}{5}sinx)$

16) $y = \sqrt{2}\, sin2x - \frac{1}{2}$

17) $y = c_1 e^{-2x} + c_2 x e^{-2x} + \frac{1}{2}(x^3 + x^2)e^{-2x}$

18) $y = c_1 \cos x + c_2 \sin x + \frac{1}{3} + \frac{1}{3}sin^2 x$

19) $y = c_1 e^{3x} + c_2 e^{-3x} - \frac{1}{4}xe^{-3x}(1 + 3x)$

20) $y = c_1 e^{-t} + c_2 t e^{-t} + \frac{1}{4}t^2 e^{-t}(2\ln t - 3)$

21) $y = \frac{1}{3}e^{-x} + \frac{8}{3}e^{(1/2)x} - x - 2$

22) $y = c_1 e^{-3x} + c_2 e^{-x} + c_3 e^{2x}$

23) $y = c_1 e^{6x} + c_2 + c_3 x - \frac{1}{4}x^2 - \frac{6}{7}cosx + \frac{1}{7}sinx$

제8장 **01**

1) $2e^{-t} - e^{t}$

2) $\frac{1}{\omega^2}\left(t - \frac{1}{\omega}sin\omega t\right)$

3) $-e^{-\pi s}\frac{s}{s^2 + 1}$

4) $\frac{1}{2}\sin 2t - \frac{1}{2}u(t - \pi)\sin 2(t - \pi)$

5) $\frac{2\omega(s + 2)}{[(s + 2)^2 + \omega^2]^2}$

6) $e^{-as}\frac{s}{s^2 + 1}$

7) $\frac{1}{s^2} - \frac{1}{s}$

8) $\frac{1}{2}t\sin t$

9) $\frac{100}{s}-e^{-10s}\frac{100}{s}$

10) $\frac{1}{2}t^2e^{2t}$

11) $\frac{1}{5}e^{-(t-1)}u(t-1)-\frac{1}{4}u(t-1)+\frac{1}{20}e^{4(t-1)}u(t-1)$

12) $\frac{1}{85}e^{4t}-\frac{1}{10}e^{-t}+\frac{3}{3}cost-\frac{5}{34}sint$

02 1) $-3xe^{2x}$

2) $-e^{-2x}+3\cos 2x$

3) $e^{-x}(c_1\cos 2x+c_2\sin 2x)+\frac{e^x}{65}(7\cos x+4\sin x)$

4) $(c_1+c_2x)e^x+\frac{1}{2}x^2e^x$

5) $\frac{17}{80}e^{4t}-\frac{2}{5}e^{-t}-\frac{1}{4}t+\frac{3}{16}$

6) $\frac{1}{85}e^{4t}-\frac{1}{10}e^{-t}+\frac{3}{3}cost-\frac{5}{34}sint$

7) $e^{2x}(c_1\cos x+c_2\sin x)+\frac{1}{5}x^2+\frac{18}{25}x+\frac{87}{125}$

8) $20e^{4(t-1)}u(t-1)-20e^{-(t-1)}u(t-1)$

03 $\begin{pmatrix}4e^{2t}-e^{-5t}+e^t-t\\3e^{2t}+e^{-5t}-e^t-3\end{pmatrix}$

제9장 **01**

1) $y=c_1\begin{pmatrix}1\\1\end{pmatrix}e^t+c_2\begin{pmatrix}1\\2\end{pmatrix}e^{2t}+\begin{pmatrix}0\\-1\end{pmatrix}$

2) $y=c_1\begin{pmatrix}1\\6\end{pmatrix}e^t+c_2\begin{pmatrix}1\\-6\end{pmatrix}e^{2t}+\begin{pmatrix}0\\-6\end{pmatrix}$

3) $y=c_1\begin{pmatrix}\cos 3t\\-\cos 3t-3\sin 3t\end{pmatrix}e^{-t}+c_2\begin{pmatrix}\sin 3t\\3\cos 3t-\sin 3t\end{pmatrix}e^{-t}+\begin{pmatrix}0\\-2\end{pmatrix}$

4) $y=\begin{pmatrix}c_1+c_2t\\5c_1+c_2+5c_2t\end{pmatrix}e^{5t}+\begin{pmatrix}0\\-5\end{pmatrix}$

5) $y=\begin{pmatrix}c_1+c_2t\\3c_1+c_2+3c_2t\end{pmatrix}e^{3t}+\begin{pmatrix}0\\-3\end{pmatrix}$

6) $y=c_1\begin{pmatrix}4\\1\end{pmatrix}e^t+c_2\begin{pmatrix}1\\1\end{pmatrix}e^{-2t}+\frac{1}{19}\begin{pmatrix}-10\\12\end{pmatrix}e^{3t}$

참고문헌

1. 최봉대 외, 고등학교 미분과 적분, ㈜중앙교육진흥연구소, 2003.
2. 최봉대 외, 고등학교 수학I, ㈜중앙교육진흥연구소, 2003.
3. 임재훈 외, 고등학교 수학 10-가, ㈜두산, 2002.
4. 임재훈 외, 고등학교 수학 10-나, ㈜두산, 2002.
5. 이강섭 외, 고등학교 수하II, ㈜지학사, 2003.
6. 김해경 외, 고등학교 기하와 벡터, 더텍스트, 2010.
7. 김진수 외, 공학수학1, 영지문화사, 2006.
8. 대학수학교재편찬위원회, 대학수학, 북스힐, 2010.
9. Thomas 외, Calculus, Addison Wesley, 1996.
10. 김철 외 공역, 공업수학, 청문각, 1995.
11. 김동식, 공업수학, 생능출판, 2011.
12. C.R. Wylie 외, Advanced Engineering Mathematics, McdGrawHill, 1982.
13. Kreyszig, Advanced Engineering Mathematics, Wiley, 2006.

| 저자소개 |

이 재 곤(李 載 坤)

서울대학교 기계공학과 학사
한국과학기술원 기계공학과 석사
미국 워싱턴대학교 기계공학과 박사
현대자동차 승용제품개발연구소 근무
(현) 대구가톨릭대학교 기계자동차공학부 교수

정가 18,000원

이지(Easy, 易知) 기계자동차 공학도를 위한 기초수학

2018년 2월 22일 초판 인쇄
2018년 3월 2일 초판 발행
저 자 : 이재곤
발행자 : 송 준
발행처 : 홍릉과학출판사
주 소 : 서울시 강북구 인수봉로 50길 10
01093
등 록 : 1976년 10월 21일 제5-66호
전 화 : (02) 999-2274~5, 903-7037
팩 스 : (02) 905-6729
e-mail: hongpub@hongpub.co.kr
http://www.hongpub.co.kr
ISBN: 979-11-5600-576-6

저자와의 협의하에 인지생략